合成孔径雷达海上溢油与小目标检测技术

李 颖等 著

科 学 出 版 社
北 京

内 容 简 介

本书总结了作者团队近年来在合成孔径雷达（SAR）领域中海上溢油与小目标检测的研究成果。书中介绍了海上溢油与小目标检测的研究意义；梳理了SAR系统极化理论基础及溢油检测的基本原理；系统阐述了单极化、双极化和全极化SAR溢油与小目标的检测和识别方法，并基于多模式极化散射机制，建立了极化SAR溢油检测方法。创新性地将迁移学习算法引入SAR图像处理，解决了海杂波下的溢油与小目标有效识别问题。

本书可作为遥感、海洋、海事、图像处理、模式识别、海上交通等学科的教学参考用书，也可作为相关领域的科研与工程指导用书。

图书在版编目(CIP)数据

合成孔径雷达海上溢油与小目标检测技术 / 李颖等著. —北京：科学出版社，2021.11

ISBN 978-7-03-069570-3

Ⅰ.①合… Ⅱ.①李… Ⅲ.①合成孔径雷达-应用-海上溢油-目标检测-研究 Ⅳ.①TN958②X55

中国版本图书馆CIP数据核字（2021）第161711号

责任编辑：焦 健 张梦雪 韩 鹏 / 责任校对：何艳萍
责任印制：吴兆东 / 封面设计：北京图阅盛世

科学出版社 出版
北京东黄城根北街16号
邮政编码：100717
http://www.sciencep.com

北京捷迅佳彩印刷有限公司 印刷
科学出版社发行 各地新华书店经销

*

2021年11月第 一 版 开本：787×1092 1/16
2022年 6 月第二次印刷 印张：11 1/4
字数：267 000

定价：148.00元

（如有印装质量问题，我社负责调换）

作 者 名 单

李　颖　杨勇虎　李冠男　张振铎

谢　铭　陈　晨　张照亿　程岭霄

张筱荟　贾启龙

序

海洋是生命的摇篮，也是人类持续生存发展的巨大蓝色空间。世界各国都把维护海洋权益、发展海洋经济、保护海洋环境、开发海洋资源列为重大国家战略。以习近平总书记为核心的党中央始终高度重视海洋事业的发展，特别随着“一带一路”倡议在世界政经版图上快速铺展，研究和解决我国在“21世纪海上丝绸之路”建设中所面临的海洋经济发展、海上交通运输安全和绿色可持续发展的技术，显得尤为重要。智慧海洋建设是经略海洋交通强国的重要抓手，国家海事系统按照加快建设交通强国、海洋强国的总要求，正在构建“陆海空天”一体化水上交通运输安全保障体系，全面保障国家海洋权益和战略利益。其中遥感技术因其实时、快速、宏观的特征逐渐成为海洋科学研究和海上目标监测的重要手段，并有望成为认识海洋交通环境监测的千里眼，是开发海洋交通航路的活地图，也是拓展海洋交通安全保障的红绿灯。

《合成孔径雷达海上溢油与小目标检测技术》一书作者及其团队长期致力于海上交通安全与空间信息技术领域亟须解决的重大科技问题研究，围绕海上溢油应急、船舶污染监测、海洋目标感知等领域研发了多项具有国际影响力的机船载遥感监测系列装备，利用合成孔径雷达的优势，解决了海洋溢油与小目标遥感信息识别的瓶颈问题，实现了海上重大交通污染事故的多平台立体监控与追踪集成，使我国海上交通污染事故应急反应能力上了新台阶。值得一提的是在大连新港特大溢油事故中，作者率领团队利用自主研发的岸船空基多平台水上溢油遥感监测系统在事故现场连续工作30天，准确掌握溢油态势时空分布，切实做到了溢油监测信息与海上清污行动的实施联动，为完成国务院提出的不准油污进入渤海、公海的两不准目标做出了重大贡献。该书是作者在SAR遥感监测领域研究成果的结晶，系统总结了海上溢油与小目标的极化SAR探测机理，创新了海杂波干扰下的海上溢油与小目标检测方法、多模式极化SAR油膜散射机制差异性特征以及全极化组合特征参数海上溢油检测方法。该书在合成孔径雷达海上目标检测领域进行了理论和方法上的探索，在海洋生态环境监测、海洋资源开发与运输、海上目标信息检测与识别等领域具有广泛的应用价值，是一本培养海洋遥感人才的好读本。

“问渠那得清如许？为有源头活水来。”作者论理论经的实践，为合成孔径海上溢油与小目标检测技术“清如许”和“活水来”做出了贡献，值得庆贺，同时愿作者及其团队再接再厉，更上一层楼。

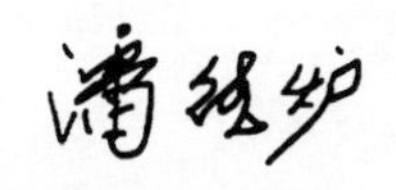

中国工程院院士

前　言

海洋占据着地球表面百分之七十以上的面积，蕴藏着丰富的矿产资源，是人类社会维系可持续发展的重要战略空间。作为最安全、高效、经济的远距离大宗货物运输手段，海运承担着全球百分之八十以上的贸易运输，是海洋资源最主要的运输方式。近年来，我国不断加深“推进海洋强国”和“21 世纪海上丝绸之路”建设，使得海洋开发以及海上贸易运输活动也日趋增多。作为海运船舶以及海洋工程最主要的动力来源，海上石油开采、运输及储存规模也不断加大，间接增加了船舶、港口、航道、钻井平台等的溢油风险。溢油事故的发生会对海洋生态环境和海上运输产生重大影响，因此，提高和加强海洋溢油事故的监测和防控能力建设显得尤为重要。

海上溢油与小目标检测在海洋安全、海事搜救、监控非法行为等方面，都具有很重要的应用价值。在海洋安全方面，海上目标的监视与跟踪是国土安全防卫的重要内容；在海事搜救方面，海上目标的快速、准确发现能够提升海上搜救工作效率，减少事故损失，保障人民生命财产安全；在监控非法行为方面，海洋违规行为的调查与取证难度较大，快速准确的目标检测能够及时发现违法行为，同时也为海洋安全保障提供科学依据。

党的十九大报告提出了加快建设海洋强国的战略目标，作为海洋强国建设的重要组成，提高海洋资源开发能力、保护海洋生态环境以及海洋战略能源通道运输安全是实现科学建设海洋强国的基础。遥感技术因其实时、快速、宏观的特征逐渐成为海上目标侦测的重要手段。合成孔径雷达作为微波遥感技术的分支，具有全天时全天候、重访周期短、覆盖范围广、受云雾天气影响小等优势，能够对海上溢油与小目标进行有效识别。作者及其团队长期在海上目标遥感监测领域开展核心技术及应用研究，在海上溢油与小目标检测研究方面具有丰富的理论基础和长期的数据积累。本书分析了国内外 SAR 遥感监测研究的现状和趋势，系统总结了海上溢油与小目标的极化 SAR 探测机理，并汇总整理了团队研究成果，聚焦领域前沿，展示了当前 SAR 图像在海上溢油与小目标识别研究的前沿技术与成果。

本书共 9 章分为四部分。第一部分绪论（第 1 章），主要介绍海上溢油与小目标检测研究背景和意义，并对光学和微波遥感监测技术的国内外研究进展情况进行了概括和总结；第二部分极化 SAR 基本概念和理论（第 2 章），介绍了 SAR 系统工作原理、电磁波和目标的极化散射特性表征以及 SAR 溢油检测原理等，供读者深入理解 SAR 遥感机理；第三部分包括基于本体和模糊 C 均值的 SAR 图像溢油分割（第 3 章）、基于 BEMD 的 SAR 图像溢油识别（第 4 章）、基于 EEMD 的海杂波下小目标的检测（第 5 章）和基于迁移学习的海杂波下小目标检测（第 6 章），主要介绍单模式极化 SAR 海上溢油和海杂波干扰下的小目标检测与识别方法；第四部分包括基于多模式极化 SAR 海洋油膜散射机制分析与对比（第 7 章）、基于多时相双极化 SAR 溢油检测与分析研究（第 8 章）和基于全极化 SAR 海洋溢油检测与分析研究（第 9 章），主要介绍基于多模式极化散射机制，建立双极化和全极化 SAR 组合特征参数溢油检测与识别方法。本书在合成孔径雷达海上目标检测与识别领域进行了理论和方法上的新探索，在海洋环境监测、海洋资源开发与运输、海上交通安全保障、海上目标信息检测与识别等领域具有广泛的应用价值。

本书是作者及其团队在 SAR 图像海上溢油与小目标检测方面长期潜心基础研究积累的创造性结晶，内容丰富翔实，结构体系完整，全面涵盖了单极化到全极化 SAR 海上溢油与小目标检测的原理、方法与应用。特别感谢杨勇虎博士和李冠男博士对本书部分章节做出的贡献。感谢张振铎教授、谢铭博士、陈晨博士和张照亿博士在本书的内容整理和成书过程中做出的贡献。本书的研究内容得到多项国家项目资助，在此向国家相关部门的支持予以感谢。

李　颖

2021 年 10 月

目　　录

序

前言

1　绪论 ……………………………………………………………… 1

1.1　海上溢油与小目标检测研究背景和意义 …………………… 1

1.2　海上溢油与小目标检测研究进展 ………………………… 3

参考文献 …………………………………………………………… 14

2　极化 SAR 基本概念和理论 …………………………………… 21

2.1　SAR 系统 ……………………………………………………… 21

2.2　波的极化状态表征 …………………………………………… 22

2.3　目标极化散射的描述和表征 ………………………………… 27

2.4　极化 SAR 的工作原理 ……………………………………… 33

参考文献 …………………………………………………………… 45

3　基于本体和模糊 *C* 均值的 SAR 图像溢油分割 …………… 48

3.1　引言 ………………………………………………………… 48

3.2　本体 ………………………………………………………… 48

3.3　基于核的模糊 *C* 均值方法 ………………………………… 53

3.4　小结 ………………………………………………………… 55

参考文献 …………………………………………………………… 55

4　基于 BEMD 的 SAR 图像溢油识别 …………………………… 57

4.1　引言 ………………………………………………………… 57

4.2　感兴趣区域获取 ……………………………………………… 57

4.3　经验模式分解 ………………………………………………… 58

4.4　特征提取和选择 ……………………………………………… 61

4.5　算法验证与比较 ……………………………………………… 66

4.6　小结 ………………………………………………………… 68

参考文献 …………………………………………………………… 68

5　基于 EEMD 的海杂波下小目标的检测 ……………………… 70

5.1　海杂波下小目标的检测技术 ………………………………… 70

5.2　海杂波实验数据 ……………………………………………… 84

5.3　基于 EEMD 和多重分形的小目标检测 ……………………… 88

5.4　基于 EEMD 和相关系数的小目标检测 ……………………… 96

5.5　小结 ………………………………………………………… 99

参考文献 …………………………………………………………… 99

6　基于迁移学习的海杂波下小目标检测 …… 101
6.1　引言 …… 101
6.2　迁移学习 …… 101
6.3　迁移学习算法验证 …… 107
6.4　小结 …… 109
参考文献 …… 109
7　基于多模式极化 SAR 海洋油膜散射机制分析与对比 …… 111
7.1　实验区与数据源介绍 …… 111
7.2　多模式极化 SAR 海洋油膜散射机制对比 …… 112
7.3　多模式极化 SAR 海洋油膜散射机制对比结果 …… 117
7.4　小结 …… 125
参考文献 …… 125
8　基于多时相双极化 SAR 溢油检测与分析研究 …… 127
8.1　实验区与数据源介绍 …… 128
8.2　基于多时相感兴趣区边界优势特征的溢油检测算法 …… 129
8.3　多时相双极化溢油检测结果 …… 138
8.4　小结 …… 145
参考文献 …… 145
9　基于全极化 SAR 海洋溢油检测与分析研究 …… 148
9.1　实验区与数据源介绍 …… 149
9.2　极化特征参数提取 …… 151
9.3　组合特征参数溢油检测分析 …… 156
9.4　特征参数对不同油膜检测能力对比结果 …… 159
9.5　小结 …… 166
参考文献 …… 167

1 绪　论

1.1 海上溢油与小目标检测研究背景和意义

1.1.1 海上溢油检测研究背景和意义

蓝色海洋是地球最宝贵的资源，如果没有海洋，地球将成为荒芜的星球。海洋是生命的摇篮，不仅占据地球表面积的71%，还蕴藏着丰富的矿产资源、生物资源、动力资源、交通资源、医药资源和海水资源等。海洋对人类居住的地球环境和气候有着巨大调节作用，已成为地球生命支持系统的重要组成部分。然而自20世纪50年代以来，随着各国社会生产力和科学技术的迅猛发展，海洋受到了来自各方面不同程度的污染和破坏，日益严重的污染给人类的生存和发展带来了极为不利的后果。海洋污染主要发生在靠近大陆的海湾，密集的人口和工业，大量的废水和固体废物倾入海水，加上海岸曲折造成水流交换不畅，使得海水的温度、pH、含盐量、透明度、生物种类和数量等性状发生改变，对海洋生态平衡构成危害。目前，海洋污染主要来自石油污染、赤潮、有毒物质累积、塑料污染和核污染等几个方面，其中石油污染较常见且影响严重。海洋石油污染主要有两个来源：一个是天然来源，主要来自生物代谢、死亡分解和海底石油渗漏等；另一个是因人类活动产生，以船舶运输、海上油气开采及沿岸工业排污为主。其中船舶泄漏是石油污染的主要来源，据国际油轮船东防污联合会（ITOPF）统计，1970～2015年，各起油轮事故导致总溢油量约为586×10^4t，溢油事故发生次数统计如图1.1所示。虽然几十年来油轮的溢油事故有很大改善，但是只要发生海上溢油事件，就会给人类的生产生活和海洋环境生态带来严重危害。要保护好海洋环境，除了加强海洋石油开发活动和海上运输管理，减少意外溢油事故的发生外，同时还要加强对海上溢油的监测，提高对海上溢油事件的应急反应能力和溢油治理能力。现阶段，全国范围内的各海事部门对海上污染的监管主要依靠群众举报、到港检查记录以及定时或不定时的驾船巡视等方式。这些原始手段严重制约了海上溢油污染事故的有效监管，以及对溢油事故及时准确的处理和应急反应，给偷排废油的违法船舶以可乘之机。因此，运用现代化的监测手段和技术，实现监测点和船舶周围全天候、实时、高效的监测，对海洋环境监管、违规行为发现和海洋环境保护是非常必要的。目前，通过合成孔径雷达（Synthetic Aperture Radar，SAR）图像监控海上溢油已经成为一种普遍可行的方法，海面油膜能够降低海面粗糙度，使雷达的Bragg波衰减，造成油膜在SAR图像上一般表现为较暗的区域。然而，该暗区也可能是由“类油膜”所致（低风速海面、海藻区域、漩涡、暗流等)，这就给油膜的识别带来了难度。所以，将油膜和类油膜区别开来，是溢油监测的关键问题，也是溢油识别中的一个难点。

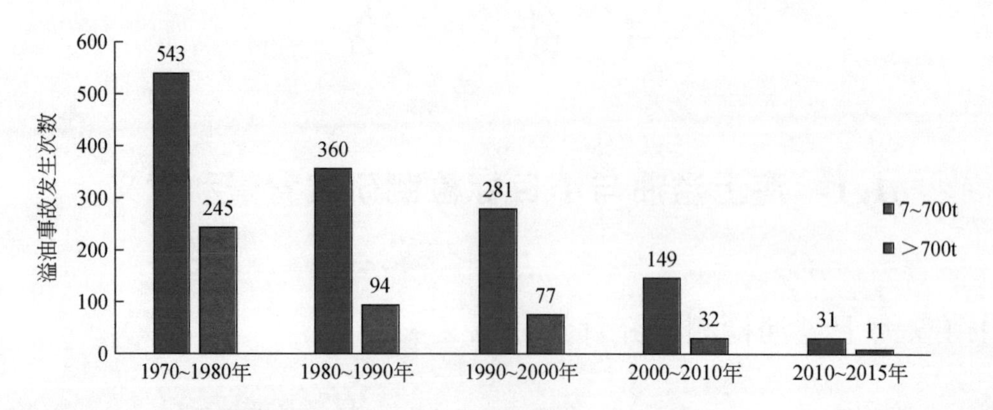

图 1.1 1970 ~ 2015 年各年代（十年）中型（7 ~ 700t）和大型（>700t）的溢油事故发生次数统计图

1.1.2 海上小目标检测研究背景和意义

海上小目标检测在海洋安全、海事搜救、监控非法行为等方面都具有很重要的应用价值。在海洋安全方面，它是当前和今后长时期内中国国家安全的重心。海上小目标的监视与跟踪是国土安全防卫的重要内容，如掠海飞行的巡航导弹或小飞机、海浪中航行的小艇、处于潜望状态航行的潜艇等。在海事搜救方面，随着海上活动的数量和密度不断加大，发生海上突发事件的概率及其复杂性随之增加，近几年已发生多起海域坠机、船舶遇险、石油泄漏、危险品集装箱坠海、人员失踪等突发事件。如果能够快速准确地发现海上目标，那么海上搜救工作便能够及时有效地实施，事故损失可以最大限度地减少，人民生命财产安全也将得到保障。在监控非法行为方面，船舶未按规定停靠、偷排废油、非法采沙、违章捕捞和水资源占用等非法行为时有发生。海上不比陆地，海洋违规行为的调查与取证难度较大，为了提高管理效率，及时发现违法行为，同时也为海洋管理决策提供科学依据，因此快速准确地进行目标检测是非常必要的。

海杂波是雷达发射信号照射到局部海平面产生的后向散射回波，可以根据海杂波中包含的目标回波来检测和识别目标。海风、海流、海浪、潮汐等都会影响海杂波的生成，使得海杂波产生机理非常复杂。海杂波不仅频谱形状不规则，而且回波幅度起伏分布很难确切表示，严重影响了目标散射回波的特征。如海上的小漂浮物、高海况下的小舰船和浮冰等海上目标的雷达散射截面积（radar cross section，RCS）小，回波受风、浪等各种因素影响信噪比低，进行目标检测时，雷达经常会出现虚警和漏警情况，因此寻找准确高效的海上小目标检测方法和算法，对提高海上弱小目标的检测能力十分必要，并已经成为目前雷达探测领域的热点研究问题。

1.2 海上溢油与小目标检测研究进展

1.2.1 海上溢油检测研究进展

近几年很多学者通过使用可见光、红外、高光谱、雷达等遥感传感器来实现海上溢油检测，并取得了一定的成果（Fingas and Brown，2014）。

1. 可见光遥感技术

不同物质在可见光谱中具有不同的反射率，在可见光区域的电磁波谱（400 ~ 700 nm）范围内石油的表面反射率高于水，根据这种光谱特征的差异性可以区别油膜和海水。早在1969年美国就使用机载可见光扫描仪对井喷引起的溢油污染进行了监测，并且取得较好的效果（张煜洲等，2013）。White（1981）利用多种航空、卫星平台的可见光、近红外传感器对海上溢油的光谱特征进行了大量的研究。赵冬至和丛丕福（2000）通过实验分析获得了多种原油的可见光光谱特征差异，可用于油膜识别和厚度估算。但是这种特征差异受传感器自身的观测角度、油膜的种类和厚度、大气散射和水面波浪反射等因素影响，只有当传感器垂直观测时检测效果才最佳。蓝、绿光波段在较清洁的海水中是敏感波段，但是在较为浑浊的海水中，最佳波段则变为绿、红光波段（陆应诚等，2011）。Taylor（1992）对原油光谱进行了实验研究，发现没有明显的光谱特征差异性，而且存在大量干扰或虚假信息。因此，对于海上溢油检测，独立特定的可见光光谱区域的检测能力较弱，但它是一种较为经济的观测手段。

2. 红外遥感技术

一定光学厚度的油会吸收太阳辐射，并以热能的形式释放一部分吸收的辐射，主要发射波长为8 ~ 14μm（李四海，2004）。由于油的红外发射率高于水，因此可以使用这种特性来探测油膜。Pinel 和 Bourlier（2009）使用经典的几何光学近似作为接口，分析了清洁海水和油膜的红外发射率。陈澎等（2013）在2010年7月16日大连发生的溢油事故中使用机载红外传感器（3.0 ~ 5.0mm）对事故海域进行了现场监测，识别了海面油膜并分析了油膜的相对厚度。在热红外图像上，“热”特征体现在厚油膜中，“冷”特征体现在中等厚度油膜中，而薄油膜无法被探测，因此红外遥感探测溢油的能力具有一定局限性。相关学者已经证明油膜厚度在50 ~ 150μm的可发生冷热转换，且最小探测厚度为20 ~ 70μm（Fingas and Brown，2011）。红外传感器无法检测乳化溢油，主要原因是乳化油包含50% ~ 70%的水，具有高导热系数，不能体现出与周围水域的温度差异（Bolus，1996）。

3. 紫外遥感技术

油膜在紫外光区域内有很高的反射率，反射率的差异大小由油种和油膜厚度决定，因此可以使用紫外传感器来探测油膜和获得油膜厚度（Fingas and Brown，2011；方四安等，

2010)。通过紫外和红外图像的结合，可以估算油膜的相对厚度。但是紫外遥感数据容易受到海面亮斑、太阳耀斑和海面浮游生物等因素干扰而产生错误或虚假信息（Yin et al., 2010)。

4. 激光遥感技术

油类中的某些成分吸收紫外光后会激发内部电子，以荧光形式迅速释放激发能量。因为其他化合物很少具有这种特性，所以可以用荧光信号强度来检测溢油。不同类型的石油具有不同荧光强度和光谱特征，在理想条件下可以区分石油种类。大多数用于石油泄漏检测的激光传感器采用300~355nm波长范围（Fingas and Brown, 2014)。早在1993年德国交通部就部署了机载的激光荧光传感器进行日常海事巡逻。美国国家宇航局也部署了双波长系统的航空海洋激光荧光传感系统AOLⅢ。加拿大环境技术中心（Environment Canada）已经开发了两个激光荧光传感系统（scanning laser environment airborne fluorosensor）用来探测海上溢油。大连海事大学陈澎等通过激光荧光探测仪，提取了海上溢油荧光光谱特征，研究了油种识别和油膜厚度的计算方法（陈澎, 2012)。

5. 高光谱遥感技术

高光谱遥感技术能够获取多个连续的窄光谱影像数据，包含空间、辐射和光谱三重信息，具有高光谱分辨率的特点。通过这种手段可以有效提高溢油监测能力，国内外学者在这方面也做了大量工作（李颖等, 2012)。Salem等（2003）利用机载AISA和AVRIS高光谱数据对切萨皮克湾和圣巴拉海岸带海面溢油进行了研究，结果表明溢油的光谱特性具有反射峰，近红外波段厚油膜的反射率高于薄油膜，600~900nm波段范围对油膜进行遥感探测效果最佳。Pietrapertosa等（2016）使用机载AISA高光谱数据对兰布罗河发生的溢油事故进行研究，使用光谱角分类法成功定位了污染区域。何莹（2011）利用星载的Hyerion高光谱数据，运用光谱角分类法，对海上不同油膜的波谱数据进行研究，并提取了相关信息。刘德连等（2013）利用AVIRIS高光谱遥感影像，使用自适应匹配滤波方法对墨西哥湾的海面溢油进行了检测。由于探测波段多、窄且连续，相邻波段具有很高的相关性，高光谱数据量巨大，具有很大冗余性，在使用过程中需要进行预处理。

6. 雷达遥感技术

油膜的存在，减小了雷达接收到的后向散射系数，因此在雷达图像上表现为较低的灰度值，体现为黑色区域。根据搭载平台，目前用于溢油探测的雷达主要为星载雷达、机载雷达、航海雷达和固定式雷达。

合成孔径雷达是一种高分辨率主动式微波传感器，不受光照、气候条件等限制，具有全天时、全天候对地观测的特点，在农林、水域、地质、自然灾害和军用等领域具有广泛的应用前景。自1978年美国发射了首颗载有SAR的海洋卫星Seasat以来，(欧洲航天局，简称欧空局)、俄罗斯、德国、日本、加拿大等都相继成功发射了星载SAR。目前在轨运行和运行过的典型星载SAR系统如表1.1所示。

表 1.1 在轨运行和运行过的星载 SAR 系统

序号	名称	所属国家或地区	运行时间/年份	波段	分辨率/m
1	Seasat	美国	1978	L	25
2	ERS-1	欧洲	1991	C	25
3	JERS-1	日本	1992	L	20
4	ERS-1	欧洲	1991	C	25
5	Almaz-1	俄罗斯	1991	S	10 ~ 15
6	RadarSat-1	加拿大	1995	C	9
7	ENVISAT（ASAR）	欧洲	2002	C	30
8	ALOS（PALSAR）	日本	2006	L	10
9	TerraSAR	德国	2007	X	3/1
10	RadarSat-2	加拿大	2007	C	3
11	Cosmo-Skymedl	意大利	2007	X	3/1.5
12	RISAR	印度	2009	X	1
13	HJ-1-C	中国	2009	S	5
14	TerraSAR-X	德国	2014	X	0.5

很多国家的学者利用 SAR 在海面溢油监测领域进行了大量研究，取得了很多研究成果（刘朋，2012）。Bern 等（1993）最早将 ERS-1 数据用于海面溢油监测。Pavlakis 等（1996）针对地中海海域发生的溢油事故，利用 ERS 数据进行了监测。Marghany（2001，2015）利用 SAR 图像分别对马六甲海峡和墨西哥湾的特大溢油事故进行了分析，效果良好。

侧视机载雷达（side-looking airborne radar，SLAR）是一种造价较低的传统式雷达，很多国家使用它进行溢油监测。美国海岸警卫队使用装备名叫空眼雷达系统的喷气飞机执行日常海上巡逻飞行。荷兰交通部门使用一架双涡轮螺桨飞机进行海上溢油监视，飞机上装载 Terma X 波段的侧视机载雷达。德国联邦海事污染控制组织用装载侧视机载雷达的 DornierDo-228 飞机执行监测任务（徐进，2013）。但机载遥感的费用较高，受天气和续航能力限制，很难达到业务化监测要求。

早在 20 世纪 80 年代，加拿大、美国、俄罗斯和荷兰等国家就开始研究利用航海雷达实现对海面溢油的监视，开发了一些成熟的溢油监视雷达系统。在 2002 年“威望号”溢油事故中，荷兰的 Seadarq 雷达监视系统准确地监测到油膜的形态和动向。加拿大海岸警卫队成功试验了两种不同规格型号的船载雷达进行溢油监视。我国大连海事大学和中国船舶重工集团公司第七二四研究所南京鹏力科技产业集团也分别使用航海雷达图像处理技术得到了溢油图像，识别了溢油区形状及轮廓，并记录了溢油的动态变化情况（许海东等，2014）。

固定式雷达主要安装于岸基和海上作业平台，可以全天候、实时高效地监测重点区域的溢油情况。中国石化集团公司已经成功研发了海上固定式雷达组网溢油监测系统。大连海事大学、宁波海事局、香港的VTS（船舶交通管理）中心等均对VTS雷达进行研究改造，增加了溢油监测功能，实现了对违规排污的监管和溢油事故监测（陈文河和吕共欣，2010）。

吴永辉（2007）基于支持向量机（support vector machine，SVM）算法对全极化、双极化和单极化进行分类性能测评，指出双极化无论识别性能还是分类精度均低于全极化，但高于单极化，且一些组合的双极化能够接近全极化的分类结果。双极化系统的发展衔接了单极化系统和全极化系统，虽然仅获取部分极化信息，但因其能够在平衡系统工作量的前提下获取单极化振幅信息和部分极化信息的优势，已经被广泛应用在海洋溢油检测领域。Sugimoto等（2013）综合对比了双极化数据和全极化数据的H/α参数结果，指出HH-VV双极化模式继承了部分全极化信息，可以在适当情况下作为全极化系统的替代方案。Velotto等（2010）基于X波段双极化SAR影像提取单极化强度信息、共极化相位差标准差、极化散射熵和共极化相关性参数进行溢油和弱阻尼性类溢油的识别和提取，结果表明共极化相位差标准差和共极化相关性参数对不同海洋现象具有较好的区分能力，能够有效地提取溢油结果。Migliaccio等（2009）利用溢油和海水之间具有更高的极化相位差标准差以及海水的标准差值较低的特点，基于HH-VV的极化相位差的标准差模型对溢油、生物油膜和海水目标区域进行对比分析。Skrunes等（2014）基于HH-VV双极化图像提取几何强度V、交叉极化产品实部r等参数，指出两个特征在溢油检测中的优势。Singha等（2016）结合了HH-VV图像的极化特征和传统特征进行溢油和类溢油的识别与分析，指出几何强度、共极化比和Span在溢油检测中更具有优势。Skrunes等（2015a）基于双极化数据提出用单通道单视强度数据对数累积量来评估纹理信息产生的高斯统计量偏差，并结合极化特征进行溢油检测。随后，Skrunes等（2015b）又将对数累积量从VV极化单通道拓展至双极化多视协方差矩阵，并基于一阶和二阶矩阵对数累积量组合信息区分和识别矿物油膜和模拟生物油膜及其他海洋现象。Ivonin等（2016）利用共极化双通道SAR图像提出一种基于共振和非共振组件相对阻尼率的归一化雷达散射截面模型，该极化参数用以区分不同薄油膜的类型，结果表明该模型能够从矿物油中识别植物油，并且在31°~36°的入射角内具有较好的鲁棒性。Kudryavtsev等（2013）基于双共极化数据提出极化差、极化比和非极化分量参数，能够有效区分布拉格散射机制与破碎波的雷达回波信号。Ivonin等（2020）基于C波段和X波段双共极化SAR图像的简谐到非简谐信号阻尼参数RND、信噪比以及布拉格波数识别矿物油，提出利用矿物油区域边界确定矿物油与植物油检测的置信水平。

基于双极化系统的溢油检测研究多数关注于HH-VV系统，而随着双极化系统在不同应用需求下的扩展，不同的双极化组合系统在溢油检测领域也得到了广泛的使用。雷达的后向散射强度特征是表述雷达图像中目标特征的基础，因此在挖掘极化信息的同时，许多研究将后向散射强度信息和极化信息相结合进行溢油检测。由于Bragg模型中，VV通道比HH通道具有更强的后向散射功率，极化差PD和极化比率PR参数被提出，极化比率也被称为Bragg比率，与海表面粗糙程度无关，能够通过介电常数的降低来检测海面溢油的存在，被认为是区分溢油和海洋现象的有效特征参数。Skrunes等（2016）基于双极化SAR目标分解方法进行特征值和特征参数提取，并基于TSX、Radarsat-2和UAVSAR数据对不同参数的油水分离度进行评价。Kim 和 Jung（2018）基于双极化 SAR 图像提出了一种兼顾非局部均值强度图、强度纹理和极化信息的 4 层输入神经元结构 ANN 算法，取得了较好的溢油检测结果。Prastyani 和 Basith（2018）基于 Sentinel-1 数据对巴里巴板港溢油案例提出进行半自动检测，并与 SNAP 平台的自动检测方法进行对比分析，证明了半自动方法具有更好的性能，也进一步证明了 Sentinel-1 影像在溢油检测的潜力。Arslan（2018）利用双极化 SAR 数据和多光谱数据相结合，基于不同图像处理技术对雷达-光谱图像进行溢油和类溢油解译，结果显示通过雷达和光谱数据相结合的方法能够有效识别溢油与类溢油。Ozigis 等（2018）利用双极化 SAR 数据对溢油污染检测及灾后对植被影响进行评估，证明了极化信息对灾后植被影响评估的可行性。Chaturved 等（2020）基于沙特阿拉伯波斯湾和科威特之间的 Sentinel-1 溢油影像进行溢油检测研究，也进一步证明了 VV 极化通道比交叉极化通道更适用于溢油检测。Liubartseva 等（2020）针对法国科西嘉海域撞船造成的溢油事故利用 Sentinel-1 影像、风场信息和拉格朗日溢油模型 MEDSLIK-Ⅱ对溢油的扩散和搁浅行为进行预测，并指出溢油最终将对特定区域的海岸线造成最严重的影响。Bianchi 等（2020）提出一种用于大规模溢油检测的深度学习框架，且有效利用纹理特征对不同类别进行分类，基于 Sentinel-1 双极化数据进行溢油检测实验得到了较好的结果，为溢油检测服务设计提供了有价值性的见解。

随着溢油检测研究的深入，基于单时相的海上溢油检测已经逐步向长时间序列拓展以求获取溢油的时空变化，能够更好地对溢油的连续性变化、频率分布、区域风险等级进行综合分析和评估。Bayramov 和 Buchroithner（2015）基于 2009～2010 年的 ENVISAT-ASAR 影像进行里海溢油概率结果分析，通过对雷达影像暗特征区域的初步分割和交互式目视判读方法提取溢油区域，并基于人为定义阈值对厉害区域的溢油频率热点结果进行分析，通过研究发现雷达图像的浮油受海面风速影响较大。针对溢油的空间分布和发生频率，以及对海岸线和陆地使用类别的污染概率研究，利用涵盖光学及 SAR 系统的多源传感器对里海中部的溢油覆盖范围等级进行划分，并基于卫星图像构建溢油对水质和海岸线生态系统的风险模型（Bayramov et al.，2018a）。随后 Bayramov 等（2018b）基于 Sentinel-1A、Radarsat、ENVISAT 等多源 SAR 图像对 1996～2017 年阿塞拜疆附近溢油区域的连续变化进行检测，结合目视解译进行溢油和类溢油的半自动识别，最终结合风、流等辅助数据输出海域和岸线的污染概率热图。Mityagina 和 Lavrova（2015）基于 Sentinel-1A 等多源卫星图像分析不同风速条件对溢油归一化雷达散射截面信号的影响，并基于多时相溢油检测区域提取里海海上溢油的时空变化。此外，Marina 和 Olga（2016）利用 ERS-2 和 Sentinel-1A 影像对黑海东南部天然油渗漏区域在 2010～2011 年和 2014～2015 年两个时间序列的溢油进行对比和分析，指出长时间序列监测有助于推动溢油的探测、追踪并描绘溢油的时空变化。De Macedo 等（2017）基于 2011 年 7 月～2016 年 4 月的 TerraSAR 双极化时间序列数据集综合对比分析了不同入射角和风速等条件对溢油检测的影响，结果显示溢油检测对风场条件具有一定的依赖性，且随着入射角的增大而发生变化。此外，研究发现这些影响对单极化通道更为明显，而对双极化系统影响较小。Ivanov 和 Morovic（2020）基于两组天然渗漏油膜在 2017～2018 年的 Sentinel-1A/B 影像，对油膜的时序性变化进行综合分析，并进一步证实了基于时序性 SAR 影像进行连续性检测是海上天然油渗漏检测的有效途径。El-Magd 等（2020）提出了一种双极化 SAR 雷达后向散射暗区的溢油检测模型，在 2014 ~ 2019 年对苏伊士运河北入口区域进行长时间序列下的溢油检测，实现了该区域下常规业务监控。Eronat（2020）基于长时间序列双极化 SAR 影像以及海上交通密度数据对地中海溢油重复发生率进行统计，为溢油的动态变化提供了重要的统计基线。

全极化 SAR 系统的溢油检测过程主要分为两个步骤：第一步，提出能够有效描述和检测海洋溢油的极化特征参数；第二步，构建溢油识别和检测方法。

1）极化特征提取

全极化 SAR 可以利用多种极化通道的收发组合获取地物目标散射回波信息，而地物目标的散射回波信息受地物目标材质、几何结构、粗糙程度等物理特性影响，因此极化 SAR 系统能够通过记录不同通道组合下的振幅和相位数据测量目标的散射矩阵提取目标的散射信息（郭睿，2012）。极化目标分解理论的概念思想由 Huynen 于 1970 年在其博士论文中首次正式提出，同时使用了“现象学”这一概念来研究雷达目标，即在研究过程中只关注接收的目标回波信号，并从中发展出描述目标物理散射特性的参数，而不关注系统的底层设计、电磁波、成像几何条件与目标如何作用等（郭睿，2012）。

Cloude 于 1985 年提出对极化相干矩阵进行分解进而探究散射机制的想法，认为分解之后得到的特征矢量能够表征目标地物的散射机制，此外可以利用特征值进一步分析目标对应的散射机制类型及所属的权重。λ_1 代表了最大特征值，可作为能够反映主导散射机制的重要参量，而特征值（λ_1、λ_2 和 λ_3）之间利用相对大小关系和数学运算获取的参量能够有效衡量目标之间的差异，为溢油检测研究奠定了重要的理论基础并扩展了实际应用范围，是后续极化特征参数提取的基础和重要组成（李仲森，2013；Cloude，1985）。随后，Cloude 和 Pottier（1997）基于相干矩阵的特征值和特征矢量提出经典的 $H/A/\alpha$ 参数，海水表面以 Bragg 散射为主，那么极化熵和平均散射角均较小；油膜覆盖海域散射机制较为复杂，那么极化熵和平均散射角均较高，这些参数是最早应用于海面溢油检测研究的极化参数，即便是在现在的极化研究中也仍然被广泛地使用。van Zyl（1989）基于反射对称性假设对方位向对称自然地表的极化协方差矩阵划分为四种类型反射机制：奇次反射对应于海洋表面等平坦地物、偶次反射对应建筑物等目标、混合散射对应于森林等目标以及不可分类型。不同的地物目标由于自身的物理结构以及介电常数等固有特性差异而呈现不同的散射机制。目标因其自身的散射机制差异在极化特征空间中会有不同的量化表现。因此，众多关于极化特征参数的研究广泛开展并取得了众多成果。

Wang 等（2010）利用极化相干矩阵的极化总功率 span 进行溢油提取。Skrunes 等（2018）提出了改进的各向异性 A_{12}，通过定性和定量的对比分析了八个经典极化特征参数的溢油识别能力，并为其他极化 SAR 溢油检测中的特征分析和选择提供了参考（Skrunes et al.，2014，2016，2018）。Nunziata 等（2011）提出由最小和最大特征值比例关系定义的基线高度参数 PH，指出基准高度可以度量目标散射信号中去极化程度，海面以 Bragg 散射为主，去极化程度较低因此具有较低的基准高度，而油膜覆盖的散射机制相对复杂造成去极化效应，因此具有较高的基准高度。Migliaccio 等（2009）将极化信号和基准高度引入溢油检测和识别，利用极化信号和基准高度结果分析海洋表面和已有覆盖区域的差异。

随后 Migliaccio 等（2015）总结了多种全极化特征空间下油膜覆盖区域、海洋表面和弱阻尼区域的期望量化表现，并进一步验证了这些极化特征的有效性。Yang 等（2015）基于 Freeman 三分量分解法以及 van Zyl 提出 Bragg 散射能量占比提取溢油。Velotto 等（2011）利用油膜和海水之间的散射特性差异，提出用同极化相位差的标准差来识别溢油。Praks 等（2009）基于极化相干矩阵提出了表面散射分量 τ 用于目标分类，Ressel 和 Singha（2016）证明了 τ 在海洋应用中的潜力，Singha 和 Ressel（2016）将表面散射分量引入溢油检测研究中，利用溢油改变了海洋表面散射特性使得表面散射分量较低的原理，有效提取海洋油膜。极化功率比 PR 受地物本身的介电常数、入射角等因素共同影响，海洋表面与油膜覆盖区域的介电常数存在差异，因此能够用于海洋溢油的提取（Minchew et al., 2012；Skrunes et al., 2014）。Skrunes 等（2015b）将极化差参数应用于溢油检测，指出极化差是由接近于布拉格波束的波分量引起的粗糙表面控制，在其定义中非极化分量被去除，布拉格分量保留，因此能够揭示油膜的存在，并在之后被广泛应用于溢油检测研究中。

基于 VV 通道和 HH 通道之间的相关关系定义的同极化相关系数 ρ_{co}，反映了其相关性的量级，ρ_{co}值高对应单一散射机制，如干净海水表面；ρ_{co}值低对应着由多种散射机制或系统噪声引起的去极化效应，如油膜覆盖表面。与共极化功率比类似，ρ_{co}被认为是依赖于介电常数、长波波长引起的均方根斜率以及入射角的综合函数，能够反映被探测海面的介电常数变化（Drinkwater et al., 1992；Gill and Yackel, 2012；Skrunes et al., 2014）。一致性系数 μ 最初应用于土壤湿度估算，Zhang 等（2011）对简缩极化空间的一致性系数进行改进，提出了针对全极化 SAR 数据的一致性系数并成功应用于溢油检测，指出共极化通道在海水表面表现出强相关性，因此一致性参数为正；油膜覆盖海域的散射机制复杂，共极化通道相关性较弱，一致性参数为负。Espeseth 等（2017）引入了极化分数参量 PF 进行溢油检测，定义参量为极化协方差矩阵特征值的比率关系，并假设参量独立于小规模粗糙度，可看作大尺度粗糙度、介电特性和入射角的函数，并基于不同极化模式的特征参数定量分析其在油水分离中的能力，发现极化分数参量具有较强的区分能力。Yang 等（2001）最早基于目标散射和典型散射的相似性定义了相似性参数，以此量化两个单视目标散射矩阵之间的相似程度，随后 An 等（2009）将其扩展至多视极化雷达数据，提出广义相似性定义，后被广泛应用于目标分类研究。在溢油检测方面，童绳武（2019）进一步将自相似性参数应用在溢油识别和分类研究，通过定性和定量的评估测度证明其有效性。

此外，一些组合极化特征参数被提出旨在扩展目标检测的应用，在海洋溢油检测和分类研究中取得了良好的效果。基于极化熵 H 和各向异性 A 的逻辑数学运算组合被用于目标检测和分类研究，以此扩展极化特征空间来提高不同散射类型的区分能力，Schuler 和 Lee（2006）基于 H_A 参数组合进行溢油检测，根据 H_A 数据组合探究能够增加溢油检测概率的参数。Zou 等（2016）基于 H_A 组合参数分析溢油的组合特征谱，指出 $H \times A$ 溢油检测能力较差，而（$1-H$）（$1-A$）具有较好的溢油信息提取能力。Wang 等（2010）提出了由 H、α、A_{12}和同极化相关系数组成的新参数 F，指出该参数能够更好地反映目标的四维散射特征，并成功应用于溢油检测研究中。随后，刘朋（2012）基于 Wang 的极化特征参数思想进一步改进了 F 参数并实现溢油目标的有效提取。

综上所述，目标的极化散射特征提取是极化 SAR 应用研究的基础和重要组成部分，在溢油检测、识别、分类研究中具有广泛的应用。随着极化 SAR 应用研究的不断深入和扩展，在现有的极化特征参数基础上越来越多的新参数逐渐被提出并应用到溢油检测和分类中，拓展极化特征空间来提高对不同 SAR 系统、不同油膜种类甚至油膜相对厚度信息的提取与区分能力。

2）全极化 SAR 溢油检测方法

在获取目标的极化特征参数之后，需要选择能够合理利用和配置极化特征参数的分类方法进而提取溢油目标以实现目标在极化特征空间中的有效划分与分类。国内外学者综合不同的分类方法进行了广泛而深入的研究。

（1）基于极化分解、极化特征和散射模型的分类方法

极化目标分解算法是基于极化散射矩阵或其二阶统计量进行数学运算，通过获取特征值、特征变量和极化特征参数进而描述地物目标散射机制，是极化信息提取、目标检测和分类的基础，被视为最简单的分类方法（李仲森，2013）。依据 Cloude 分解方法，利用 H/α 参数构建二维平面，并划分为与不同散射机制分别对应的 8 个区间，能够对不同地物目标对应的散射机制进行描述与分析。但是在实际应用中，自然界的目标往往更具备复杂性，因此该方法具有一定的局限性（Cloude and Pottier，1997）。Freeman 和 Durden（1998）及 Yamaguchi 等（2005）的分解方法将地物目标划分为三类散射机制，包括：表面散射、偶次散射和体散射。此外许多方法基于极化特征参数结合不同的阈值、分类方法进行溢油分类研究。Zhang 等（2011）提出的一致性参数 μ 被认为可作为溢油目标检测的逻辑分类指标，是一种简单有效的分类方法。Wang 等（2010）基于四个极化特征参数提出组合参数 F，并结合最大熵分割方法获取溢油分类结果。Liu 等（2011）对组合参数 F 做了进一步的修改，并结合 Otsu 阈值分割法获取溢油分类结果。Ramsey 等（2011）结合 Freeman 分解和 Cloude 分解方法对墨西哥湾溢油对海湾和沿岸的主要散射机制变化进行分析，结果显示 Cloude 分解能够检测到溢油前后的散射机制变化，但 Freeman 分解没有表现出明显的检测能力。Quigley 等（2020）提出利用极化双尺度表面散射模型提取油膜的介电参数，为海洋溢油检测提供了一种基于机理模型的方法。

（2）基于统计模式和机器学习分类方法

基于极化散射矩阵和单一的特征参数相对于复杂地物目标的分类能力较为有限，Skrunes 等（2014，2016，2018）也指出单一的散射特征在实际应用中无法达到普适性，更无法充分地反映溢油、类溢油和背景海水的散射特性，影响目标的识别分类精度。因此，许多研究方法将极化特征参数与统计方法相结合进行溢油分类（Skrunes et al.，2014）。机器学习可以有效拟合复杂的非线性关系，在遥感目标识别和图像分类领域应用广泛。近年来，随着机器学习的逐渐兴起，各种监督、半监督机器学习分类器逐渐应用于溢油检测分类研究中。邹亚荣等（2013）基于 SIR-C 数据提取极化参数，将常用的极化特征参数作为输入向量，通过综合对比多种核函数的分类结果后选取基于支持向量机的多层感知基核函数的分类方法提取溢油信息，结果证明了该方法的有效性。Singha 和 Ressel

(2016) 基于改进的人工神经网络搭建序列图像划分了溢油分类系统。Guo 等 (2017) 提出了一种基于优选极化特征集合的卷积神经网络模型 (convolutional neural networks, CNN) 方法来识别油膜和类油膜，证明对油膜的检测和识别是有效的。Tong 等 (2019) 首先提出了适合溢油检测的相似性参数并验证其检测能力，并结合三种类型的多特征参数构建多极化特征随机森林溢油检测方法。Song 等 (2017, 2020) 提出了一种兼顾多种极化特征参数的优化小波神经网络分类器用于海洋溢油检测，指出基于 Jeffreys-Matusita 距离测度筛选的强分离度特征集合在溢油检测分类结果中呈现比单一特征更好的精度。随后，又提出一种基于 CNN 的多层深度特征提取方法，并进一步利用 RBF-SVM 进行溢油检测和分类。Zhang 等 (2020) 提出一种基于卷积神经网络 (convolutional neural network, CNN) 的多层和超像素的溢油检测方法，利用常用特征对不同油种进行分类。此外，一些研究也基于极化 SAR 数据对油膜厚度进行分类，Hassani 等 (2020) 基于全极化 SAR 数据提取大量极化分解参数和纹理特征参数，并利用人工选择和优化算法选择优势特征对不同厚度溢油进行多级划分。Garcia-Pineda 等 (2020) 基于极化 SAR 图像和包括多光谱等多种传感器影像，针对油膜厚度和乳化油识别问题开展相关研究，利用极化熵和阻尼比推导得到油/乳状液的分类产品，为油膜厚度的检测研究奠定了基础。

(3) 其他相关方法扩展

SAR 系统的主要性能参数包括波段、极化方式、极化系统模式、入射角、本地噪声等；环境因素主要包括风速、风向、溢油形成机制、溢油量、油种等 (童绳武，2019)。这些因素会直接影响海洋溢油识别和分类的能力，因此许多研究针对不同油膜散射特性和影响因素开展。

Wismann 等 (1998) 基于在北海约束溢油实验获取的不同波段的图像，分析了不同波段不同极化模式下不同种类油膜的信号差异，实验结果表明在五种波段 (L、S、C、X、Ku) 中，Ku 波段的衰减率比 C 波段甚至 L 波段的衰减率更高。随后，Kim 等 (2009) 基于 X、C 和 L 波段的 SAR 溢油图像进行分析，发现 C 波段和 X 波段要比 L 波段更为有效，并指出 Bragg 散射回波在短波范围更为显著。郑洪磊 (2015) 利用不同波段 SAR 图像分析对溢油检测能力的影响，结果进一步验证了 C 波段比 L 波段更适用于溢油检测。此外，Skrunes 等 (2015b) 基于挪威海上溢油实验获取的三种不同波段传感器的 SAR 影像，分析本底噪声对目标识别的影响，发现具有低本底噪声的 SAR 系统在溢油检测中呈现了优势性。Latini 等 (2016) 基于不同极化 SAR 系统对墨西哥湾溢油图像进行定量对比分析，并对低噪声系统的溢油特性进行评价，是不同波段、噪声水平对溢油检测影响的前瞻性研究。Buono 等 (2016, 2018) 综合分析了入射角、风速和系统噪声对共极化通道参数的灵敏度影响，为不同 SAR 系统下溢油检测研究的比对研究奠定了基础；此外，进一步针对不同极化 SAR 系统 (全极化模式、混合极化模式和 π/4 模式) 下的天然渗漏油的散射特性进行分析，并分析了混合极化模式和 π/4 模式相对于全极化系统的溢油检测表。Minchew 等 (2012) 以 L 波段墨西哥湾溢油事故的全极化 UAVSAR 图像为数据源，绘制了溢油区域和海水区域在极化特征空间下随入射角的变化关系，分析了溢油的散射特性，发现在 26°~60°，油膜表面以单次散射为主。此外，一些基于不同传感器下表面活性物质 (花生油、油醇、棕榈酸和甲基) 形成单分子油膜来模拟生物油膜的研究分别分析和探索了其阻尼行为以及对遥感信号潜在的影响（Gade et al.，1998；Hühnerfuss，2006；Tian et al.，2010）。另有一些针对天然渗漏油膜和生物油膜的散射特性的分析研究，为海表面油膜的通用特性以及形成机制研究奠定了基础（Li et al.，2014；Suresh et al.，2015；Carvalho et al.，2017）。Espeseth 等（2020）综合分析了系统加性噪声和乘性噪声对 X 波段、C 波段和 L 波段 SAR 油膜图像的影响，强调了在分析信噪比时考虑两种噪声的必要性，也建议在极化散射分析时进行降噪处理。

1.2.2 海上小目标检测研究进展

目前，对于海上小目标的检测主要使用可见光、红外、雷达等传感器来实现。

1. 可见光遥感技术

由于可见光的数据比较直观，设备较小，适用性更广，因此陆续有学者开展基于可见光图像的海上弱小目标检测研究。但受到各种限制，检测方法相对较少。叶聪颖和李翠华（2005）将 RGB 图像转换到 HSI（hue、saturation、intensity）空间上，对这 3 个分量计算特征显著图，取得了较好的效果。王艳华等（2007）使用一定尺度的小波变换去除噪声干扰，并结合灰度形态学滤波实现了小目标的检测。王金武等（2013）提出了一种基于相位谱和频率调谐的海上场景显著性检测算法，通过海上场景图片进行了实验，验证了该算法的有效性。

2. 红外遥感技术

根据背景和目标之间的红外辐射差异可以实现红外目标的检测。由于海面受风浪等因素影响，并且背景中的海、天、云和目标的交叠，使海上目标的红外检测具有一定难度。因此，海上小目标检测的关键是抑制海杂波和噪声，提高信噪比。很多学者使用小波分析、匹配滤波器、数学形态学和神经网络等方法提高信噪比、抑制背景进而实现目标的探测。刘杰和安博文（2015）将空间域的形态学滤波结果在时间域进行均值滤波，然后使用自适应门限分割检测出小目标。邹瑞滨等（2011）利用剪切度变换得到海面红外图像的边缘图像和方向信息，再进行边缘加权，抑制海杂波的同时保留目标信息，来实现海面红外目标检测。Kim 等（2011）提出一种新颖的基于时空滤波的红外小目标检测方法来应对太阳耀光环境下海上目标的红外搜索和跟踪问题。

3. 雷达遥感技术

海杂波分布受雷达参数、目标特性、海面情况等因素影响，呈现出一定的复杂性、非均匀性和非平稳性，如极化、分辨力、电磁波段、入射角、天气、洋流、浪涌等都会影响海杂波的分布（魏广强等，2014）。海杂波的目标探测就是通过各种信息处理技术来消除或减小干扰杂波的影响，以便发现目标并测定其位置。目前常用的检测算法可以分为恒虚警检测法、变换域检测法、混沌分形非线性检测法、匹配滤波的检测算法和多信息多手段融合检测法等（张波，2013）。

恒虚警（constant false-alarm ratio，CFAR）算法一直都是雷达信号检测中的重要研究领域，恒虚警处理主要是依据雷达杂波背景强度的变化，自适应调整目标的检测门限。依据自适应选择计算门限方法的不同，恒虚警方法可以分为均值类恒虚警和有序统计类恒虚警；依据海杂波统计模型的不同，恒虚警方法可以分为瑞利分布、对数、正态分布、韦布尔分布以及K分布模型下的恒虚警；依据数据处理方式的不同，恒虚警方法可以分为参量和非参量恒虚警；依据数据处理域的不同，恒虚警方法可以分为时域和频域恒虚警。Finn和Johnson（1968）提出了单元平均（cell averaging，CA）CFAR检测器算法，CA-CFAR算法目前仍然是大多数国内雷达自动化检测系统采用的方法；Hansen（1973）提出了单元平均选大（greast of，GO）CFAR算法；Trunk（1978）提出了单元平均选小（smallest of，SO）CFAR算法；Barkat和Varshney（1987）提出了加权单元平均（weighted cell averaging，WCA）CFAR检测器算法；Rholing（1983）提出了有序统计（order statistics，OS）CFAR检测器算法。除此之外，由于在现实情况下干扰目标的个数、分布、杂波边缘位置等因素的不同，还涌现出很多其他的CFAR检测器算法，这里不再赘述。

近年来很多学者提出了一些基于时频分析的目标检测方法，如分数阶傅里叶变换（fractional fourier transform，FRFT）、Radon变换、Wigner-Hough变换（WHT）、小波变换（wavelet transform，WT）和联合时频分析等方法。Carretero-Moya等（2011）基于高分辨率雷达提出了一种应用Radon变换检测海面微弱目标的方法；左磊等（2012）提出了一种应用改进的Hough变换检测海面微弱目标的方法；陈小龙等（2010）结合小波包变换的多尺度分辨能力和FRFT对线性调频（LFM）信号良好的能量聚集性特点，提出了一种应用小波包变换的FRFT域动目标检测算法。

自混沌、分形理论产生以后，海杂波下的目标检测研究成为一个新的热点。Haykin和Li（1995）利用混沌理论对海杂波进行研究，证明了海杂波存在混沌的吸引子。Lo等（1993）首次应用分形理论的单一分形维数实现了海杂波中目标的检测。姜斌等（2006）基于分形维数和记忆库混沌时间序列预测方法，提出了一种新的海杂波背景下目标检测方法，并应用S波段雷达实测海杂波数据，验证了海杂波的混沌分形特性，通过仿真实验验证了该方法具有较强的检测能力和抗杂波性能。

自适应匹配算法就是利用先验知识去除异常样本，或借助一些其他的手段获取新的协方差估计算法。Kelly（2007）提出的广义似然比（generalized likelihood ratio，GLR）算法是最著名的自适应检测算法。Robey等（1992）提出了两步的GLR自适应匹配滤波器（adaptive matched filter，AMF），降低了复杂度。随后，很多学者通过逐渐优化检测性能，相继提出了其他检测器，如归一化匹配滤波（NMF）、自适应归一化匹配滤波（ANMF）、递归自适应归一化匹配滤波（R-ANMF）等（张波，2013；张洋忠等2016）。

多手段多维度信息的融合利用是目前以及未来海杂波目标探测研究的一个主流方向。通过融合目标信息、背景信息以及雷达信号资源等，可对回波信号进行更精细化描述，改善检测性能；通过统计分布、积累、变换、分形等多种处理手段的融合，充分利用各层次信息，可提高检测性能（何友，2014）。黄晓斌等（2005）将小波变换与分形技术相结合，基于某型雷达的实测海杂波数据，在低信噪比情况下实现了目标的检测，仿真结果证明了该检测方法的有效性。陈小龙等（2011）分析了实测海杂波在分数阶傅里叶变换域的分形特征，利用FRFT振幅的波动实现对运动目标的检测。

参 考 文 献

陈澎，2012. 机载激光荧光海上溢油信息提取与反演研究．大连：大连海事大学．

陈澎，李颖，余小凤，等，2013. “7·16”大连新港石油管道爆炸事故中的热红外溢油监测．环境工程学报，7（2）：796-800.

陈文河，吕共欣，2010. 利用VTS雷达探测船舶溢油之研究．船舶防污染学术年会，北京．

陈小龙，关键，郭海燕，等，2010. 基于WPT-FRFT的微弱动目标检测及性能分析．雷达科学与技术，8（2）：139-145.

陈小龙，刘宁波，宋杰，等，2011. 海杂波FRFT域分形特征判别及动目标检测方法．电子与信息学报，33（4）：823-830.

方四安，黄小仙，尹达一，等，2010. 海洋溢油模拟目标的紫外反射特性研究．光谱学与光谱分析，30（3）：738-742.

郭睿，2012. 极化SAR处理中若干问题的研究．西安：西安电子科技大学．

何莹，2011. 海上溢油高光谱监测研究．大连：大连海事大学．

何友，黄勇，关键，等，2014. 海杂波中的雷达目标检测技术综述．现代雷达，36（12）：1-9.

黄晓斌，马晓岩，万建伟，2005. 一种小波与分形相结合的检测方法．航天电子对抗，21（1）：23-24.

姜斌，王宏强，黎湘，等，2006. 海杂波背景下的目标检测新方法．物理学报，55（8）：3985-3991.

李四海，2004. 海上溢油遥感探测技术及其应用进展．遥感信息，（2）：53-57.

李颖，刘丙新，陈澎，2012. 高光谱遥感技术在水上溢油监测中的研究进展．海洋环境科学，31（3）：158-162.

李仲森，2013. 极化雷达成像基础与应用．北京：电子工业出版社．

刘德连，韩亮，张建奇，2013. 高光谱图像的海面溢油自动检测方法研究．光谱学与光谱分析，33（11）：3116-3119.

刘杰，安博文，2015. 海面红外小目标检测算法研究．红外技术，37（1）：16-19.

刘朋，2012. SAR海面溢油检测与识别方法研究．青岛：中国海洋大学．

陆应诚，陈君颖，包颖，等，2011. 基于HJ-1星CCD数据的溢油遥感特性分析与信息提取．中国科学：信息科学，（s1）：198-206.

童绳武，2019. 利用自相似性参数和随机森林的极化SAR海面溢油检测的研究．武汉：中国地质大学．

王金武，姚志均，于乃昭，2013. 基于相位谱和频率调谐的海上场景显著性检测．计算机应用，33（s1）：211-213.

王艳华，刘伟宁，陈爱华，等，2007. 基于小波变换的海空背景下小目标检测研究．电子器件，30（3）：992-994.

魏广强，朱永锋，赵宏钟，2014. 海杂波下的雷达目标检测技术进展评述．信息工程期刊：中英文版，3：83-90.

吴永辉，2007. 极化SAR图像分类技术研究．长沙：国防科学技术大学．

许海东，安伟，宋莎莎，等，2014. 船载溢油雷达监测技术研究．船海工程，43（5）：48-50.

徐进，2013. 海上固定雷达组网式溢油监测技术研究．大连：大连海事大学．

叶聪颖，李翠华，2005. 基于HSI的视觉注意力模型及其在船只检测中的应用．厦门大学学报（自然版），44（4）：484-488.

张波，2013. 海杂波环境下的弱小目标检测方法研究．西安：西安电子科技大学．

张洋忠，张玉，唐波，2016. 复合高斯杂波中自适应目标检测算法．信号处理，32（11）：1293-1298.

张煜洲，陈志莉，胡潭高，等，2013. 遥感技术监测海上溢油现状及趋势．杭州师范大学学报：自然科学版，12（1）：81-88.
赵冬至，丛丕福，2000. 海面溢油的可见光波段地物光谱特征研究. 遥感技术与应用，15（3）：160-164.
郑洪磊，2015. 基于极化特征的SAR溢油检测研究. 青岛：中国海洋大学.
邹瑞滨，史彩成，毛二可，2011. 基于剪切波变换的复杂海面红外目标检测算法. 仪器仪表学报，32（5）：1103-1108.
邹亚荣，梁超，曾韬，2013. 基于极化参数的SVM海上溢油识别. 海洋学研究，31（3）：71-75.
左磊，李明，张晓伟，等，2012. 基于改进Hough变换的海面微弱目标检测. 电子与信息学报，34（4）：923-928.
An W，Zhang W，Yang J，et al.，2009. On the similarity parameter between two targets for the case of multi-look polarimetric SAR. Chinese Journal of Electronics，18（3）：545-550.
Arslan N，2018. Assessment of oil spills using Sentinel 1 C-band SAR and Landsat 8 multispectral sensors. Environmental Monitoring and Assessment，190（11）：637.
Barkat M，Varshney P K，1987. A weight cell-averaging CFAR detector for multiple target situation. Proceeding of the 21st annual conference on Information Sciences and Systems，Baltimore，Maryland. 118-123.
Bayramov E，Buchroithner M，2015. Detection of oil spill frequency and leak sources around the Oil Rocks Settlement，Chilov and Pirallahi Islands in the Caspian Sea using multi-temporal envisat radar satellite images 2009-2010. Environmental Earth Sciences，73（7）：3611-3621.
Bayramov E，Knee K，Kada M，et al.，2018a. Using multiple satellite observations to quantitatively assess and model oil pollution and predict risks and consequences to shoreline from oil platforms in the Caspian Sea. Human and Ecological Risk Assessment：An International Journal，24（6）：1501-1514.
Bayramov E，Kada M，Buchroithner M F，2018b. Monitoring oil spill hotspots，contamination probability modelling and assessment of coastal impacts in the Caspian Sea using SENTINEL-1，LANDSAT-8，RADARSAT，ENVISAT and ERS satellite sensors. Journal of Operational Oceanography，11（1）：27-43.
Bern T I，Wahl T，Andersen T，et al.，1993. Oil spill detection using satellite-based SAR：experience from a field experiment. Photogrammetric Engineering & Remote Sensing，59：3（3）：423-428.
Bianchi F M，Espeseth M M，Borch N，2020. Large-scale detection and categorization of oil spills from SAR images with deep learning. Remote Sensing，12（14）：2260.
Bolus R L，1996. An airborne testing of a suite of remote sensors for oil spill detecting on water//Proceedings of the Second Thematic International Airborne Remote Sensing Conference and Exhibition，Environmental Research Institute of Michigan，Ann Arbor，Michigan，743-752.
Buono A，Nunziata F，Migliaccio M，et al.，2016. Polarimetric analysis of compact-polarimetry SAR architectures for sea oil slick observation. IEEE Transactions on Geoscience and Remote Sensing，54（10）：5862-5874.
Buono A，Nunziata F，De Macedo C R，et al.，2018. A sensitivity analysis of the standard deviation of the copolarized phase difference for sea oil slick observation. IEEE Transactions on Geoscience and Remote Sensing，57（4）：2022-2030.
Carretero-Moya J，Gismero-Menoyo J，Asensio-Lopez A，2011. Small-target detection in high-resolution heterogeneous sea clutter：an empirical analysis. IEEE Transactions on Aerospace Electronic Systems，47（3）：1880-1898.
Carvalho G D A，Minnett P J，De Miranda F P，et al.，2017. Exploratory data analysis of synthetic aperture radar（SAR）measurements to distinguish the sea surface expressions of naturally-occurring oil seeps from human-related oil spills in Campeche Bay（Gulf of Mexico）. ISPRS International Journal of Geo-Information，

6 (12): 379.

Chaturvedi S K, Banerjee S, Lele S, 2020. An assessment of oil spill detection using Sentinel 1 SAR- C images. Journal of Ocean Engineering and Science, 5 (2): 116-135.

Cloude S R, 1985. Target decomposition theorems in radar scattering. Electronics Letters, 21 (1): 22-24.

Cloude S R, Pottier E, 1997. An entropy based classification scheme for land applications of polarimetric SAR. IEEE transactions on Geoscience and Remote Sensing, 35 (1): 68-78.

De Macedo C R, Nunziata F, Migliaccio M, et al, 2017. Time- series of dual- polarimetric synthetic aperture radar data to observe oil seeps. OCEANS 2017-Aberdeen, Aberdeen, United Kingdom: 1-4.

Drinkwater M R, Kwok R, Rignot E, et al., 1992. Potential applications of polarimetry to the classification of sea ice. In: Carsey F D (ed) . Microwave Remote Sensing of Sea Ice. American Geophysical Union.

El-Magd I A, Zakzouk M, Abdulaziz A M, et al., 2020. The potentiality of operational mapping of oil pollution in the mediterranean sea near the entrance of the suez canal using Sentinel- 1 SAR data. Remote Sensing, 12 (8): 1352.

Eronat A H, 2020. Time series evaluation of oil spill in marine environment: a case study in marine area of Cyprus. Arabian Journal of Geosciences, 13: 365.

Espeseth M M, Skrunes S, Jones C E, et al., 2017. Analysis of evolving oil spills in full- polarimetric and hybrid-polarity SAR. IEEE Transactions on Geoscience and Remote Sensing, 55 (7): 4190-4210.

Espeseth M M, Brekke C, Jones C E, et al., 2020. The impact of system noise in polarimetric SAR imagery on oil spill observations. IEEE Transactions on Geoscience and Remote Sensing, 58 (6): 4194-4214.

Fingas M, Brown C E, 2011. Oil spill remote sensing: a review. In: Fingas M (ed) . Oil spill science and technology. Gulf Professional Publishing, 111-169.

Fingas M, Brown C E, 2014. Review of oil spill remote sensing. Marine Pollution Bulletin, 83 (1): 9-23.

Finn H M, Johnson R S, 1968. Adaptive detection mode with threshold control as a function of spatially sampled clutter-level estimated. RCA Review, 29 (3): 414-464.

Freeman A, Durden S L, 1998. A three-component scattering model for polarimetric SAR data. IEEE Transactions on Geoscience and Remote Sensing, 36 (3): 963-973.

Gade M, Alpers W, Hühnerfuss H, et al., 1998. Imaging of biogenic and anthropogenic ocean surface films by the multifrequency/multipolarization SIR- C/X- SAR. Journal of Geophysical Research: Oceans, 103 (9): 18851-18866.

Garcia-Pineda O, Staples G, Jones C E, et al., 2020. Classification of oil spill by thicknesses using multiple remote sensors. Remote Sensing of Environment, 236: 111421.

Gill J P, Yackel J J, 2012. Evaluation of C-band SAR polarimetric parameters for discrimination of first-year sea ice types. Canadian Journal of Remote Sensing, 38 (3): 306-323.

Guo H, Wu D, An J, 2017. Discrimination of oil slicks and lookalikes in polarimetric SAR images using CNN. Sensors, 17 (8): 1837.

Hansen V G, 1973. Constant false alarm rare processing in search radars. IEEE International Radar Conference, London: 325-332.

Hassani B, Sahebi M R, Asiyabi R M, 2020. Oil spill four- class classification using UAVSAR polarimetric data. Ocean Science Journal, 55 (3): 433-443.

Haykin S, Li X, 1995. Detection of signals in chaos. Proceedings of the IEEE, 83 (1): 95-122.

Hühnerfuss H, 2006. Basic physicochemical principles of monomolecular sea slicks and crude oil spills. Marine Surface Films: Springer-Verlag Berlin Heidelberg, 1: 21-35.

Ivanov A Y, Morovic M, 2020. Oil seeps detection and mapping by SAR imagery in the Adriatic Sea. Acta Adriatica, 61 (1): 13-26.

Ivonin D, Skrunes S, Brekke C, et al., 2016. Interpreting sea surface slicks on the basis of the normalized radar cross-section model using RADARSAT-2 copolarization dual-channel SAR images. Geophysical Research Letters, 43 (6): 2748-2757.

Ivonin D, Brekke C, Skrunes S, et al., 2020. Mineral oil slicks identification using dual co-polarized Radarsat-2 and TerraSAR-X SAR imagery. Remote Sensing, 12 (7): 1061.

Kelly E J, 2007. An adaptive detection algorithm. IEEE Transactions on Aerospace & Electronic Systems, AES-22 (2): 115-127.

Kim D, Jung H, 2018. Mapping oil spills from dual-polarized SAR images using an artificial neural network: application to oil spill in the kerch strait in November 2007. Sensors, 18 (7): 2237.

Kim D J, Moon W M, Kim Y S, 2009. Application of TerraSAR-X data for emergent oil-spill monitoring. IEEE Transactions on Geoscience and Remote Sensing, 48 (2): 852-863.

Kim S, Song T L, Choi B et al., 2011. Spatio-temporal filter-based small infrared target detection in highly cluttered sea background. 11th International Conference on Control, Automation and Systems, Gyeonggi-do, South Korea, 1142-1146.

Kudryavtsev V, Chapron B, Myasoedov A, et al., 2013. On dual co-polarized SAR measurements of the ocean surface. IEEE Geoscience and Remote Sensing Letters, 10 (4): 761-765.

Latini D, Del Frate F, Jones C E, 2016. Multi-frequency and polarimetric quantitative analysis of the Gulf of Mexico oil spill event comparing different SAR systems. Remote Sensing of Environment, 183: 26-42.

Li H, Perrie W, He Y, et al., 2014. Analysis of the polarimetric SAR scattering properties of oil-covered waters. IEEE Journal of Selected Topics in Applied Earth Observations and Remote Sensing, 8 (8): 3751-3759.

Liu P, Li X, Qu J J, et al., 2011. Oil spill detection with fully polarimetric UAVSAR data. Marine Pollution Bulletin, 62 (12): 2611-2618.

Liubartseva S, Smaoui M, Coppini G, et al., 2020. Model-based reconstruction of the Ulysse-Virginia oil spill, October-November 2018. Marine Pollution Bulletin, 154: 111002.

Lo T, Leung H, Litva J, et al., 1993. Fractal characterization of sea-scattered signals and detection of sea-surface targets. IEEE Proceedings-F, 140 (4): 243-250.

Marghany M, 2001. RADARSAT automatic algorithms for detecting coastal oil spill pollution. International Journal of Applied Earth Observation & Geoinformation, 3 (2): 191-196.

Marghany M, 2015. Automatic detection of oil spills in the Gulf of Mexico from RADARSAT-2 SAR satellite data. Environmental Earth Sciences, 74 (7): 5935-5947.

Marina M, Olga L, 2016. Satellite survey of inner seas: oil pollution in the Black and Caspian Seas. Remote Sensing, 8 (10): 875.

Migliaccio M, Gambardella A, Nunziata F, et al., 2009. The PALSAR polarimetric mode for sea oil slick observation. IEEE Transactions on Geoscience and Remote Sensing, 47 (12): 4032-4041.

Migliaccio M, Nunziata F, Buono A, 2015. SAR polarimetry for sea oil slick observation. Journal of Remote Sensing, 36 (12): 3243-3273.

Minchew B, Jones C E, Holt B, 2012. Polarimetric analysis of backscatter from the Deepwater Horizon oil spill using L-band synthetic aperture radar. IEEE Transactions on Geoscience and Remote Sensing, 50 (10): 3812-3830.

Mityagina M I, Lavrova O Y, 2015. Multi-sensor satellite survey of surface oil pollution in the Caspian Sea. Remote Sensing of the Ocean, Sea Ice, Coastal Waters, and Large Water Regions, Toulouse, France, 96380Q.

Nunziata F, Migliaccio M, Gambardella A, 2011. Pedestal height for sea oil slick observation. Iet Radar Sonar and Navigation, 5 (2): 103-110.

Ozigis M S, Kaduk J, Jarvis C, 2018. Synergistic application of Sentinel 1 and Sentinel 2 derivatives for terrestrial oil spill impact mapping. Proceedings of the Active and Passive Microwave Remote Sensing for Environmental Monitoring II, Berlin, Germany, 10788: 107880R.

Pavlakis P, Sieber A J, Alexandry S, 1996. Monitoring oil- spill pollution in the mediterranean with ERS SAR. Earth Observation Quarterly, 52: 8-11.

Pietrapertosa C, Spisni A, Pancioli V et al., 2016. Hyperspectral images to monitor oil spills in the River Po. Bollettino Di Geofisica Teorica Ed Applicata, 57 (1): 31-42.

Pinel N, Bourlier C, 2009. Unpolarized infrared emissivity of oil films on sea surfaces. Geoscience and Remote Sensing Symposium, 2009 IEEE International igarss. IEEE, Cape Town, South Africa, II-85-II-88

Praks J, Koeniguer E C, Hallikainen M T, 2009. Alternatives to target entropy and alpha angle in SAR polarimetry. IEEE Transactions on Geoscience and Remote Sensing, 47 (7): 2262-2274.

Prastyani R, Basith A, 2018. Utilisation of Sentinel- 1 SAR imagery for oil spill mapping: a case study of Balikpapan Bay oil spill. Journal of Geospatial Information Science and Engineering, 1 (1): 22-26.

Quigley C, Brekke C, Eltoft T, 2020. Retrieval of marine surface slick dielectric properties from Radarsat-2 data via a polarimetric two- scale model. IEEE Transactions on Geoscience and Remote Sensing, 58 (7): 5162-5178.

Ramsey Iii E, Rangoonwala A, Suzuoki Y, et al., 2011. Oil detection in a coastal marsh with polarimetric synthetic aperture radar (SAR) . Remote Sensing, 3 (12): 2630-2662.

Ressel R, Singha S, 2016. Comparing near coincident space borne C and X band fully polarimetric sar data for arctic sea ice classification. Remote Sensing, 8 (3): 198.

Robey F C, Fuhrmann D R, Kelly E J, et al., 1992. A CFAR adaptive matched filter detector. IEEE Transactions on Aerospace & Electronic Systems, 28 (1): 208-216.

Rohling H, 1983. Radar CFAR thresholding in clutter and multiple target situations. IEEE Transaction on Aerospace Electronic System, 19 (4): 608-621.

Salem F M F, 2003. Hyperspectral remote sensing: a new approach for oil spill detection and analysis. Hepatology Research the Official Journal of the Japan Society of Hepatology, 37 (12): 1080-1094.

Schuler D, Lee J-S, 2006. Mapping ocean surface features using biogenic slick-fields and SAR polarimetric decomposition techniques. IEE Proceedings Radar Sonar and Navigation, 153 (3): 260-270.

Singha S, Ressel R, 2016. Offshore platform sourced pollution monitoring using space-S fully polarimetric C and X band synthetic aperture radar. Marine Pollution Bulletin, 112 (1): 327-340.

Singha S, Ressel R, Velotto D, et al., 2016. A combination of traditional and polarimetric features for oil spill detection using TerraSAR- X. IEEE Journal of Selected Topics in Applied Earth Observations and Remote Sensing, 9 (11): 4979-4990.

Skrunes S, Brekke C, Eltoft T, 2014. Characterization of marine surface slicks by Radarsat-2 multipolarization features. IEEE Transactions on Geoscience and Remote Sensing, 52 (9): 5302-5319.

Skrunes S, Brekke C, Eltoft T, et al., 2015a. Comparing near-coincident C- and X-band SAR acquisitions of marine oil spills. IEEE Transactions on Geoscience and Remote Sensing, 53 (4): 1958-1975.

Skrunes S, Brekke C, Doulgeris A P, 2015b. Characterization of low- backscatter ocean features in dualcopolarization SAR using Log-Cumulants. IEEE Geoscience and Remote Sensing Letters, 12 (4): 836-840.

Skrunes S, Brekke C, Jones C E, et al., 2016. A multisensor comparison of experimental oil spills in polarimetric SAR for high wind conditions. IEEE Journal of Selected Topics in Applied Earth Observations and Remote Sensing, 9 (11): 4948-4961.

Skrunes S, Brekke C, Jones C E, et al., 2018. Effect of wind direction and incidence angle on polarimetric SAR observations of slicked and unslicked sea surfaces. Remote Sensing of Environment, 213: 73-91.

Song D, Ding Y, Li X, et al., 2017. Ocean oil spill classification with RADARSAT-2 SAR based on an optimized wavelet neural network. Remote Sensing, 9 (8): 799.

Song D, Zhen Z, Wang B, et al., 2020. A novel marine oil spillage identification scheme based on convolution neural network feature extraction from fully polarimetric SAR imagery. IEEE Access, 8: 59801-59820.

Sugimoto M, Ouchi K, Nakamura Y, 2013. On the similarity between dual- and quad-eigenvalue analysis in SAR polarimetry. Remote Sensing Letters, 4 (10): 956-964.

Suresh G, Melsheimer C, Körber J-H, et al., 2015. Automatic estimation of oil seep locations in synthetic aperture radar images. IEEE Transactions on Geoscience and Remote Sensing, 53 (8): 4218-4230.

Taylor S, 1992. 0.45- to 1.1-micrometers spectra of prudhoe crude oil and of beach materials in Prince William Sound, Alaska. CRREL Special, Report, 92 (5): 8-22.

Tian W, Shao Y, Yuan J, et al., 2010. An experiment for oil spill recognition using RADARSAT-2 image. 2010 IEEE International Geoscience and Remote Sensing Symposium, Honolulu, USA, 2761-2764.

Tong S, Liu X, Chen Q, et al., 2019. Multi-feature based ocean oil spill detection for polarimetric SAR data using random forest and the self-similarity parameter. Remote Sensing, 11 (4): 451.

Trunk G V, 1978. Range resolution of targets using automatic detectors. IEEE Transaction on Aerospace Electronic Systems, 14 (5): 750-755.

van Zyl J J, 1989. Unsupervised classification of scattering behavior using radar polarimetry data. IEEE Transactions on Geoscience and Remote Sensing, 27 (1): 36-45.

Velotto D, Migliaccio M, Nunziata F, et al., 2010. Oil-slick observation using single look complex TerraSAR-X dual-polarized data. presented at the IGARSS.

Velotto D, Migliaccio M, Nunziata F, et al., 2011. Dual-polarized TerraSAR-X data for oil-spill observation. IEEE Transactions on Geoscience and Remote Sensing, 49 (12): 4751-4762.

Wang W, Fei L, Peng W, et al., 2010. Oil spill detection from polarimetric SAR image. IEEE 10th International Conference on Signal Processing Proceedings. IEEE, Beijing, China: 832-835.

White H H, 1981. Application of remote sensing on sea surface pollution. Sea Technology, (1): 15-19.

Wismann V, Gade M, Alpers W, et al., 1998. Radar signatures of marine mineral oil spills measured by an airborne multi-frequency radar. International Journal of Remote Sensing, 19 (18): 3607-3623.

Yamaguchi Y, Moriyama T, Ishido M, et al., 2005. Four-component scattering model for polarimetric SAR image decomposition. IEEE Transactions on Geoscience and Remote Sensing, 43 (8): 1699-1706.

Yang F, Yang J Yin J, et al., 2015. Spill detection based on polarimetric SAR decomposition models. Journal of Tsinghua University (Science and Technology), 55 (8): 854-859.

Yang J, Peng Y N, Lin S M, 2001. Similarity between two scattering matrices. Electronics Letters, 37 (3): 193-194.

Yin D, Huang X, Qian W et al., 2010. Airborne validation of a new-style ultraviolet push-broom camera for ocean oil spill pollution surveillance, Remote Sensing. International Society for Optics and Photonics, Toulouse, France, 78250I-78250I-11.

Zhang B, Perrie W, Li X, et al., 2011. Mapping sea surface oil slicks using RADARSAT-2 quad-polarization SAR image. Geophysical Research Letters, 38 (10): 602.

Zhang J, Feng H, Luo Q, et al., 2020. Oil spill detection in quad-polarimetric SAR images using an advanced convolutional neural network based on SuperPixel model. Remote Sensing, 12 (6): 944.

Zou Y, Shi L, Zhang S, et al., 2016. Oil spill detection by a support vector machine based on polarization decomposition characteristics. Acta Oceanologica Sinica, 35 (9): 86-90.

2 极化 SAR 基本概念和理论

2.1 SAR 系统

2.1.1 单极化系统

1978 年美国发射了全球首颗载有 SAR 的海洋卫星 Seasat，工作于 L 波段，采用 HH 单极化模式，标志着星载 SAR 正式应用于海洋观测研究（刘朋，2012）。1991 年欧空局发射了首颗地球资源卫星 ERS-1，工作于 C 波段，采用 VV 极化方式；随后，1995 年后继卫星 ERS-2 发射升空，参数设置与 ERS-1 基本一致，协同工作实现对全球近海水域和陆地的观测。1995 年加拿大发射了资源调查卫星 RADARSAT-1，工作于 C 波段，采用 HH 极化方式和电扫天线，包含七种工作模式，继承了 ERS 卫星系统的设计经验（刘朋，2012），在 1996 年 4 月正式开始服务工作。2012 年我国发射了环境卫星系列 HJ-1C，同时载有 SAR、可见光、红外探测传感器，其上搭载的 SAR 系统工作于 S 波段，采用 VV 极化方式，对今后多源信息融合的遥感识别研究起着重要作用和意义，并在随后几年中陆续发射了同系列卫星（刘朋，2012）。2013 年韩国发射其首颗雷达成像卫星——KOMPSAT-5，工作于 X 波段，采用可选单极化方式，采用聚束、扫描和条带共 3 种对地成像模式，最高分辨率可达 1m，从此韩国成为第七个雷达成像分辨率达到 1m 级别的国家（祁首冰，2012）。

2.1.2 双极化系统

2002 年 3 月，欧空局发射了环境卫星 ENVISAT，其上搭载了双极化 ASAR 传感器，工作于 C 波段，可实现包括交替极化、成像、宽扫描、全球监测和波模式共 5 种工作模式，延续了 ERS-1/2 卫星的对地观测功能，为海洋环境监测、气候变化、地形变化监测等应用方向提供更多的服务和数据支持（刘朋，2012）。2007 年意大利发射了 COSMO-Skymed（constellation of small satellites for mediterranean basin observation，CSK）星座任务的首颗卫星，该卫星具有多极化成像能力，在随后的三年时间里又陆续发射了三颗卫星，共同组成了 CSK 星座任务。CSK 任务中的四个卫星均配有同样多模式高分辨率 SAR 成像系统，该项目由意大利国防部 MOD（Italian Ministry of Defense）资助，由意大利航天局（Agenzia Spaziale Italia，ASI）和 MOD 合作管理，能够在所有能见度条件下实现高分辨率实时工作，目的是进行全球地球观测和相关数据开发，以满足军用和民用需求（刘朋，2012）。2014 年和 2016 年欧空局、欧盟委员会及欧洲环境局的哥白尼任务分别发射了 Sentinel-1 系列卫星下的 Sentinel-1A 和 Sentinel-1B 两颗卫星，共用一个轨道面，轨道相位差为 180°。Sentinel-1 任务以欧空局在 ERS 和 Envisat SAR 仪器方面的传统经验为基础，旨在提供 C 波段 SAR 数据开展对地球的连续测绘工作，特别是在诸如稳定性和精确校准数据产品等关键仪器性能方面，提高了业务服务和应用的重访频率、覆盖范围、及时性和可靠性（欧阳伦曦等，2017）。

2.1.3 全极化系统

1994 年，由 NASA、DLR 和意大利航天局共同研制的 SIR-C/X-SAR 进行了首次飞行任务，NASA-JPL 研制的 SIR-C 是由 L 波段和 C 波段组成的双频全极化雷达，DLR-ASI 共同建造的 X-SAR 为 X 波段单极化雷达。SIR-C/X-SAR 实现了基于多频段、多极化 SAR 系统的对地观测（刘朋，2012；Jordan et al.，1995）。2006 年日本发射了 ALOS 卫星，其上装载了 L 波段相控全极化 SAR 传感器，是 JERS-1 的接替卫星，并于 2011 年 5 月 12 日退役。随后日本于 2014 年成功发射了 ALOS-2 卫星，延续 ALOS 相控阵 L 波段的观测任务，与 ALOS-1 具备相同的全极化成像能力，是目前唯一一个 L 波段在轨运行的全极化系统（刘朋，2012）。2007 年 12 月 14 日由加拿大标准协会（CSA）和麦克唐纳 · 迪特维利联合有限公司（MDA）联合资助的 RADARSAT-2 卫星成功发射，延续了 RADARSAT-1 的工作模式和几乎所有监测优势，并提供了更多的新成像模式，目的是为 RADARSAT-1 用户提供连续性数据，致力于环境监测和自然资源管理，是目前最先进的商用卫星之一（刘朋，2012）。2016 年，我国国家航天局（China National Space Administration，CNSA）在北京成功发射了首颗分辨率达到 1m 的民用 C 波段星载多极化 SAR 卫星——高分三号，具有目前世界上最多的成像模式，共 12 种，是中国高分辨率地球观测系统（China High Resolution Earth Observation System，CHEOS）的重要组成部分，旨在提供高分辨率的陆地和海洋、灾害、水利和气象监测，对我国极化 SAR 系统的研究、数据处理和应用推广具有十分重要的意义（Yin et al.，2017）。2019 年，加拿大发射了新一代 RADARSAT Constellation 地球观测卫星，旨在延续并改进 RADARSAT-2 任务提供的 C 波段 SAR 数据，该星座由三个航天器组成，通过星座方法增加一系列新的应用程序，允许每天重访加拿大及每天获取地球表面 95% 的宽域范围，以及一天高达四次的北极访问量，以求实现海洋监测、灾害管理和生态系统监测等应用（Thompson，2015）。

未来的发射计划还会涉及一系列的星载极化 SAR 系统，如 RADARSAT-3 等，极化 SAR 的发展与应用无疑是一个重要的发展方向。

2.2 波的极化状态表征

电磁波的极化，是用以描述横向电磁波在传播方向上电场矢量端点随时间运动情况的重要物理特性（刘朋，2012；郭睿，2012）。电磁波由一些耦合时变、相互正交的磁场和电场矢量组成，对于空间中沿着任意方向传播的单色平面电磁波，其电场的复振幅可表示

为（郭睿，2012；李仲森，2013）

$$E(r) = E_0 e^{iker} \tag{2.1}$$

式中，e 为任意方向；k 为波数；i 为虚数；r 为目标与接收天线之间的距离。

对于确定的某一点，确定时间 t 上沿 z 方向传播的平面电磁波的电场矢量可表示为复谐振矢量的实部，亦可以分解为互相正交的 x 轴分量和 y 轴分量：

$$\boldsymbol{E}(z,t) = \boldsymbol{E}_x(z,t)\boldsymbol{e}_x + \boldsymbol{E}_y(z,t)\boldsymbol{e}_y \tag{2.2}$$

$$\boldsymbol{E}_x(z,t) = \boldsymbol{E}_x \cos(\omega t - kz) \tag{2.3}$$

$$\boldsymbol{E}_y(z,t) = \boldsymbol{E}_y \cos(\omega t - kz - \varphi_0) \tag{2.4}$$

式中，ω 为角速度；φ_0 为相位差。

通常状态下，两个电场分量的振幅和相位存在差异，因此可推导出椭圆方程为

$$\left(\frac{\boldsymbol{E}_x(z,t)}{E_{x0}}\right)^2 + \left(\frac{\boldsymbol{E}_y(z,t)}{E_{y0}}\right)^2 - 2\left(\frac{\boldsymbol{E}_x(z,t)\boldsymbol{E}_y(z,t)}{E_{x0}E_{y0}}\right)\cos\varphi_0 = \sin^2\varphi_0 \tag{2.5}$$

式（2.5）表明简谐平面电磁波的电场矢量端在垂直于传播方向横平面内随时间变化的轨迹为一个椭圆，称为极化椭圆，如图 2.1 所示，其极化特性即为空间电磁波传播特性。椭圆率角 χ、极化方位角 ψ 和椭圆尺寸 A 三个几何参数可以描述任一极化椭圆状态（李仲森，2013）。

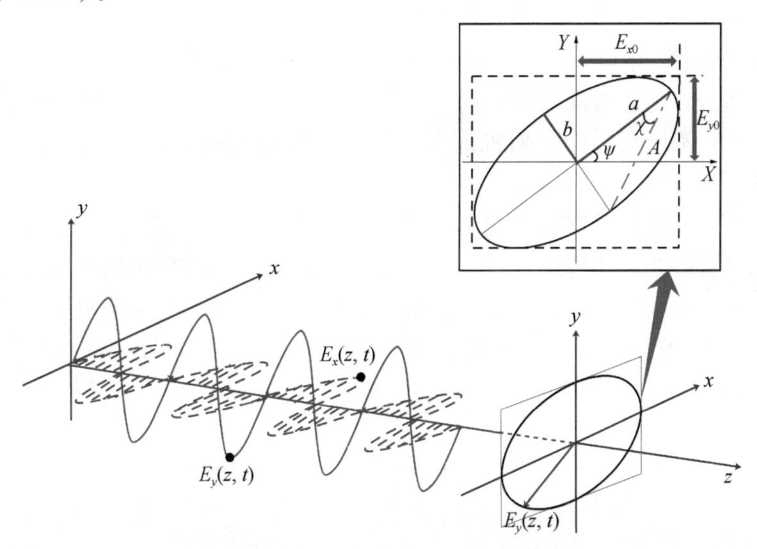

图 2.1　极化椭圆示意图

2.2.1　极化波和极化基状态

广义的极化波可分为三种类别（张红，2015）：完全极化波、完全非极化波和部分极化波，如图 2.2 所示。

（1）完全极化波（completely polarized wave）。根据式（2.2）~式（2.4）定义，当 ω 和 φ 为常数时为完全极化波，雷达反射波是一种准单色波且不具有噪声分量，其电场矢量的轨迹为椭圆，可近似认为是完全极化波。

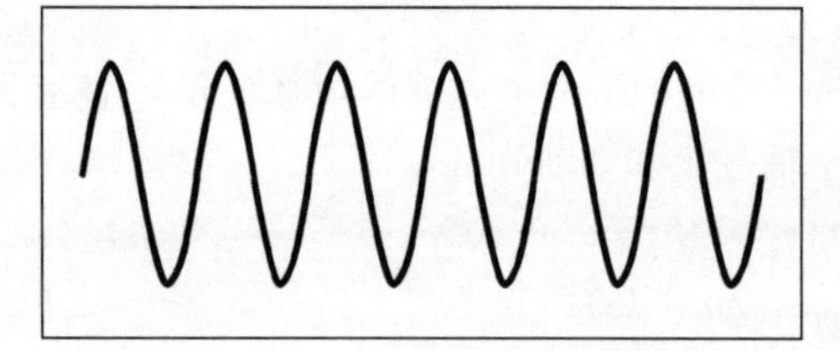

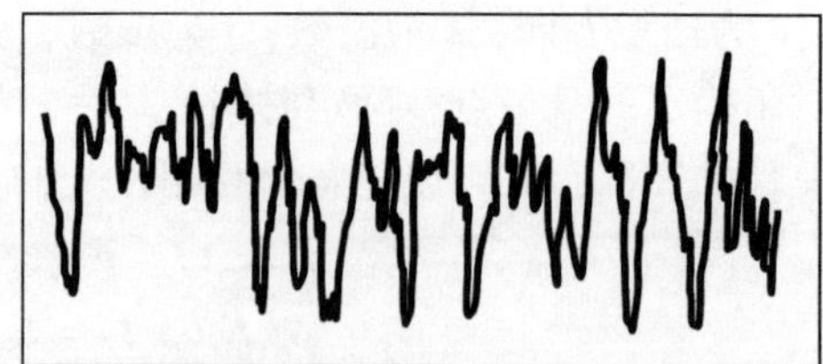

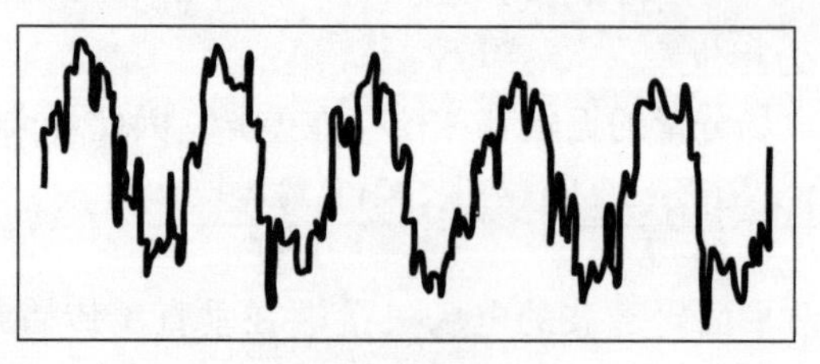

图 2.2　极化波

（2）完全非极化波（completely unpolarized wave）。电场 x 方向矢量和 y 方向矢量具有相等的平均功率密度并且两者之间彼此不相关的电磁波。

（3）部分极化波（partially polarized wave）。在自然界，许多人工目标辐射的信号具有较宽的频谱范围，ω 和 φ 可能是随时间和空间变化的函数，电场矢量在周期内形成的轨迹是随时间变化的，幅度和相位是随机过程。雷达接收的回波信号通常认为是部分极化波，包含了随机量、时变量或噪声分量。

对于极化椭圆，可以根据旋向将其分为左旋极化和右旋极化，旋向的定义遵循 IEEE 标准，即当观察者视向为波传播方向，若电场强度矢端末端沿顺时针方向运动，电场矢量旋向与波的传播方向满足右手螺旋定则，则为右旋极化，反之为左旋极化。其中，完全极化波除了一般的椭圆方式外，还具有两种特征形式：圆极化和线极化，如图 2.3 所示（李仲森，2013）。

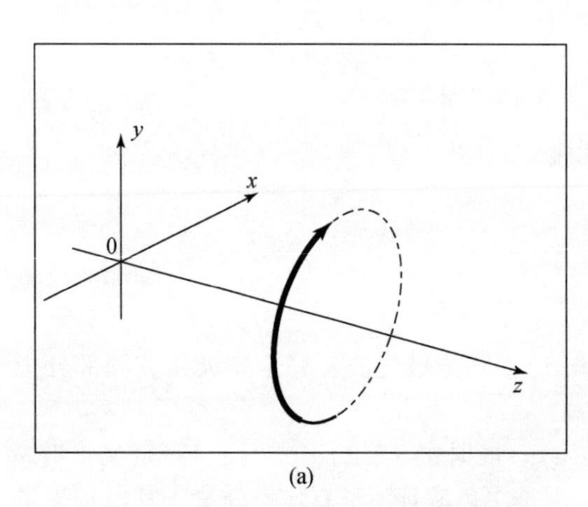

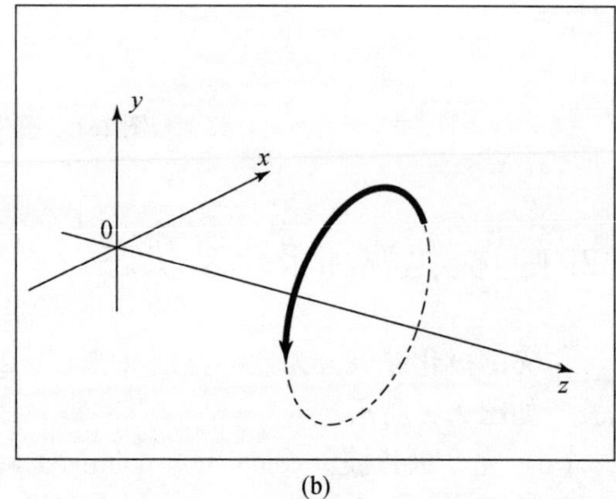

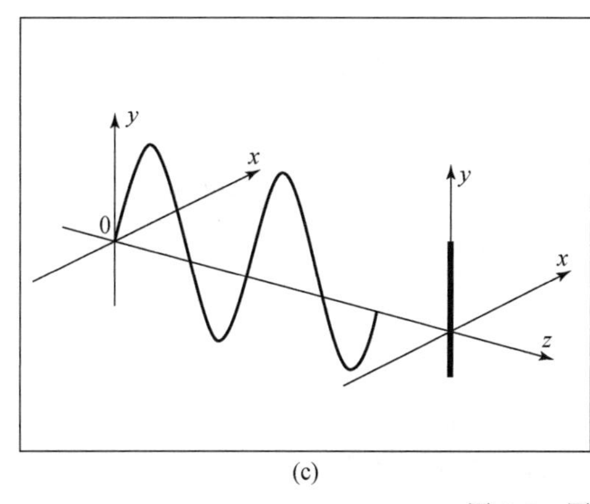

(c)

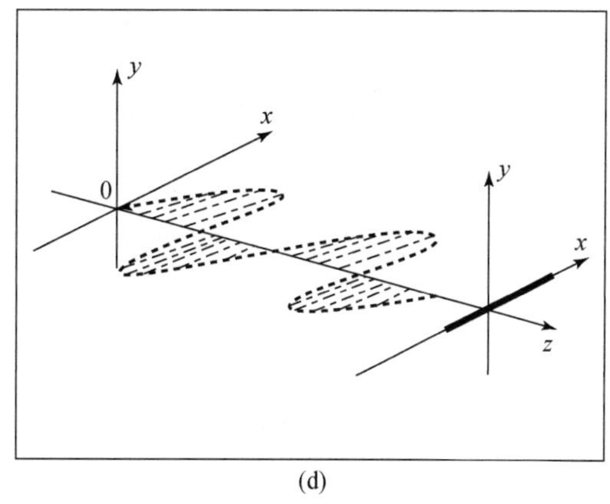

(d)

图 2.3　圆极化和线极化

(a) 左旋圆极化；(b) 右旋圆极化；(c) 垂直线极化；(d) 水平线极化

(1) 当相位差 φ_0 为 0，即 x 分量和 y 分量的相位角相等，则椭圆率角 χ 为 0，电场矢量的轨迹为一条直线，对应线极化形式，其中 $\psi=0°$ 为水平极化，$\psi=90°$ 为垂直极化。针对地学应用，以地球表面为参考平面，平行于参考平面方向即为水平方向，垂直于参考平面即为垂直方向。

(2) 当 $E_x=E_y$ 时，且 $\varphi_0=\pm\pi/2+2m\pi$，其中 m 为整数，电场矢量的轨迹为一个圆，称为圆极化。当 $\varphi_0=+\pi/2+2m\pi$，对应左旋圆极化，当 $\varphi_0=-\pi/2+2m\pi$，对应右旋圆极化。

2.2.2　Jonse 矢量与 Jones 相干矩阵

极化椭圆虽然具有明确直观的物理意义，但是不利于通过数学运算来描述其极化方位角和椭圆率角。因此，引入 Jones 矢量来描述完全极化波，能够利用最少的信息量描述电磁波极化状态（李仲森，2013）。

对于单色波，E_x 和 E_y 分别为两个归一正交极化基 e_x 和 e_y 方向下对应的复电场分量，复电场 E 可表示为复分量 E_x 和 E_y 的线性组合。在实际应用中，我们通常只对 E_x 和 E_y 两个分量的相对关系感兴趣，因此 Jones 矢量可定义为如下形式：

$$\boldsymbol{E}_{xy}=\begin{bmatrix}E_x\\E_y\mathrm{e}^{\mathrm{i}\varphi_0}\end{bmatrix}=\begin{bmatrix}E_x\\E_y\mathrm{e}^{\mathrm{i}(\varphi_x-\varphi_y)}\end{bmatrix}\tag{2.6}$$

理论上，Jones 矢量与极化椭圆形式定义对电磁波极化状态的描述意义是等价的，Jones 矢量可定义为极化椭圆的椭圆率角和幅度的二维复矢量函（Boerner et al.，1981；Cloude，1985；Kostinski and Boerner，1986）：

$$\boldsymbol{E}_{xy}=A\mathrm{e}^{\mathrm{i}\alpha}\begin{bmatrix}\cos\chi & -\sin\chi\\ \sin\chi & \cos\chi\end{bmatrix}\begin{bmatrix}\cos\psi\\ \mathrm{i}\sin\psi\end{bmatrix}\tag{2.7}$$

上述极化椭圆和 Jones 矢量对电磁波极化状态的描述仅针对单色波，即完全极化波，但是在实际应用中自然目标或人造目标散射的电磁波形式为部分极化波，需要引入新的表示方法进行描述和计算，即 Jones 相干矩阵和 Stokes 矢量。Jones 相干矩阵可由 Jones 矢量及其共轭转置的外积进行空间平均运算获取，为二维埃尔米特（Hermitian）半正定矩阵，

可表示为（李仲森，2013；谢镭，2016）

$$\boldsymbol{J}=\langle \boldsymbol{E}_{xy}\cdot \boldsymbol{E}_{xy}^{\dagger}\rangle=\begin{bmatrix}\langle E_xE_x^*\rangle & \langle E_xE_y^*\rangle\\ \langle E_yE_x^*\rangle & \langle E_yE_y^*\rangle\end{bmatrix}=\begin{bmatrix}J_{xx} & J_{xy}\\ J_{yx} & J_{yy}\end{bmatrix} \tag{2.8}$$

式中，J_{xx}和J_{yy}为对角线元素，分别表示E_x和E_y分量强度，J_{xy}和J_{yx}为次对角线元素，分别描述E_x和E_y之间的复互相关性。

2.2.3 Stokes 矢量

对于非相干系统，仅 Stokes 矢量可以测量入射波的强度信息，由回波的强度（实数）来描述电磁波的极化状态。对于完全极化波，Stokes 矢量定义为（郭睿，2012；李仲森，2013；Huynen，1978）

$$\boldsymbol{g}=\begin{bmatrix}g_0\\ g_1\\ g_2\\ g_3\end{bmatrix}=\begin{bmatrix}|E_x|^2+|E_y|^2\\ |E_x|^2-|E_y|^2\\ 2\mathrm{Re}(E_xE_y^*)\\ -2\mathrm{Im}(E_xE_y^*)\end{bmatrix} \tag{2.9}$$

其中，Re(·)和Im(·)分别表示复数的实部和虚部。Stokes 矢量共包含四个参数：g_0、g_1、g_2、g_3，在完全极化波状态下，仅有三个独立分量，因为g_0代表入射波的总能量，等于g_1、g_2、g_3的总和；g_1代表水平极化分量和垂直极化分量之间的振幅差，描述了线性水平分量或者垂直分量在波中所占的比重大小；g_2和g_3表示电场矢量水平分量与垂直分量之间的相位差，可视为波的右旋和左旋圆极化分量。Stokes 矢量也可以表示为极化椭圆几何参数（χ，ψ）的函数：

$$\boldsymbol{J}=\begin{bmatrix}g_0\\ g_1\\ g_2\\ g_3\end{bmatrix}=A^2\begin{bmatrix}1\\ \cos2\chi\cos2\psi\\ \cos2\chi\sin2\psi\\ \sin2\chi\end{bmatrix} \tag{2.10}$$

通常雷达回波被看作是非完全极化波（部分极化波），不能用上面介绍的 Stokes 矢量来表示，因此采用与 Jones 相干矩阵相同的推导思想，对 Stokes 矢量进行空间平均运算以获取 Stokes 矢量的一般通用形式：

$$\boldsymbol{g}=\begin{bmatrix}g_0\\ g_1\\ g_2\\ g_3\end{bmatrix}=\begin{bmatrix}\langle|E_x|^2\rangle+\langle|E_y|^2\rangle\\ \langle|E_x|^2\rangle-\langle|E_y|^2\rangle\\ 2\mathrm{Re}\langle E_xE_y^*\rangle\\ -2\mathrm{Im}\langle E_xE_y^*\rangle\end{bmatrix} \tag{2.11}$$

通用形式的 Stokes 矢量与 Jones 相干矩阵可以通过相互转化呈现等价关系，表示如下（郭睿，2012；李仲森，2013；Huynen，1978）：

$$[\boldsymbol{J}]=\begin{bmatrix}J_{xx} & J_{xy}\\ J_{yx} & J_{yy}\end{bmatrix}=\begin{bmatrix}\langle E_xE_x^*\rangle & \langle E_xE_y^*\rangle\\ \langle E_yE_x^*\rangle & \langle E_yE_y^*\rangle\end{bmatrix}=\frac{1}{2}\begin{bmatrix}\langle g_0\rangle+\langle g_1\rangle & \langle g_2\rangle-\mathrm{i}\langle g_3\rangle\\ \langle g_2\rangle+\mathrm{i}\langle g_3\rangle & \langle g_0\rangle-\langle g_1\rangle\end{bmatrix} \tag{2.12}$$

因此对于完全极化波，Stokes的四个参量中只有三个独立分量，即g_1、g_2、g_3，g_0为三个独立分量的总和，满足：

$$g_0^2 = g_1^2 + g_2^2 + g_3^2 \tag{2.13}$$

对于非完全（部分）极化波，满足：

$$g_0^2 = g_1^2 + g_2^2 + g_3^2 \tag{2.14}$$

对于完全非极化波，则满足：$g_0 = 2\langle |E_x|^2 \rangle$，$g_1 = g_2 = g_3 = 0$，$E_x$和$E_y$的平均功率相等，相对相位随机。

2.3　目标极化散射的描述和表征

2.3.1　散射目标描述

极化SAR系统产生并发射电磁波，电磁波到达地物目标并与之作用发生改变，因此部分入射电磁波的能量被地物目标吸收，剩余能量以新的电磁波形式反射，雷达天线接收沿雷达视线方向返回的电磁波。通过分析电磁波特征的改变可以对地物目标特征进行描述、识别和探究。依据不同地物目标改变入射电磁波的能力差异，通常把目标分为相干目标和分布式目标两种类型（周晓光，2008；郭睿，2012；李仲森，2013）。

1. 相干目标

在单色平面波照射下，若地物目标散射波也是完全极化波，并且其电磁散射特性可以用Sinclair极化散射矩阵完全描述，则称为相干散射目标。对于相干散射目标，雷达入射电磁波和目标散射电磁波的Jones矢量之间可由线性变换进行运算，这种线性关系可通过复二维Sinclair矩阵来完全描述；若通过Stokes矢量进行运算，则这种关系可以通过Mueller矩阵或者Kennaugh矩阵来描述（周晓光，2008；郭睿，2012；李仲森，2013）。

2. 分布式目标

分布式目标的概念和定义源自非静态或者不稳定的雷达目标会随时间而发生变化这一情况。因此，时变的或者由多个独立分布的子散射体构成的目标会在经过入射电磁波作用后，由于产生的散射回波来自不同的散射中心，不再具备相干性、单色性及椭圆极化波完全极化的特性，通常被认为是部分极化波。这种目标称为分布式目标，即非相干散射目标，如水面、植被等自然目标，它们会因风动力、温度、气压等变化而发生改变。此外，机载/星载雷达系统也会与目标产生相对运动，因此不同时刻雷达照射在分布式体目标或面目标的位置不同。由于上述目标的时变特性和随机性，极化散射矩阵是无法对其准确描述的，可通过二阶统计量，如极化协方差矩阵和极化相干矩阵进行描述（周晓光，2008；郭睿，2012；李仲森，2013）。

相干目标和分布式目标之间并没有绝对的划分界限，目标受不同因素影响会呈现不同的特性，如雷达波的频率、天线极化特征、目标特性（李仲森，2013）。

2.3.2　散射坐标系

在极化散射过程的探究过程中，依据原点到发射天线、接收天线的不同位置，可将散射坐标系分为两种约定体系来定义极化矢量：前向散射对准和后向散射对准。这两种体系都是在以目标内部中心为原点的全局坐标系中定义的。根据雷达系统工作方式的不同可将雷达系统分为单基站雷达系统体制和双基站雷达系统体制，如图 2.4 所示（李仲森，2013；Kostinski and Boerner，1986；Ulaby and Elachi，1990）。

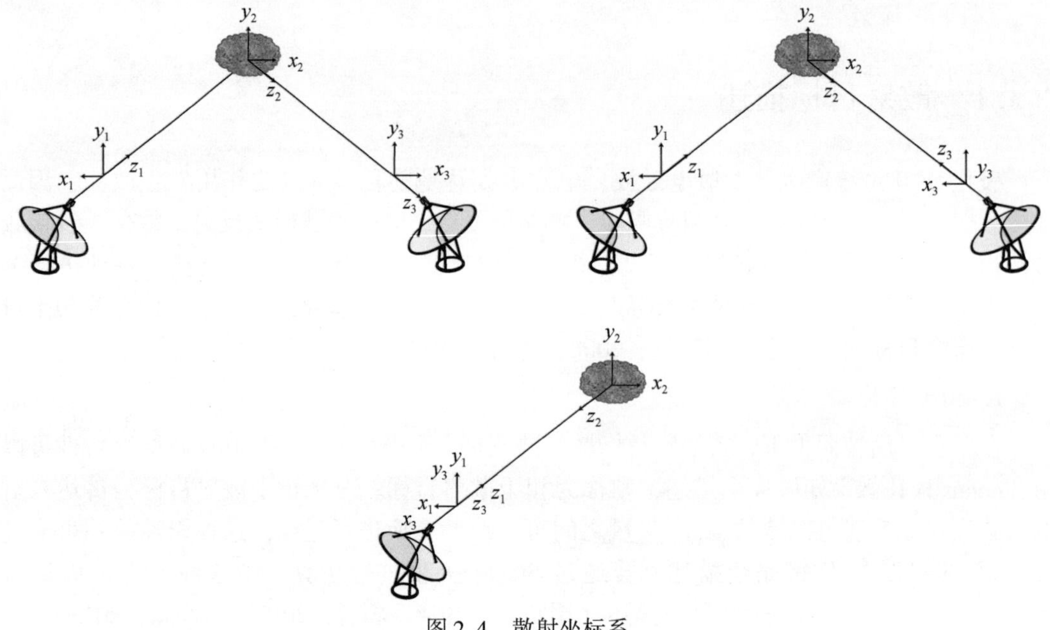

图 2.4　散射坐标系

（1）前向散射对准（forward scatter alignment，FSA）。即根据电磁波传播方向而定义的波导向系统，用于定义相对波传播方向的右手坐标系统。FSA 通常在发射端和接收端处于不同空间位置的双基站系统中采用，适用于解决粒子或者非均匀媒质的双基站问题。

（2）后向散射对准（back scatter alignment，BSA）。即根据 IEEE 雷达天线标准定义的天线导向系统，其接收端的右手坐标系中 ZR 指向散射体，与前向散射对准相反。BSA 有一个特殊的情况是单站散射对准（monostatic scattering alignment，MSA），其优势是发射天线和接收天线处于同一位置且坐标系重合。BSA 适用于解决给定目标或媒质的雷达后向散射问题。

本书中讨论的极化合成孔径雷达系统都是单基站系统，采用后向散射对准坐标系。

2.3.3　散射目标雷达方程

在探究雷达工作体制中电磁波和地物目标之间的相互作用时，需要明确两个决定目标定义方式的概念，一种情况为目标尺寸比雷达系统照射面积小，另一种为目标尺寸远大于雷达系统照射面积（李仲森，2013；童绳武，2019）。

（1）目标尺寸比雷达系统照射面积小。从能量交换的角度出发，目标可视为一个独立散射体，此时，目标截取的入射电磁波和目标作用与吸收后散射的电磁波之间的功率关系可以通过雷达方程的基本形式表示（李仲森，2013；童绳武，2019；Mott，1992）：

$$P_{\mathrm{R}} = \frac{P_{\mathrm{T}}G_{\mathrm{T}}}{4\pi R_{\mathrm{T}}^{2}} \frac{\sigma}{4\pi} \frac{A_{\mathrm{E}}}{R_{\mathrm{R}}^{2}} \tag{2.15}$$

式中，P_{T}和P_{R}分别为雷达发射天线输出功率和接收天线接收功率；G_{T}为发射天线增益；R_{T}为雷达发射系统与探测目标之间的距离；R_{R}为雷达接收系统与探测目标之间的距离；A_{E}为接收天线的有效孔径。雷达方程由三部分组成，第一部分代表在距离R_{T}处雷达发射天线的空间功率流密度；第二部分代表地物目标与雷达的部分入射通量相互作用后再散射的无量纲系数；第三部分对应接收天线有效孔径的面积。

此时可将地物目标面积等效为理想各向同性散射体的雷达散射截面面积，在同等观测条件下（如观测方向），地物目标的散射功率密度与等效散射体相同。雷达散射截面σ直接决定了被照射的地物目标在雷达方程功率的平衡关系，定义为（李仲森，2013）：

$$|\boldsymbol{E}_{\mathrm{r}}|^{2} = \frac{|\boldsymbol{E}_{\mathrm{I}}|^{2}}{4\pi r_{\mathrm{R}}^{2}}\sigma \rightarrow \sigma = 4\pi r_{\mathrm{R}}^{2} \frac{|\boldsymbol{E}_{\mathrm{r}}|^{2}}{|\boldsymbol{E}_{\mathrm{I}}|^{2}} \tag{2.16}$$

式中，E_{I}为入射电磁波；E_{r}为散射电磁波。

雷达散射截面是综合大量参数的函数，主要分为两类参数：与成像系统有关的第一类参数（系统发射电磁波频率、极化方式、入射和散射方向）和与地物目标对象固有特性有关的第二类参数（地物目标的结构和介电性质）。

（2）目标尺寸比雷达系统照射面积大。从统计意义出发，目标可视为无数个单一散射目标散射体的等效集合。此时，每一个单一散射体的散射场相干叠加形成总散射场。分布式目标在照射区域A_0内的总接收功率可表示为

$$P_{\mathrm{R}} = \iint_{A_0} \frac{P_{\mathrm{T}}G_{\mathrm{T}}}{4\pi r_{\mathrm{T}}^{2}}\sigma^{0} \frac{A_{\mathrm{R}}}{4\pi r_{\mathrm{R}}^{2}}\mathrm{d}s \tag{2.17}$$

式中，A_{R}为接收天线的有效孔径；σ^{0}为散射系数或者“西格玛零”（sigma-naught），代表单位面积下的平均雷达散射截面积，与目标尺寸无关，是无量纲参数，具体表示为半径r的球面上散射功率密度统计平均值与入射功率密度平均值之比（李仲森，2013）：

$$\sigma^{0} = \frac{4\pi r_{\mathrm{R}}^{2}}{A_0} \frac{\langle |\boldsymbol{E}_{\mathrm{r}}|^{2} \rangle}{|\boldsymbol{E}_{\mathrm{I}}|^{2}} \tag{2.18}$$

2.3.4　极化散射矩阵与散射矢量

为了充分利用电磁场的极化特性，在表征观测目标散射过程的函数模型中引入完整的

电磁场信息。如前面所述，在单色平面电场的极化状态可用琼斯矢量定义，因此，由琼斯矢量表示的入射电磁波 E_{I} 和散射电磁波 E_{r} 分别为（郭睿，2012；李仲森，2013；Kostinski and Boerner，1986）

$$\boldsymbol{E}_{\mathrm{I}}=\begin{bmatrix}E_{\mathrm{Ih}}\\E_{\mathrm{Iv}}\end{bmatrix},\boldsymbol{E}_{\mathrm{r}}=\begin{bmatrix}E_{\mathrm{rh}}\\E_{\mathrm{rv}}\end{bmatrix}\tag{2.19}$$

入射电磁波和散射电磁波受观测目标影响的散射过程可由下式表达：

$$\boldsymbol{E}_{re}=\boldsymbol{S}\boldsymbol{E}_{tr}=\begin{bmatrix}E_{\mathrm{H}}^{re}\\E_{\mathrm{V}}^{re}\end{bmatrix}=\frac{\mathrm{e}^{-ikr}}{r}\begin{bmatrix}S_{\mathrm{HH}}&S_{\mathrm{HV}}\\S_{\mathrm{VH}}&S_{\mathrm{VV}}\end{bmatrix}\begin{bmatrix}E_{\mathrm{H}}^{tr}\\E_{\mathrm{V}}^{tr}\end{bmatrix}\tag{2.20}$$

式中，$\boldsymbol{S}$ 代表 2×2 复散射矩阵，Sinclair 矩阵，其元素 S_{ij} 表示以极化方式 i 发射、极化方式 j 接收的复散射系数或复散射幅度。对角元素 S_{HH} 和 S_{VV} 称为共极化（同极化）项，表示相同极化方式的入射场和散射场关系；非对角元素 S_{HV} 和 S_{VH} 称为交叉极化项，表示正交极化方式的入射场和散射场关系；e/r 代表了电磁波传播本身引起的幅度和相位的变化（李仲森，2013）。

散射矩阵 $\boldsymbol{S}$ 是一种定量描述和定义目标特性的方法，能够通过把目标散射的极化特性、能量与相位进行统一，进而完整地描述 SAR 目标的电磁散射特性。根据天线互易原理，$\boldsymbol{S}$ 矩阵的交叉极化元素相等，即 $S_{\mathrm{HV}}=S_{\mathrm{VH}}$，因此可由以下参数表示：

$$\boldsymbol{S}=\begin{bmatrix}S_{\mathrm{HH}}&S_{\mathrm{HV}}\\S_{\mathrm{VH}}&S_{\mathrm{VV}}\end{bmatrix}=\mathrm{e}^{\mathrm{i}\varphi_0}\begin{bmatrix}|S_{\mathrm{HH}}|&|S_{\mathrm{HV}}|\mathrm{e}^{\mathrm{i}(\varphi_{\mathrm{HV}}-\varphi_0)}\\|S_{\mathrm{HV}}|\mathrm{e}^{\mathrm{i}(\varphi_{\mathrm{HV}}-\varphi_0)}&|S_{\mathrm{VV}}|\mathrm{e}^{\mathrm{i}(\varphi_{\mathrm{VV}}-\varphi_0)}\end{bmatrix}\tag{2.21}$$

式中，φ 为相位信息。当忽略绝对相位值 φ_0 时，$\boldsymbol{S}$ 矩阵产生了 3 个振幅量和 2 个相位量共 5 个独立参数。

一般来说，目标的散射矩阵一方面受到目标固有特性的影响，包括目标的形状、尺寸、材料属性等物理特性；另一方面也受到 SAR 系统成像条件的影响，包括目标与 SAR 系统收发测量装置之间的相对姿态取向、空间几何位置、入射电磁波频率等（郭睿，2012）。

为了便于对极化数据进行分析，可以对目标的极化散射进行矢量化处理，得到散射矢量进而获取目标极化信息的二阶表示，即极化协方差矩阵和极化相干矩阵。矢量化过程可表示为（郭睿，2012；李仲森，2013）

$$\begin{bmatrix}S_{\mathrm{HH}}&S_{\mathrm{HV}}\\S_{\mathrm{VH}}&S_{\mathrm{VV}}\end{bmatrix}\Rightarrow\boldsymbol{k}=\mathrm{Vector}(\boldsymbol{S})=\frac{1}{2}\mathrm{tr}(\boldsymbol{S}\boldsymbol{\Psi})=[k_0\quad k_1\quad k_2\quad k_3]^{\mathrm{T}}\tag{2.22}$$

式中，Vector(·) 为矢量化操作中的矢量化算子；tr(·) 为对矩阵求迹；$\boldsymbol{\Psi}$ 为一组 2×2 复数极化基矩阵的集合。常用的矢量极化基包括两种形式：第一种是采用完全正交基下的直序展开的 Lexicographic 基，直接包含了散射矩阵的复幅度信息，可表示为

$$\boldsymbol{\Psi}_{\mathrm{L}}=2\left\{\begin{bmatrix}1&0\\0&0\end{bmatrix},\begin{bmatrix}0&1\\0&0\end{bmatrix},\begin{bmatrix}0&0\\1&0\end{bmatrix},\begin{bmatrix}0&0\\0&1\end{bmatrix}\right\}\tag{2.23}$$

可得 Lexicographic 散射矢量 $K_{4\mathrm{L}}$ 为

$$\boldsymbol{K}_{4\mathrm{L}}=[S_{\mathrm{HH}},S_{\mathrm{HV}},S_{\mathrm{VH}},S_{\mathrm{VV}}]^{\mathrm{T}}\tag{2.24}$$

第二种是采用完全正交基下的 Pauli 展开，Pauli 基是基于散射机理的形式定义，更接

近并更直观地表示电磁波散射的物理特性，此外因具有一定抗噪性，能够保证在一定的噪声和去极化效应的情况下分解。可表示为

$$\boldsymbol{\Psi}_{\mathrm{P}}=\sqrt{2}\left\{\begin{bmatrix}1&0\\0&1\end{bmatrix},\begin{bmatrix}1&0\\0&-1\end{bmatrix},\begin{bmatrix}0&1\\1&0\end{bmatrix},\begin{bmatrix}0&-i\\i&0\end{bmatrix}\right\} \tag{2.25}$$

可得 Pauli 散射矢量 $K_{4\mathrm{P}}$：

$$\boldsymbol{K}_{4\mathrm{P}}=\frac{1}{\sqrt{2}}[S_{\mathrm{HH}}+S_{\mathrm{VV}},S_{\mathrm{HH}}-S_{\mathrm{VV}},S_{\mathrm{HV}}+S_{\mathrm{VH}},\mathrm{i}(S_{\mathrm{HV}}-S_{\mathrm{VH}})]^{\mathrm{T}} \tag{2.26}$$

两者之间可以相互转换：

$$\boldsymbol{K}_{4\mathrm{P}}=\boldsymbol{A}\boldsymbol{K}_{4\mathrm{L}}=\frac{1}{\sqrt{2}}\begin{bmatrix}1&0&0&1\\1&0&0&-1\\0&1&1&0\\0&i&-i&0\end{bmatrix}\boldsymbol{K}_{4\mathrm{L}} \tag{2.27}$$

$$\boldsymbol{K}_{4\mathrm{L}}=\boldsymbol{A}^{-1}\boldsymbol{K}_{4\mathrm{P}}=\frac{1}{\sqrt{2}}\begin{bmatrix}1&1&0&0\\0&0&1&-i\\0&0&1&i\\1&-1&0&0\end{bmatrix}\boldsymbol{K}_{4\mathrm{P}} \tag{2.28}$$

在满足后向散射互易定理情况下，散射矩阵 $\boldsymbol{S}$ 是复对称的，即 $S_{\mathrm{HV}}=S_{\mathrm{VH}}$，因此两个散射矢量可简化为

$$\boldsymbol{K}_{3\mathrm{L}}=[S_{\mathrm{HH}},\sqrt{2}S_{\mathrm{HV}},S_{\mathrm{VV}}]^{\mathrm{T}} \tag{2.29}$$

$$\boldsymbol{K}_{3\mathrm{P}}=\frac{1}{\sqrt{2}}[S_{\mathrm{HH}}+S_{\mathrm{VV}},S_{\mathrm{HH}}-S_{\mathrm{VV}},2S_{\mathrm{HV}}]^{\mathrm{T}} \tag{2.30}$$

同上，两者之间的相互转换关系可表示为

$$\boldsymbol{K}_{3\mathrm{P}}=\boldsymbol{A}_3\boldsymbol{K}_{3\mathrm{L}}=\frac{1}{\sqrt{2}}\begin{bmatrix}1&0&1\\1&0&-1\\0&\sqrt{2}&0\end{bmatrix}\boldsymbol{K}_{3\mathrm{L}} \tag{2.31}$$

$$\boldsymbol{K}_{3\mathrm{L}}=\boldsymbol{A}_3^{-1}\boldsymbol{K}_{3\mathrm{P}}=\frac{1}{\sqrt{2}}\begin{bmatrix}1&1&0\\0&0&\sqrt{2}\\1&-1&0\end{bmatrix}\boldsymbol{K}_{3\mathrm{P}} \tag{2.32}$$

2.3.5　极化协方差矩阵与极化相干矩阵

分布式目标通常具有时变性，因像元散射矩阵记录的是内部多个散射中心的相干叠加后的集合，不能简单地使用点目标的极化散射矩阵进行计算，因此需要使用极化散射矩阵的二阶统计量进行计算和分析，包括极化协方差矩阵和极化相干矩阵（郭睿，2012；李仲森，2013；Luneburg，1995；Ziegler and Torstensson，1992）。

极化协方差矩阵 $\boldsymbol{C}_4$ 是由 Lexicographic 散射矢量 $\boldsymbol{K}_{4\mathrm{L}}$ 获取的二阶统计量，表示为

$$\boldsymbol{C}_4 = \langle \boldsymbol{K}_{4\mathrm{L}} \cdot \boldsymbol{K}_{4\mathrm{L}}^{\dagger} \rangle = \begin{bmatrix} \langle |S_{\mathrm{HH}}|^2 \rangle & \langle S_{\mathrm{HH}} S_{\mathrm{HV}}^* \rangle & \langle S_{\mathrm{HH}} S_{\mathrm{VH}}^* \rangle & \langle S_{\mathrm{HH}} S_{\mathrm{VV}}^* \rangle \\ \langle S_{\mathrm{HV}} S_{\mathrm{HH}}^* \rangle & \langle |S_{\mathrm{HV}}|^2 \rangle & \langle S_{\mathrm{HV}} S_{\mathrm{VH}}^* \rangle & \langle S_{\mathrm{HV}} S_{\mathrm{VV}}^* \rangle \\ \langle S_{\mathrm{VH}} S_{\mathrm{HH}}^* \rangle & \langle S_{\mathrm{VH}} S_{\mathrm{HV}}^* \rangle & \langle |S_{\mathrm{VH}}|^2 \rangle & \langle S_{\mathrm{VH}} S_{\mathrm{VV}}^* \rangle \\ \langle S_{\mathrm{VV}} S_{\mathrm{HH}}^* \rangle & \langle S_{\mathrm{VV}} S_{\mathrm{HV}}^* \rangle & \langle S_{\mathrm{VV}} S_{\mathrm{VH}}^* \rangle & \langle |S_{\mathrm{VV}}|^2 \rangle \end{bmatrix} \tag{2.33}$$

同理，极化相干矩阵 $\boldsymbol{T}_4$ 是由 Pauli 基散射矢量 $\boldsymbol{K}_{4\mathrm{P}}$ 获取的二阶统计量，表示为

$$\boldsymbol{T}_4 = \langle \boldsymbol{K}_{4\mathrm{P}} \cdot \boldsymbol{K}_{4\mathrm{P}}^{\dagger} \rangle \tag{2.34}$$

极化协方差矩阵和极化相干矩阵的对角元素均为实数，非对角元素为关于对角线对称的复数。两者代表了不同的物理量，但包含的信息量是等价的，均为 Hermitian（哈密顿）半正定矩阵，两者具有不同的特征向量，但具有相同的非负实数特征值。在互易条件下，由式（2.36）和式（2.37）可以获得极化协方差矩阵和相干矩阵的简化形式为

$$\boldsymbol{C}_3 = \langle \boldsymbol{K}_{3\mathrm{L}} \boldsymbol{K}_{3\mathrm{L}}^{\dagger} \rangle = \begin{bmatrix} \langle |S_{\mathrm{HH}}|^2 \rangle & \sqrt{2}\langle S_{\mathrm{HH}} S_{\mathrm{HV}}^* \rangle & \langle S_{\mathrm{HH}} S_{\mathrm{VV}}^* \rangle \\ \sqrt{2}\langle S_{\mathrm{HV}} S_{\mathrm{HH}}^* \rangle & 2\langle |S_{\mathrm{HV}}|^2 \rangle & \sqrt{2}\langle S_{\mathrm{HV}} S_{\mathrm{VV}}^* \rangle \\ \langle S_{\mathrm{VV}} S_{\mathrm{HH}}^* \rangle & \sqrt{2}\langle S_{\mathrm{VV}} S_{\mathrm{HV}}^* \rangle & \langle |S_{\mathrm{VV}}|^2 \rangle \end{bmatrix} \tag{2.35}$$

$$\begin{aligned} \boldsymbol{T}_3 &= \langle \boldsymbol{K}_{3\mathrm{P}} \boldsymbol{K}_{3\mathrm{P}}^{\dagger} \rangle \\ &= \frac{1}{2} \begin{bmatrix} \langle |S_{\mathrm{HH}} + S_{\mathrm{VV}}|^2 \rangle & \langle (S_{\mathrm{HH}} + S_{\mathrm{VV}})(S_{\mathrm{HH}} - S_{\mathrm{VV}})^* \rangle & 2\langle (S_{\mathrm{HH}} + S_{\mathrm{VV}}) S_{\mathrm{HV}}^* \rangle \\ \langle (S_{\mathrm{HH}} - S_{\mathrm{VV}})(S_{\mathrm{HH}} + S_{\mathrm{VV}})^* \rangle & \langle |S_{\mathrm{HH}} - S_{\mathrm{VV}}|^2 \rangle & 2\langle (S_{\mathrm{HH}} - S_{\mathrm{VV}}) S_{\mathrm{HV}}^* \rangle \\ 2\langle S_{\mathrm{HV}} (S_{\mathrm{HH}} + S_{\mathrm{VV}})^* \rangle & 2\langle S_{\mathrm{HV}} (S_{\mathrm{HH}} - S_{\mathrm{VV}})^* \rangle & 4\langle |S_{\mathrm{HV}}|^2 \rangle \end{bmatrix} \end{aligned} \tag{2.36}$$

极化协方差矩阵和极化相干矩阵之间可进行相互转换：

$$\boldsymbol{C}_3 = \langle \boldsymbol{K}_{3\mathrm{L}} \boldsymbol{K}_{3\mathrm{L}}^{\mathrm{H}} \rangle = \langle A_3^{\mathrm{H}} \boldsymbol{K}_{3\mathrm{P}} \boldsymbol{K}_{3\mathrm{P}}^{\mathrm{H}} A_3 \rangle = A_3^{\mathrm{H}} T_3 A_3 \tag{2.37}$$

$$\boldsymbol{T}_3 = \langle \boldsymbol{K}_{3\mathrm{P}} \boldsymbol{K}_{3\mathrm{P}}^{\mathrm{H}} \rangle = \langle A_3 \boldsymbol{K}_{3\mathrm{L}} \boldsymbol{K}_{3\mathrm{L}}^{\mathrm{H}} A_3^{\mathrm{H}} \rangle = A_3 C_3 A_3^{\mathrm{H}} \tag{2.38}$$

其中，所使用的变换矩阵为

$$\boldsymbol{A} = \frac{1}{\sqrt{2}} \begin{bmatrix} 1 & 0 & 1 \\ 1 & 0 & -1 \\ 0 & \sqrt{2} & 0 \end{bmatrix} \tag{2.39}$$

2.3.6 极化分解

电磁波极化对目标物理散射特性敏感，因此在处理极化 SAR 数据的过程中，可通过极化测量对目标的物理特性进行解译、识别和分类，所使用的可行方法理论是极化目标分解理论。极化目标分解是为获取能够解译 SAR 极化数据而发展的理论方法，由 Huynen 首次提出其概念思想，同时使用了“现象学”这一概念来研究雷达目标，即在研究过程中只关注从接收的目标回波中发展出一般的描述目标物理散射特性的参数，而不关注底层系统设计、成像几何条件、电磁波与目标如何作用等。目标极化分解方法依据单目标和分布目标的散射特性可以大致分为两类（郭睿，2012；李仲森，2013），具体说明如下。

1. 相干分解

相干分解是把确定的或者稳定状态的单目标极化散射矩阵分解为基本目标散射的形式进而推断其可能的物理机制和特性。该类方法主要基于极化散射矩阵进行处理，将任意散射矩阵 $\boldsymbol{S}$ 表示为基本目标散射矩阵之和的形式。如 Pauli 分解、Krogager 分解、Cameron 分解。

$$\boldsymbol{S} = \sum_{i=1}^{k} w_i \boldsymbol{S}_i \tag{2.40}$$

式中，$\boldsymbol{S}_i$为每个规范目标的散射矩阵；w_i为规范矩阵 $\boldsymbol{S}_i$在矩阵 $\boldsymbol{S}$ 组合中的权重。

2. 非相干分解

对于实际自然界中的目标而言，目标的散射特性由于对应一个复杂的相干目标而呈现变化过程和随机过程，因此需要采用统计方法得到能够表征目标极化散射特性的极化相干矩阵 $\boldsymbol{T}$ 和极化协方差矩阵 $\boldsymbol{C}$。非相干分解是把不确定的或者不稳定状态的分布目标的极化相干矩阵或者极化协方差矩阵等分解为简单的二阶描述子的组合。主要分为四类（李仲森，2013；Huynen，1978）：①基于目标“现象学”的 Huynen 二分分解方法，如 Huynen 分解、Barnes-Holm 分解；②基于特征分析的非相干分解方法，如 Cloude 分解；③基于物理散射模型的非相干分解方法，如 Freeman-Durden 分解、Yamaguchi 分解；④基于特征分析和物理散射模型相结合的非相干分解方法，如 van Zyl 分解。

为了直观详细地介绍非相干分解方法，同时承接本书内容中涉及的分解基础理论，以 Cloude 分解为例进行简要介绍。Cloude 分解由 Cloude 在 1986 年提出，是基于特征的分析方法。极化协方差矩阵和极化相干矩阵均为半正定的 Hermit 矩阵，经过分解处理后得到的特征向量分别代表了不同的散射机制，三个非负特征值分别代表三种散射机制的散射功率。因此相干矩阵可以看作是三种散射机制的叠加结果。Cloude 方法的优势在于极化基之间的酉变换不会导致分解结果的差异，能够保证特征值不变（李仲森，2013；Huynen，1978）。

2.4　极化 SAR 的工作原理

2.4.1　SAR 的成像概述

合成孔径雷达沿着运行轨迹飞行时，雷达和探测目标间会发生相对运动，同时会产生多普勒频移现象。通过测定相位延迟、频移跟踪和矢量合成得到脉冲，实现锐化的目标，从而提高角分辨率。SAR 系统将雷达侧视所得到的原始数据在计算机上进行集焦、滤波等处理最终得到图像。由多普勒效应产生的方位向分辨率表达如下（刘朋，2012）：

$$\Delta x = \frac{\lambda R}{2D\sin\psi} \tag{2.41}$$

式中，λ 为电磁波的波长；D 为天线孔径；R 为 SAR 传感器到探测区域内探测点的距离；ψ 为天线波束方位角。

由脉冲确定的距离向分辨率表达如下：

$$\Delta y = \frac{\Delta\tau}{2\sin\theta} \tag{2.42}$$

$$\Delta\tau = ct \tag{2.43}$$

式中，$\Delta\tau$ 为脉冲宽度；t 为脉冲持续时间；c 为电磁波传播速度；θ 为入射角。

SAR 系统是一种工作于微波频段的主动式传感器，也是具有脉冲-多普勒技术的高分辨率成像雷达，由于微波的特有探测优势，因此无论在白天还是黑夜均能够正常运行工作；此外，系统不受云、雨、雾等恶劣天气的影响（刘朋，2012；郭睿，2012；Lee and Pottier，2017）。这种全天时、全天候、高分辨率的成像优势是可见光、近红外等传感器所不具备的（刘朋，2012；Lee and Pottier，2017）。极化 SAR 系统对地观测几何如图 2.5 所示。其中，涉及的对地观测集合变量如下。

（1）H：SAR 系统的高度；

（2）V：SAR 系统移动速度；

（3）R：SAR 到探测区域中心探测点的距离，R 为“斜距向”，即射线轴或雷达视线；

（4）θ：天线波束入射角，即雷达天线波束与垂直方向之间的夹角；

（5）ψ：天线波束方位角，即雷达天线波束与卫星飞行方向之间的夹角；

（6）Δx：雷达天线波束照射区在 x 向（方位向）的宽度。

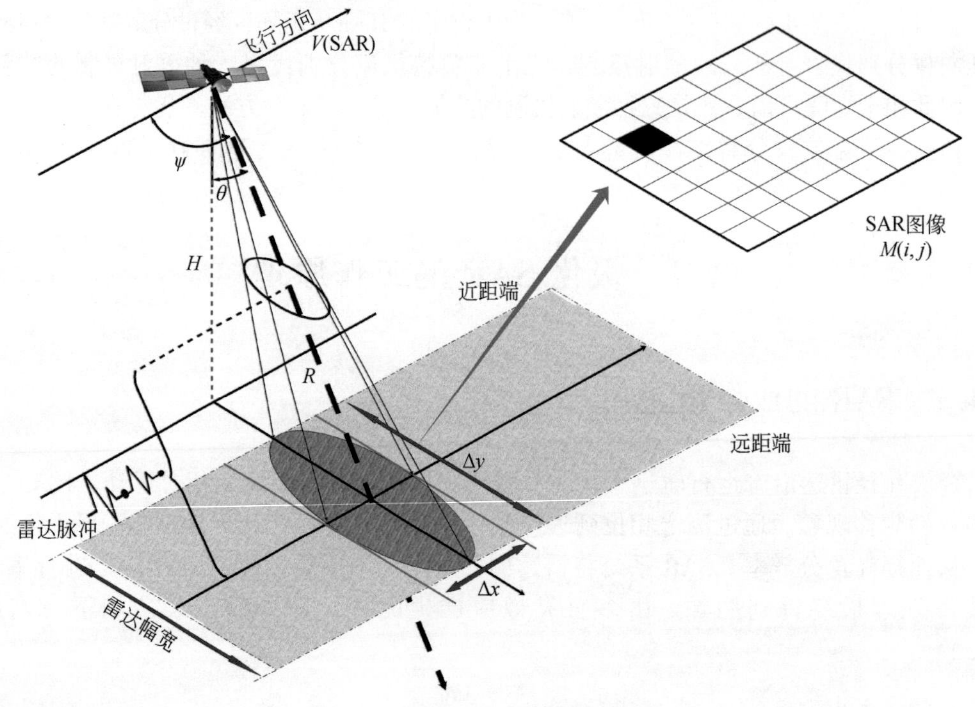

图 2.5 极化 SAR 系统观测几何图

2.4.2 极化 SAR 溢油成像

传统的单极化 SAR 系统进行海洋应用时，受限于单一的信息量和较高的虚警率，在进行溢油检测时具有一定的局限性（杨健，2020）。极化 SAR 系统通过水平极化天线阵元和垂直极化天线阵元之间脉冲信号的发射和接收来记录不同组合下的目标回波信号，包括振幅信息和相位差信息（郭睿，2012；杨健，2020），能够获取海表面目标的全面极化信息。系统在收发信号的过程中，垂直和水平极化天线阵元以半个脉冲为时间间隔交替发射 H 极化脉冲和 V 极化脉冲，随后 H 极和 V 极两个极化天线阵元同时接收，雷达处理器分别对 H 极和 V 极回波脉冲进行合成孔径积分。虽然两个极化方向发射的脉冲之间间隔了半个脉冲时间，但是相对于极化 SAR 系统的脉冲时间量级来说可以忽略不计，因此仍然认为极化 SAR 系统的两组发射脉冲是近同时发射的。极化 SAR 系统利用这样的工作模式记录油膜、类油膜和背景海水在不同极化组合下的回波信息并计算极化散射矩阵，进而实现油膜散射信息的挖掘和处理，能够在提高油膜检测能力的同时有效减少虚警率，如图 2.6 所示（郭睿，2012）。

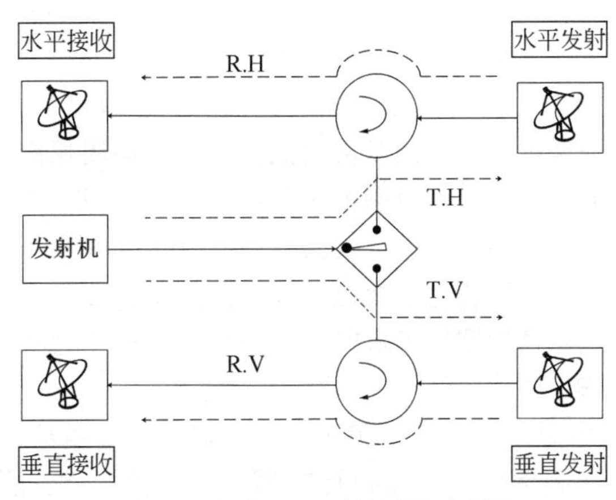

图 2.6 极化 SAR 系统测量示意图

（H、V 为极化脉冲；R 为接收；T 为发射）

2.4.3 极化 SAR 溢油检测的影响因素

根据 SAR 成像的原理，海面溢油检测的效果会受到很多因素的影响。雷达自身的参数、海水表面的粗糙度和海面目标的散射结构等信息都会成为 SAR 溢油检测的重要参数（王栋，2014）。

首先，雷达卫星工作在微波波段，按照波长由长到短的顺序分为 6 个波段：P、L、S、C、X、K。不同波段下油膜的后向散射系数也会不同。Alpers 和 Hühnerfuss（1989）通过实验验证了 L、C、X 三个波段的 SAR 图像上背景海水和油膜的后向散射系数差异较大，具有明显的对比度。其次，波长越长穿透性越强，可能会将海面以下的物体成像，影响检测效果，因此 P、L 波段不适合用来监测溢油；相反波长短穿透性变弱，往往穿透不了大气层和云层，容易将大气和云雾成像，因此 K 波段也不适合用来监测溢油。分析结果表明 C 和 X 波段上的雷达卫星比较适合用来进行溢油监测。

目前雷达卫星的主要极化方式有四种：HH 极化、HV 极化、VH 极化和 VV 极化。VV 极化是垂直发射，回波强，适用于表面平坦的区域；HH 极化为水平发射，回波弱，可用于表面不平坦的区域。其次，VV 极化更适合于 C 波段的雷达波，特别是在风场较强时，因此 VV 极化方式最适合用来监测海面溢油（邹亚荣等，2011；Zheng et al., 2017）。

雷达卫星成像有多种模式，不同模式下具有不同的成像分辨率，常见的分辨率为 150m、100m、50m、30m、25m、16m、10m、3m 和 1m。分辨率越高监视效果越好，但后三种高分辨率由于价格昂贵，使用较少。150m、100m、50m 为低分辨率，由于幅宽较大，故适合监视大型的溢油事件；30m、25m、16m 的分辨率适合监视小型溢油事故和船舶非法排污现象。考虑幅宽和价格等原因，30m 分辨率最适合用来监测海面溢油。

入射角不同，使用的雷达后向散射模型也有所不同。通常入射角在 0°～20°时，入射电磁波波长远小于海面粗糙度，适合镜面散射模型；入射角范围在 20°～45°时，电磁波波长与海面高功率谱某一正弦能量一致而产生共振，适合 Bragg 散射模型。苏腾飞（2013）以 Envisat ASAR 卫星在 2010 年墨西哥湾溢油事故的监测图像为例，分析了入射角和风速对后向散射特性的影响，实验结果表明适合的入射角范围为 28°～36°。

风速过低，图像上形成大面积的低风速区，也是黑色区域，无法辨别是否有油膜存在；风速太高，只有厚油膜可见，薄油膜被海浪打散，无法阻尼海面 Bragg 波，无法从成像中提取油膜区域。海面的最佳风速范围为 3～10m/s（苏腾飞，2013）。

海面上的油在海洋平流、湍流、剪流及其自身重力的作用下进行漂移、扩散，同时其自身也将不断地发生一系列物理和化学变化，包括：蒸发、溶解、消散、乳化、沉降、生物降解和氧化作用，因此寿命周期比较短的油种不利于监测（赵谱等，2008）。

由 SAR 成像原理可知，能够降低海表粗糙程度、减少雷达传感器接收的后向散射回波信号的目标在 SAR 图像上均表现为暗黑色区域。其中，对溢油信息判别的主要干扰因素是周围背景环境中的“假目标”，“假目标”同真实溢油一样，能够降低海面的粗糙程度，减少雷达传感器接收到的后向散射能量，在雷达影像上也表现为暗黑色区域。“假目标”的存在会影响海面溢油信息的判断和提取，耗费人力、物力，甚至延误海上溢油应急处理工作。因此溢油和“假目标”的有效区分，是实现 SAR 溢油自动化检测的关键和保障（李颖等，2007；石立坚等，2009；李宝玉，2013）。

SAR 溢油“假目标”种类繁多，成因复杂，典型的“假目标”主要包括：海洋内波、低风速区、海冰、船舶尾迹、生物膜、河口冲击区、降雨区等（李颖等，2007）。

1. 生物膜

生物膜是自然表面膜，主要由海洋微生物本身及其代谢的有机产物和多种矿物颗粒组成，厚度约为 3nm（一个分子），其形成过程主要为 3 个阶段：①有机物附着在水中的固体表面形成亚微米厚的条件膜；②表面进一步形成生物膜；③生物膜继续生长、脱落。生物膜多集中于海岸带和上升流区域，覆盖范围主要受生物活动的频率影响，且往往体现了洋流运动情况。通常，生物膜在 SAR 图像上呈现为错综复杂的黑色条带和斑块，如图 2.7

所示（李颖等，2007；Gade et al.，1996）。

图 2.7 德国 Fehmarn 岛（中间）和丹麦 Lolland 岛（右上）的波罗的海域
（1998 年 5 月 10 日，ERS-2 SAR）

2. 海洋内波

海水在垂直方向上的密度差异引起的内波是一种重力波。它通常发生在海面下 10 ~ 100m 的范围内。尽管内波对海面高度的影响微乎其微，但是它产生的表面洋流与短表面波相互作用，造成的辐聚区增加了海面粗糙度，造成的辐散区降低了海面的粗糙度。因此，在图像上（图 2.8）表现为明暗相间，间隔数公里（李颖等，2007；Bava et al.，2002）。

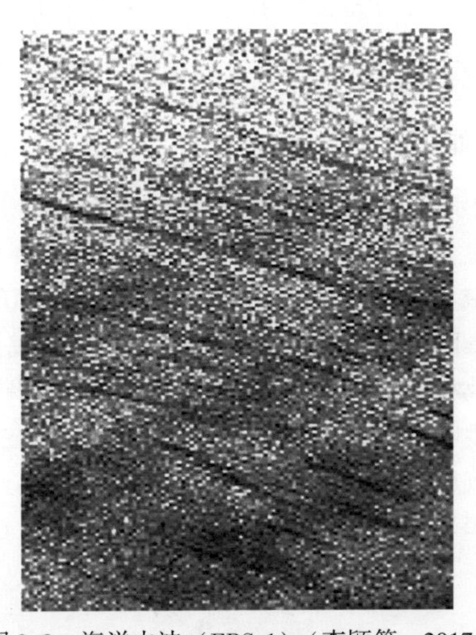

图 2.8 海洋内波（ERS-1）（李颖等，2017）

3. 降水

降水对后向散射的影响比较复杂，获取的雷达信号包含了体散射和表面散射。体散射是由大气中强散射体造成，表现为黑色和长条状信号。表面散射主要由于降水抑制了 Bragg 散射，造成后向散射降低，在图像上（图 2.9）表现为黑色斑块，并为明亮区域所包围。这两种散射，很难被区分（李颖等，2007；Solberg，2005）。

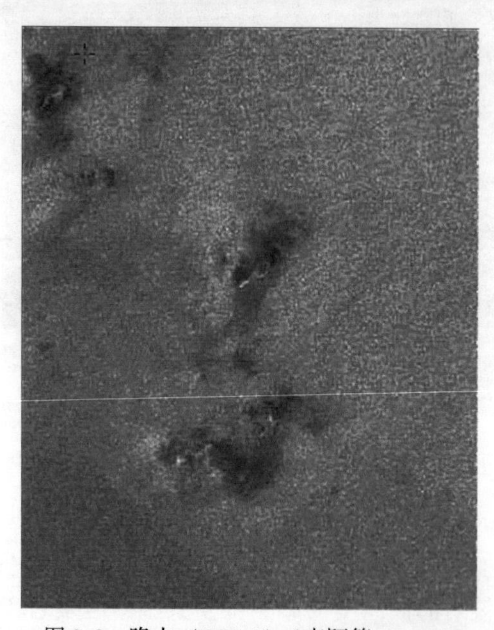

图 2.9　降水（ERS-1）（李颖等，2017）

4. 海冰

海冰能够阻尼海面上发生的 Bragg 散射，在 SAR 图像上表现为暗黑色区域。不同类型的海冰具有不同的表面粗糙度、密度和湿度等特性，且因后向散射强度不同而在图像上显示不同级别灰度值的暗区域。但是，海冰多发生于中高纬度海域的寒冷冬季，可作为区分溢油的依据之一，如图 2.10 所示（李颖等，2007；石立坚等，2009；李宝玉，2013；Gade et al.，1996）。

5. 低速风区

通常认为 SAR 海面溢油检测的最佳风速范围为 3 ~ 10m/s（Solberg et al.，2004；Topouzelis et al.，2004；Nirchio et al.，2005）；风速过大会造成海面油膜破碎而无法观测，风速过小则易造成油膜区域和周围背景海水差异较小。风速小于 2m/s 的风为低风速，海面相对平静，雷达传感器接收到的后向散射回波信号较少，在 SAR 图像上表现为大片暗黑色区域，常伴随絮状和散点，后期会根据海面情况发生变化，如图 2.11 所示（李颖等，2007；石立坚等，2009；李宝玉，2013；Bern et al.，1993；Gade et al.，1996；Bertacca et al.，2006）。

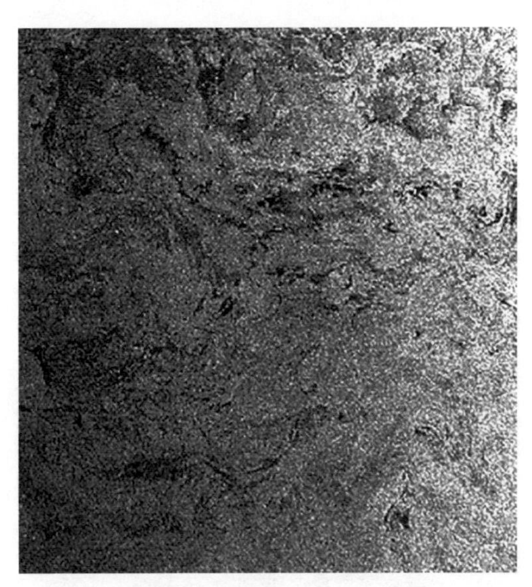

图 2.10 斯瓦尔巴特群岛边缘冰带的 ERS-2 SAR（1996 年 2 月 25 日，12：24 UTC）（Gade et al.，1996）

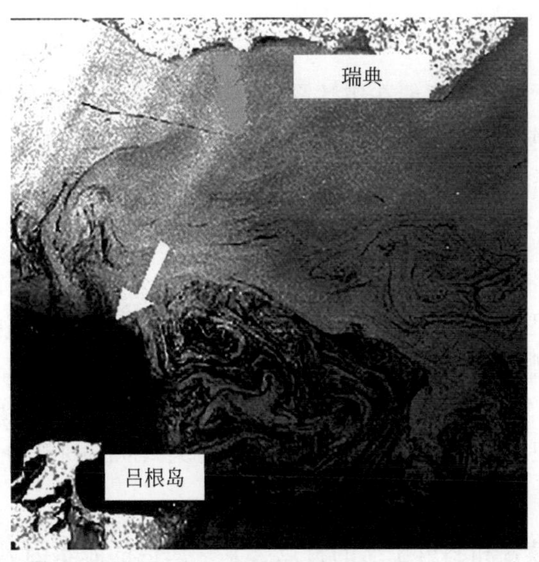

图 2.11 爱琴岛低速风区

6. 河口冲击区

河口冲击区在入海河流的冲击作用下形成沙土壁面，此区域发生角反射，堆积区壁面一侧的区域粗糙程度较高，在 SAR 图像上呈现为明亮区域，另外一侧水面粗糙程度较低，在图像上呈现为暗黑色区域。河口冲积区在 SAR 图像上表现为明暗交接，交接处边界不明显，通常出现在河口处，且基本以固定形状出现，如图 2.12 所示（李颖等，2007；Eldhuset，1996）。

图 2.12　罗纳河河口（1992 年 2 月 27 日，ERS-1 SAR，箭头所指区域为冲击区形成的黑色区域）（Gade et al.，1996）

7. 变干的海岸

海岸带退潮后变干的区域也能在雷达影像上显示为黑色，这是因为地面的后向散射强度取决于地表湿度，当区域变干时后向散射减少，影像上呈黑色。由于潮汐周期，相同地区在不同时刻也能在雷达影像上产生亮色的区域（Gade，1996）。

8. 船舶尾迹

船舶因“角反射器效应”而具有较强的后向散射，在 SAR 图像上呈现为明亮的点；运动船舶产生的尾迹阻尼了海面波场，降低了该区域内的海表粗糙度，使尾迹区域内的水面相对平静而具有较低的后向散射，尾迹长度受海况、天气等众多因素共同影响。船舶尾迹在 SAR 图像上呈现“V”字形暗区域，“V”字形状或条带区域的顶端通常具有一个明显的亮点，如图 2.13 和图 2.14 所示（刘良明，2005；Eldhuset，1996）。

9. 上升流

由于海水具有连续性和不可压缩的特点，某一海区的海水因风力或密度差异等原因流走后，相邻海区的海水就流来补充，从而形成补偿流。上升流属垂直补偿流，在上升流区域，雷达后向散射能量低，造成这种现象的原因包括：大气海洋边界层稳定性的增加、表面海水黏性增加和上升流区生物活动所造成的表面生物膜增加（郑洪磊，2015）。

除了上述典型的“假目标”以外，还有许多形态各异的“假目标”存在，如背风岬角、大气波动等。海洋环境和大气波动相互作用，造成不同程度的海表粗糙度变化，影响了雷达接收的后向散射强度，在 SAR 图像上呈现不同状态的黑色区域。

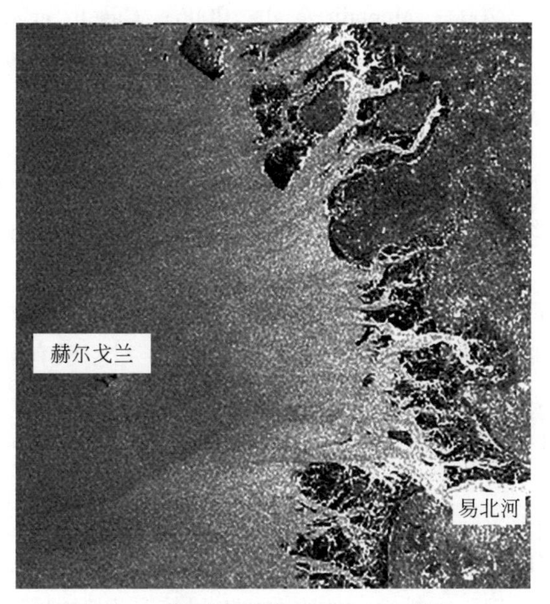

图2.13　1996年3月14日 德国海岸的ERS-2 SAR影像（Gade et al.，1996）

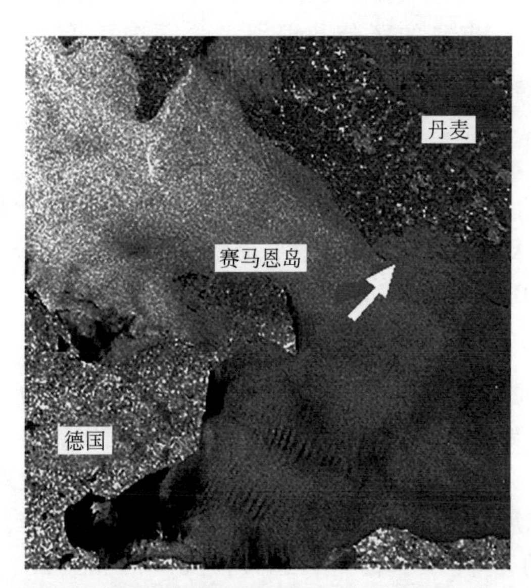

图2.14　波罗的海西南部的卢贝克海湾（1993年4月22日21：15时的ERS-1 SAR影像；图像中右部细微的黑色线可能是船的尾迹）

“假目标”和海上溢油具有一个共同的特征：阻尼了海表的Bragg散射，使得SAR传感器接收到的后向散射回波信号减少从而在图像上呈现暗黑色区域。但是，不同的“假目标”和溢油的形成原因、表现特征、后期变化等均有差异。因此，一方面可通过直接分析的方式对图像上暗区域的形状特征、边缘特点、纹理结构等几何特征进行分析和判断；另一方面，对于一些复杂的情况，需要进一步结合实际的海况、周边环境、海洋风场、洋流、海域的地理状况等综合因素进行分析（Gade et al.，1996；Samad and Mansor，2002；

Lundin and Torstensson, 2002; Montali et al., 2006; Gasull et al., 2002; Solberg and Theophilopoulos, 1997; Girard-Ardhuin et al., 2005; Salem and Kafatos, 2001)。

2.4.3.1 直接分析

几何特征法是区分溢油和“假目标”的一种有效方法。海上的溢油受自然力（天气、洋流等）影响，形状相对平滑，随时间的推移产生连续变化；“假目标”的特点不统一，不同的“假目标”具有不同的特征，通常在图像上表现为边界模糊，并伴随其他的特征出现。如对于溢油区域，在风、洋流作用下会产生平滑的弯曲，并随着风的不断作用扩散成扇形或圆形，而自然膜则表现为螺旋状；对于没有分支和锐弯的线形黑色条带，若附近有亮点，则有可能为船舶或石油钻井平台（李颖等，2007；Bava et al., 2002；Keramitsoglou et al., 2006；Eldhuset, 1996；Samad and Mansor, 2002；Lundin and Torstensson, 2002）。

另外，可以通过图像上暗区域的边界轮廓特点进行分析。由于溢油具有黏性，在SAR图像中的边界轮廓相对明显，随着溢油漂移时间增长而逐渐模糊。“假目标”在雷达图像中的边界大多是模糊的。但是，黏性大的物质也有可能是人为的其他污染物，而油膜在海面上扩散漂移的时间过久也会造成黏性变小；因此，人为污染物或假目标在实际研究中很难区分，需要操作者具有丰富的区分和识别经验（李颖等，2007；Bava et al., 2002；Montali et al., 2006；Gasull et al., 2002）。

2.4.3.2 相关分析

在一些复杂的情况下，仅仅通过形状、纹理等特征进行直接分析并不奏效，需要结合溢油发生的地理位置、天气状况、风场信息、周围海域内的平台分布状况等综合因素共同分析（李颖等，2007；Bava et al., 2002）。

1. 气象资料

风场信息的记录对溢油信息的提取十分重要，只有在适当的风速条件下溢油信息才能在雷达图像中可见。如果海上风速过低，图像中无法捕捉到溢油区域信息；如果海上风速过高，海面波浪较大，海上溢油被吹散，图像中也无法有效地识别出溢油区域。此外，溢油区域的形状和风息息相关，通过风速和风向的记录数据，可以更好地掌握溢油的漂移状况和溢油的形状（李颖等，2007；Bava et al., 2002；Samad and Mansor, 2002）。

另外，事故发生地区的季节和洋流信息对于溢油和“假目标”的区分也具有辅助作用，如在夏季可以排除海冰存在的情况；而潮汐流能够在一定时间内把油膜运送到几千米以外的地区（李颖等，2007；Bava et al., 2002；Gade et al., 1996；Eldhuset, 1996）。

2. 地理状况

不同环境的地理状况能够产生不同的图像，如近岸海域、石油平台、水下暗礁等背风区域附近会形成几百平方米甚至更大的暗黑色区域；通常，近岸海域附近的阴影呈围绕陆地的环形，阴影宽度平均，边界平滑；海上平台形成的阴影呈三角形状，靠近平台的部分较宽；因此可以根据地理状况和暗黑色区域的特点识别低风速区（李颖等，2007；Bava et al.，2002）。

2.4.3.3 SAR 图像溢油区域信息提取方案

基于 SAR 检测溢油的核心问题是如何将溢油和“假目标”进行区分。通常，可以根据疑似溢油的几何和辐射特性进行直接判断，但是溢油遥感检测往往受限于复杂的海况和各类“假目标”的干扰，增大了检测的难度和不确定性；为了最大限度地识别“假目标”，排除“假目标”干扰，进一步提高溢油检测的精度，本书提出了一套基于水文、气象等辅助信息的 SAR 溢油检测方案，如图 2.15 所示，主要包括四个部分。

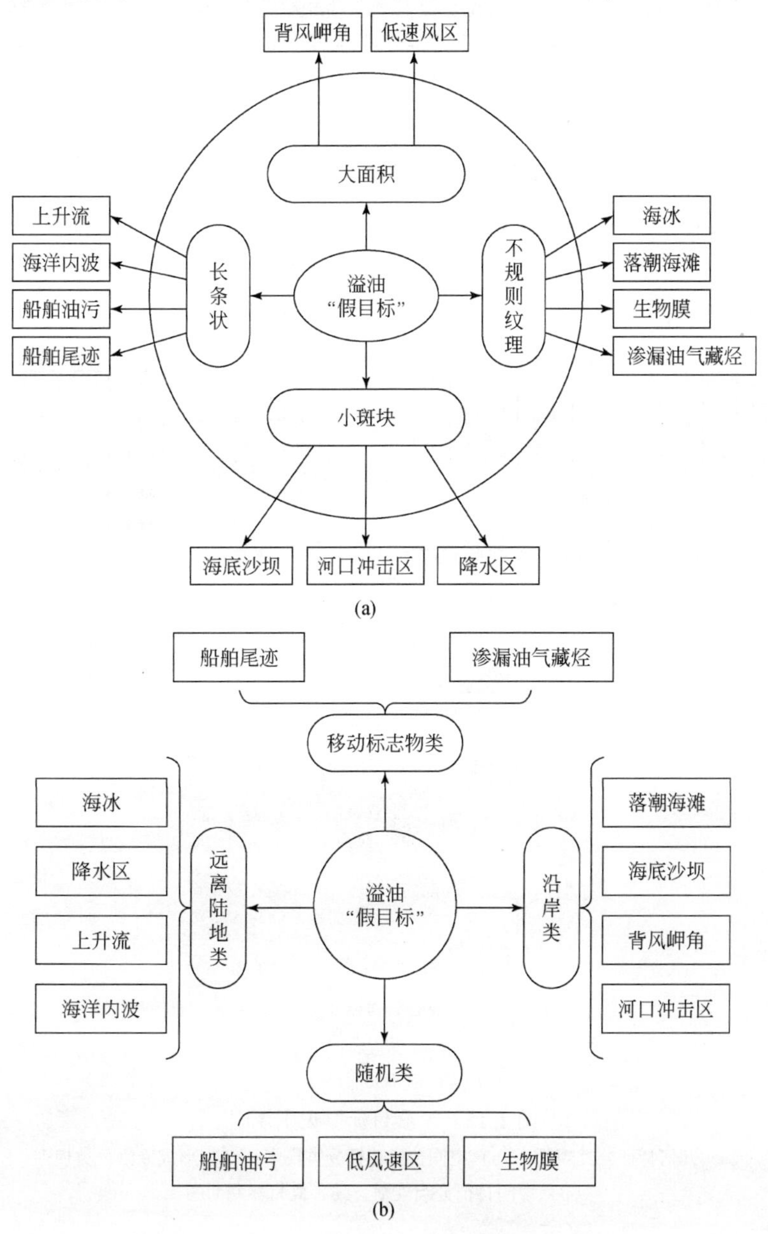

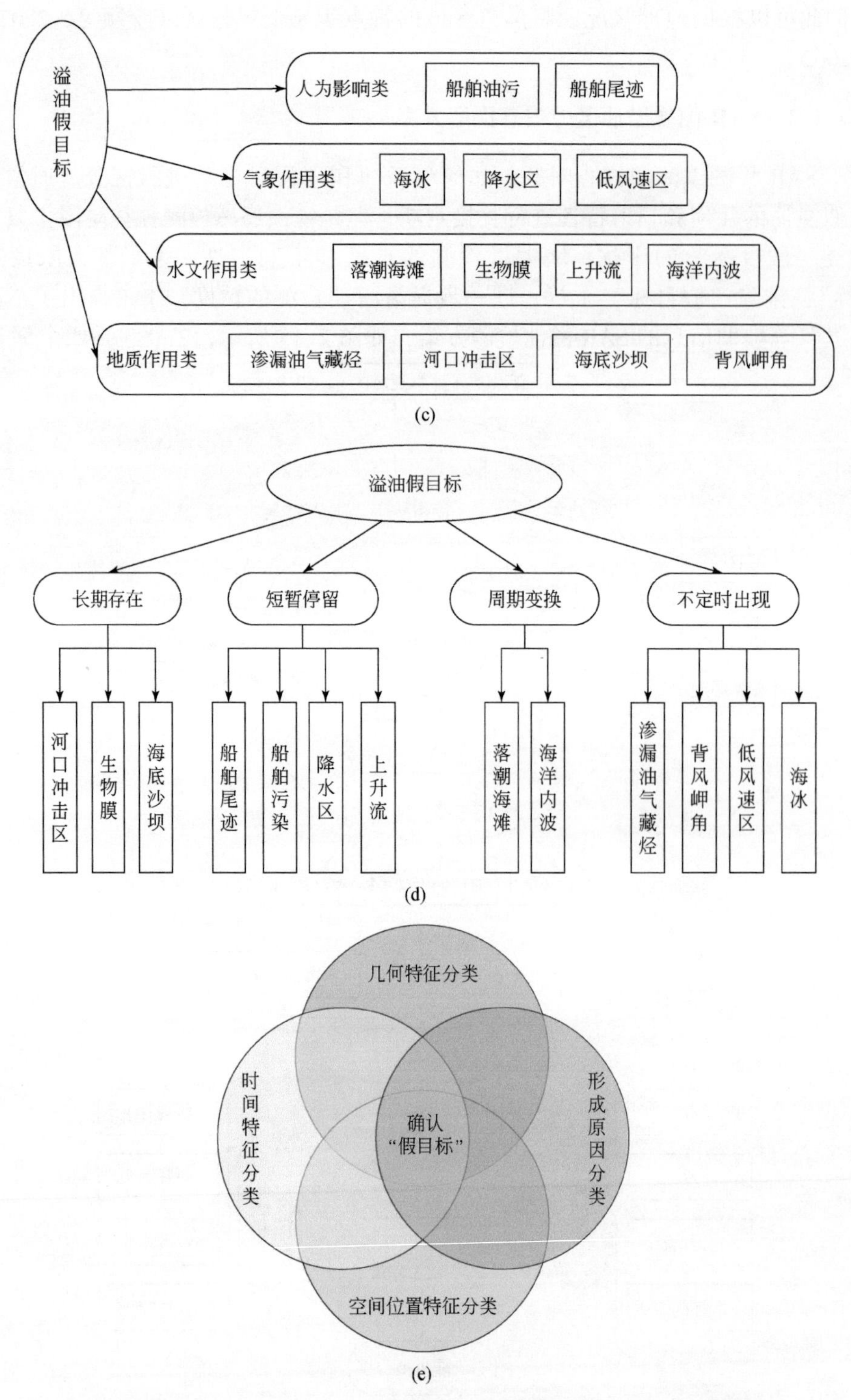

图 2.15　“假目标”识别规则

（a）几何特征分类规则；（b）空间位置特征分类规则；（c）形成原因分类规则；（d）时间特征分类规则；（e）假目标判断图

（1）建立溢油区域特征信息模板。根据存档的 SAR 图像和背景环境信息总结溢油区域特征信息并建立模板，如几何特征、辐射特征及溢油环境特征。

（2）疑似溢油特征提取。针对 SAR 图像中疑似溢油区域进行特征总结并建立模板，建立的模板与溢油区特征模板相对应。

（3）建立“假目标”识别规则。根据典型“假目标”的时空特征总结划分规则，如图 2.16 所示（李宝玉，2013）。

（4）判断是否为溢油。基于溢油区域特征模板、疑似溢油特征模板和专家知识库，利用统计学方法判断输出图像为溢油的可能性。

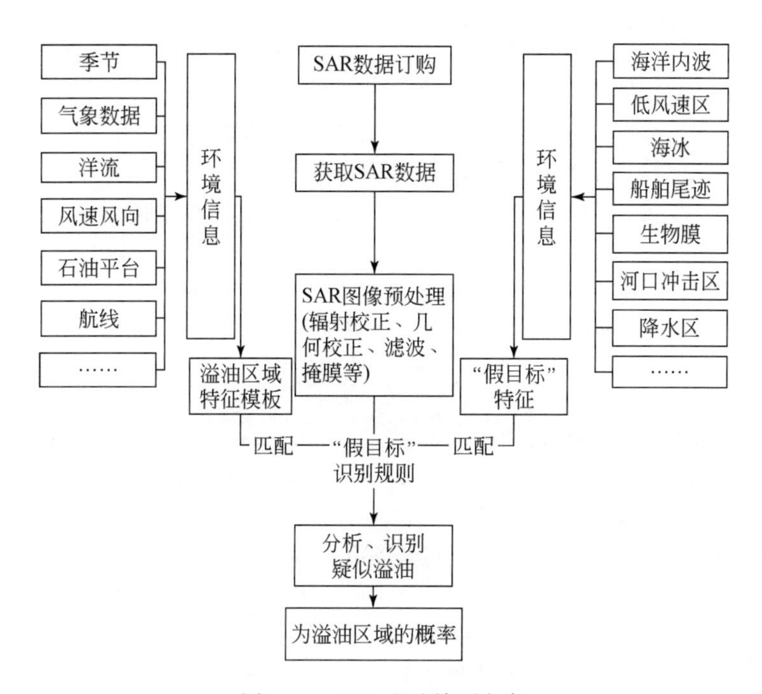

图 2.16 SAR 溢油检测方案

参考文献

郭睿，2012. 极化 SAR 处理中若干问题的研究 . 西安：西安电子科技大学 .

李宝玉，2013. 基于 ASAR 数据的海面溢油信息提取 . 大连：大连海事大学 .

李颖，韩坤，马龙，等，2007. SAR 图像上的溢油区和假目标监测 . 十六届全国遥感技术学术交流大会，北京，31-37.

李颖，李冠男，崔璨，2017. 基于星载 SAR 的海上溢油检测研究进展 . 海洋通报，36（3）：241-249.

李仲森，2013. 极化雷达成像基础与应用 . 北京：电子工业出版社 .

刘良明，2005. 卫星海洋遥感导论 . 武汉：武汉大学出版社 .

刘朋，2012. SAR 海面溢油检测与识别方法研究 . 青岛：中国海洋大学 .

欧阳伦曦，李新情，惠凤鸣，等，2017. 哨兵卫星 Sentinel-1A 数据特性及应用潜力分析 . 极地研究，29（2）：286-295.

祁首冰，2012. 韩国即将发射的首颗雷达成像卫星概览 . 国际太空，1：23-27.

石立坚，赵朝方，刘朋，2009. 基于纹理分析和人工神经网络的 SAR 图像中海面溢油识别方法. 中国海洋大学学报：自然科学版，6：1269-1274.
苏腾飞，2013. Envisat ASAR 溢油检测影响因素分析. 海洋通报，32（4）：467-473.
童绳武，2019. 利用自相似性参数和随机森林的极化 SAR 海面溢油检测的研究. 武汉：中国地质大学（武汉）.
王栋，2014. SAR 图像海面溢油检测技术研究. 长沙：国防科学技术大学.
王敬哲，2019. 内陆干旱区尾闾湖湿地识别及其景观结构动态变化. 乌鲁木齐：新疆大学.
谢镭，2016. 多模式极化 SAR 图像分解与分类方法及应用研究. 北京：中国科学院大学.
杨健，2020. 极化雷达理论与遥感应用. 北京：科学出版社.
张红，2015. 极化 SAR 理论、方法与应用. 北京：科学出版社.
赵谱，孙芳芳，韩龙等，2008. 雷达卫星图像上的溢油识别方法及其应用. 中国航海学会 2008 年度学术交流会. 北京，30-35.
郑洪磊，2015. 基于极化特征的 SAR 溢油检测研究. 青岛：中国海洋大学.
周晓光，2008. 极化 SAR 图像分类方法研究. 长沙：国防科学技术大学.
邹亚荣，梁超，陈江麟，等，2011. 基于 SAR 的海上溢油监测最佳探测参数分析. 海洋学报，33（1）：36-44.
Alpers W，Hühnerfuss H，1989. The damping of ocean waves by surface films：a new look at an old problem. Journal of Geophysical Research，94（94）：6251-6265.
Bava J，Osan T，Yasnikouski J，2002. Project work on oil spill application development- ASI/ CONAE training course. Matera- ltaly，27-29.
Bern T I，Wahl T，Andersen T，et al.，1993. Oil spill detection using satellite- based SAR- experience from a field experiment. Photogrammetric Engineering and Remote Sensing，59（3）：423.
Bertacca M，Berizzi F，Dalle Mese E，2006. FEXP models for oil slick and low- wind areas analysis and discrimination in sea SAR images. Proceedings of SEASAR. Frascati，21.
Boerner W M，El- Arini M，Chan C Y，et al.，1981. Polarization dependence in electromagnetic inverse problems. IEEE Transactions on Antennas and Propagation，29（2）：262-271.
Cloude S R，1985. Target decomposition theorems in radar scattering. Electronics Letters，21（1）：22-24.
Eldhuset K，1996. An automatic ship and ship wake detection system for spaceborne SAR images in coastal regions. IEEE transactions on Geoscience and Remote Sensing，34（4）：1010-1019.
Fortuny- Guasch J，2003. Improved oil slick detection and classification with polarimetric SAR. Applications of SAR Polarimetry and Polarimetric Interferometry，529.
Gade M，Alpers W，Heinrich Hühnerfuss，et al.，1996. Radar signatures of different oceanic surface films measured during the SIR- C/X-SAR missions. Remote Sensing '96：Integrated Applications for Risk Assessment and Disaster Prevention for the Mediterranean.
Gasull A，Fabregas X，Jiménez J，et al.，2002. Oil spills detection in SAR images using mathematical morphology. Signal Processing Conference，2002 11th European. IEEE，1-4.
Girard-Ardhuin F，Mercier G，Collard F，et al.，2005. Operational oil-slick characterization by SAR imagery and synergistic data. IEEE Journal of Oceanic Engineering，30（3）：487-495.
Huynen J R，1978. Phenomenological theory of radar targets. Electromagnetic Scattering，653-712.
Jordan R L，Huneycutt B L，Werner M，1995. The SIR- C/X- SAR synthetic aperture radar system. IEEE Transactions on Geoscience and Remote Sensing，33（4）：829-839.
Keramitsoglou I，Cartalis C，Kiranoudis C T，2006. Automatic identification of oil spills on satellite ima-

ges. Environmental Modeling & Software, 21 (5): 640-652.

Kostinski A, Boerner W, 1986. On foundations of radar polarimetry. IEEE Transactions on Antennas and Propagation, 34 (12): 1395-1404.

Lee J S, Pottier E, 2017. Polarimetric radar imaging: from basics to applications. Boca Raton: CRC press.

Lundin E, Torstensson K, 2002. Looking for oil spills on oceans with remote sensing. Essay in Earth System Science Technique, 3: 6-13.

Luneburg E, 1995. Principles of radar polarimetry. IEICE Transactions on Electronics, 78 (10): 1339-1345.

Minchew B, Jones C E, Holt B, 2012. Polarimetric analysis of backscatter from the Deepwater Horizon oil spill using L- band synthetic aperture radar. IEEE Transactions on Geoscience and Remote Sensing, 50 (10): 3812-3830.

Montali A, Giancito G, Migliaccio M, et al., 2006. Supervised pattern classification techniques for oil spill classification in SAR images: preliminary results. SEASAR 2006 Workshop, ESAESRIN, Frascati, Italy, 2: 23-26.

Mott H, 1992. Antennas for radar and communications: a polarimetric approach. New York: J Wiley.

Nirchio F, Sorgente M, Giancaspro A, et al., 2005. Automatic detection of oil spills from SAR images. International Journal of Remote Sensing, 26 (6): 1157-1174.

Salem F, Kafatos M, 2001. Hyperspectral image analysis for oil spill mitigation. the 22nd Asian Conference on Remote Sensing, 5: 9.

Samad R, Mansor S B, 2002. Detection of oil spill pollution using RADARSAT SAR imagery. Proceedings of 23rd Asian Conference on Remote Sensing, Kathmandu, Nepal, 25-29.

Schistad A, Brekke C, Solberg R, et al., 2004. Algorithms for oil spill detection Radarsat and ENVISAT SAR images. IEEE International Geoscience and Remote Sensing Symposium, 7: 4909-4912.

Solberg A S, 2005. Automatic detection and estimating confidence for oil spill detection in SAR images. Proceedings of ISPRS 2005, Russia.

Solberg R, Theophilopoulos N, 1997. ENVISYS—a remote sensing system for detection of oil spills in the mediterranean. Proceedings of the 16th EARSeL symposium, Malta: 225.

Thompson A A, 2015. Overview of the RADARSAT constellation mission. Canadian Journal of Remote Sensing, 41 (5): 401-407.

Topouzelis K, Karathanassi V, Pavlakis P, et al., 2004. Oil spill detection using RBF neural networks and SAR data. Proceedings of 20th ISPRS Congress, Istanbul, Turkey.

Ulaby F T, Elachi C, 1990. Radar polarimetry for geoscience applications. Geocarto International, 5 (3): 38.

Yin J, Yang J, Zhang Q, 2017. Assessment of GF-3 polarimetric SAR data for physical scattering mechanism analysis and terrain classification. Sensors, 17 (12): 2785.

Zheng H, Zhang Y, Wang Y et al., 2017. The polarimetric features of oil spills in full polarimetric synthetic aperture radar images. Acta Oceanologica Sinica, 5: 105-114.

Ziegler V, Luneburg E, Schroth A, et al., 1992. Mean backscattering properties of random radar targets: a polarimetric covariance matrix concept. International Geoscience and Remote Sensing Symposium, 266-268.

3　基于本体和模糊 C 均值的 SAR 图像溢油分割

3.1　引　言

前面已经论述过海洋表面的油膜会减少雷达后向散射系数，导致在 SAR 图像中存在黑色区域，因此可以使用 SAR 图像探测石油泄漏。但除了油膜，很多海洋现象也会导致 SAR 图像出现黑色区域，包括天然油膜、海冰、临界低风速区域等。因此雷达探测石油泄漏非常容易受到疑似溢油图像的干扰，区分溢油和疑似溢油是石油泄漏探测的一个关键问题。基于 SAR 图像的溢油识别过程通常分为四步，首先是图像预处理，然后是图像分割，接下来是特征提取，最后完成溢油疑似油膜与油膜的分类。本章使用了一种基于本体和模糊 C 均值的溢油分割方法，提出了在 SAR 图像分割之前运用本体对黑色区域形状、存在时间、形成原因和空间位置等的特征进行分析推理，事先排除一些疑似溢油图像区域。这样在图像分割的时候会降低计算复杂度，提高图像分割效率。具体的图像分割算法流程如图 3.1 所示。

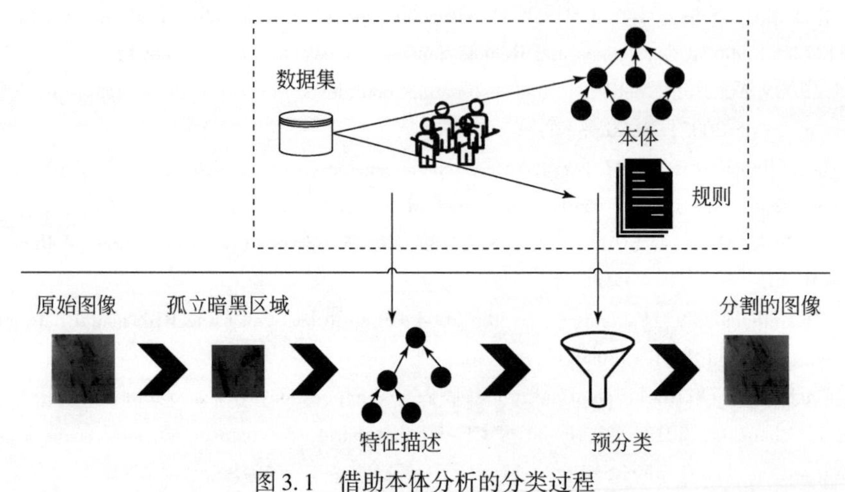

图 3.1　借助本体分析的分类过程

3.2　本　　体

3.2.1　本体概述

本体（Ontology）最开始出现在哲学领域，是关于事物存在和其本质规律的学说。从

20 世纪 90 年代开始，很多学者陆续给出了本体的定义，并将其应用在很多领域。Neches 等（1991）最早给出本体的定义，认为本体是针对相关领域，确定这个领域的基本概念和术语，以及它们之间的关系，最后制定规则来规定这些概念和术语的外延。随后 Gruber（1993）给出了一个简短且认可度很高的定义，认为本体就是概念化的显示说明。Borst（2008）在 Gruber 的定义基础上进行了引申，认为本体是共享的概念模型的形式化的规范说明，增加了共享的特征。Studer 等（1998）对本体的定义再一次进行了扩展，提出了本体的概念和关系都必须具有明确的定义约束条件。Swartout 和 Tate（1999）及 Chandrasekaran（1999）指出，本体主要是用来研究某一个领域的知识，是对抽象知识的具体化描述。本体的定义包含了五层含义：本体的构建方法是概念模型、本体是用来描述领域知识的、本体描述的知识是可共享的、本体描述的概念和关系都是明确的，以及本体需要实现形式化。

随着本体研究的不断发展，很多学者在不同领域建立了领域本体来实现信息检索、语义识别、知识发现和图像处理等功能（王向前等，2016；何海芸和袁春风，2005；宋朋，2015）。Hahn 和 Romacker（2000）利用领域本体从文本中提取知识建立知识库。高东平等（2015）针对乳腺超声图像，构建了多个本体概念和语义关系，实现了乳腺超声图像语义标注、智能检索等功能。Mariana 等（2014）利用机载红外遥感图像特征信息构建分类规则，基于地理本体和随机森林算法实现了城市建筑的分类。Forestier 等（2013）通过专家知识模型，使用遥感图像特征构建地理本体，实现了近海表面特性的解释。Andrés 等（2017）针对卫星图像进行了本体的模块化设计，根据分类规则构建了一个基于本体的原型，通过四个子集的陆地卫星图像的测试，结果表明该原型能够进行遥感图像的分类。Espinoza-Molina 等（2015）集成了多个数据源，创建了一个基于本体的 SAR 图像地球观测数据模型和二级分类图像内容的分类方案。本章就是通过专家知识的分类规则，构建 SAR 图像的本体，借助本体的概念实现 SAR 图像溢油识别。

3.2.2 本体构建

本体构建是从某个领域中提取知识，形成描述该领域数据的语义概念、实例和其间的关系。目前尚没有构造本体的统一标准，一般采用 Gruber（1995）提出的五条原则：第一，本体要用自然语言对相应的术语给出明确、客观、与背景独立的语义定义。第二，本体要保证给出的定义是完整的，完全能够表达所描述的术语的含义。第三，本体定义的公理与用自然语言说明的文档应该具有一致性。第四，本体的构建要具有可扩展性，支持在已有概念的基础上向本体中添加术语时，不需要修改已有的概念定义。第五，对待建模对象给出尽可能少的约束，只要能够满足特定的知识共享需求即可。

本体的构建通常是面向某个特定的领域，若没有好的构建方法指导，则在不同领域构建的本体难以保持一致，不利于本体的规模化和规范化。目前，常用的本体构建方法有 Gruninger 和 Fox（1995）提出的 TOVE 法（或称评估法），该方法是一种任务本体，用于解决某一个特定的问题，根据问题求解所需的知识构建本体。Gruninger（1996）提出了 Skeletal Methodology 法（或称骨架法），该方法主要用于企业建模过程的本体。Fernández-

López 等（1997）提出的 METHONTOLOGY 方法，是一种更为通用的本体构建方法，更接近软件工程开发方法。该方法将本体开发进程和本体生命周期两个方面区别开来，并使用不同的技术予以支持。2001 年斯坦福大学医学院提出了七步法，主要用于领域本体的构建（Noy and McGuinness，2001）。七个步骤分别是①确定本体的专业领域和范畴；②考查复用现有本体的可能性；③列出本体中的重要术语；④定义类和类的等级体系；⑤定义类的属性；⑥定义属性的分面；⑦创建实例。

除了方法，构建本体所需的工具也是必不可少的，工具可用于本体的构建、编辑、维护与开发。已有的工具包括 OntoEdit、OILed、WebODE 和 Protégé 等。最常用的是 Protégé，它是斯坦福大学开发的本体可视化构建工具，且支持多种语言，能够进行模块化设计。本书采用该工具构建 SAR 图像海洋表面现象本体。

本研究以 SAR 图像海洋表面的典型现象为本体原型，通过对各种海洋表面现象在 SAR 图像中的特点分析，向下细化海洋表面现象本体类和属性，使用 Protégé 工具进行构建，如图 3.2 所示。

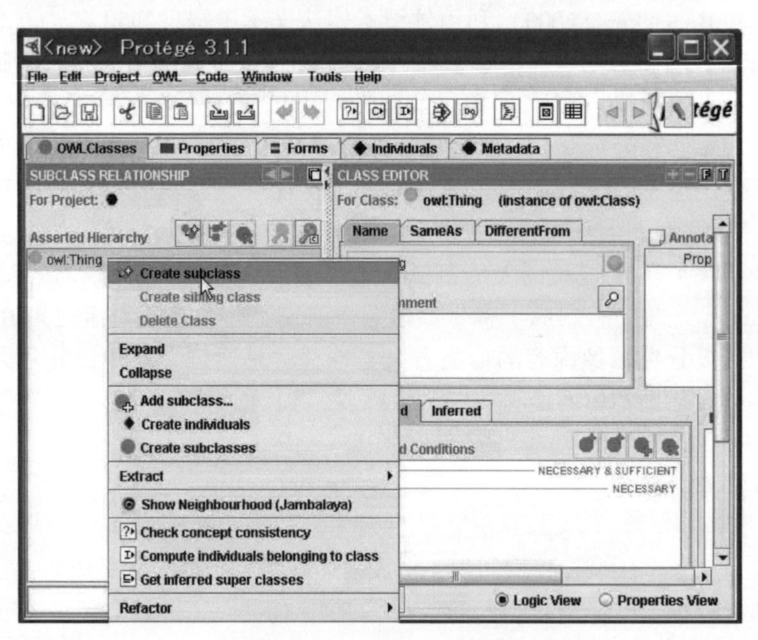

图 3.2　Protégé 工具界面图

1. 现象类的本体定义

本体类的类型主要包括 SAR 图像中出现的各种表面现象，本书中讨论了常见的 11 种现象，已经在 2.3.3 节中做了介绍。这里定义的类的结构图如 3.3 所示。

2. 特征属性类的分析构建

针对分类的 SAR 图像，存在一些语义的模糊特性，这些特性可以用于识别 SAR 图像中的黑色区域。如船舶尾迹的几何形状一般为长条形，由人为制造且短暂存在，在船舶出现频繁的近海区域出现较多。一个有经验的专家，在雷达图像中能够很容易辨别出船舶尾迹。本研究使用本体概念，抽象出这些“高层次”特征构建本体类，如图 3.4 所示。

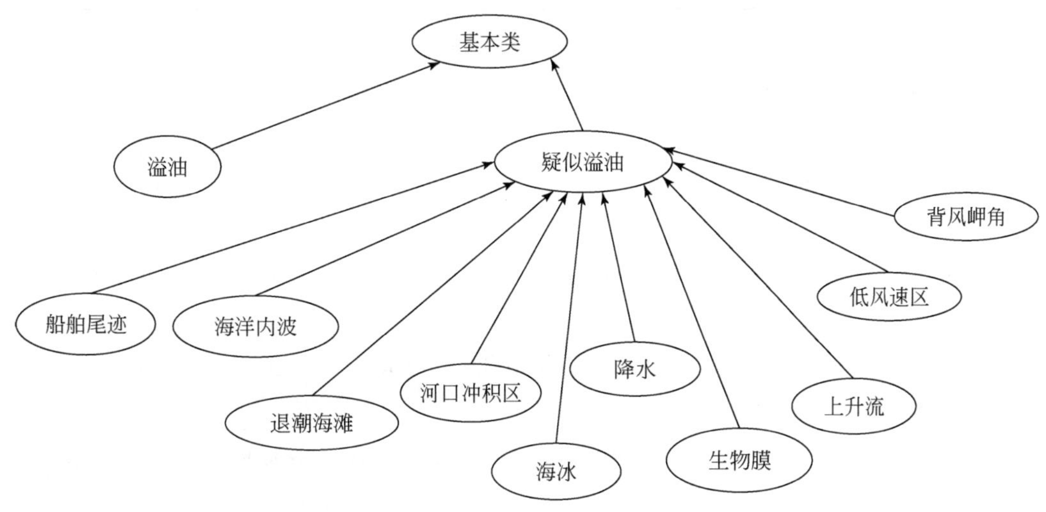

图 3.3　海洋表面现象本体类的结构图

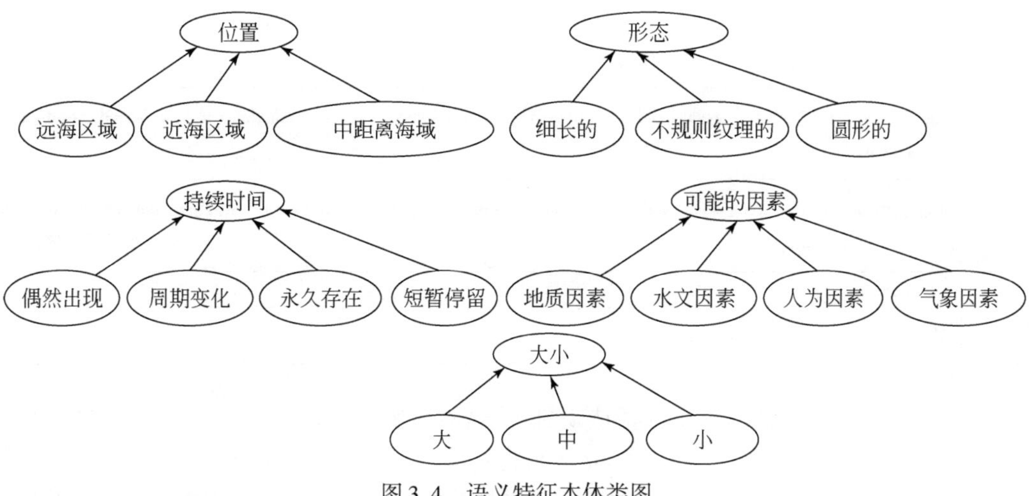

图 3.4　语义特征本体类图

3. 语义规则分析构建

为了能够实现图像识别，需要在训练集中根据标注和语义特征建立规则，这里使用 SWRL（semantic web rule language）语言来描述。通常一条规则可以形式化为 antecedent ⇒ consequent，其中 antecedent 可以理解为前因或条件，consequent 可以理解为后果或结论。它们之间用一些原子来连接，可以记为 a_1^…^ a_n，^代表并的关系。a_i 为本体类或属性，使用标准的问题形式来表示（? x）。如 Area（? Region,? Area）^greaterThanOrEqual（? Area，15000）⇒Big（? Region）。表 3.1 给出了判断表面现象的规则。

表 3.1　部分语义表面现象规则

编号	规则
1	Elongated(? Region)^ Short_stay(? Region)^Man_made(? Region)^ Near_to_land(? Region)⇒Ship_wake(? Region)
2	Elongated(? Region)^ Periodic_transformation(? Region)^Hydrological_effect(? Region)^ Far_to_land(? Region)⇒Internal_wave(? Region)
3	Irregular_texture(? Region)^ Appeared_occasionally(? Region)^Meteorological_effect(? Region)^ Far_to_land(? Region)⇒Sea_ice(? Region)
4	Elongated(? Region)^ Short_stay(? Region)^Hydrological_effect(? Region)^ Far_to_land(? Region)⇒Upwelling(? Region)
5	Round(? Region)^ Short_stay(? Region)^ Meteorological_effect(? Region)^ Far_to_land(? Region)⇒Rain_ cell(? Region)
6	Irregular_texture(? Region)^ Permanent_existence(? Region)^ Hydrological_effect(? Region)⇒Biogenic_films(? Region)
7	Irregular_texture(? Region)^ Periodic_transformation(? Region)^ Hydrological_effect(? Region)^ Near_to_land(? Region)⇒ Ebb_tide_beach(? Region)
8	Big(? Region)^ Appeared_occasionally(? Region)^ Meteorological_effect(? Region)⇒Low_speed_wind_area(? Region)
9	Big(? Region)^ Appeared_occasionally(? Region)^Geological_effect(? Region)^ Near_to_land(? Region)⇒Leeward_cape(? Region)
10	Round(? Region)^ Permanent_existence(? Region)^Geological_effect(? Region)^ Near_to_land(? Region)⇒Alluvial_area_in bayou(? Region)

在 2.3 节中提到的数据集中选择待识别的 SAR 图像，将其分割为 $n \times n$ 个子图。根据各子图的特征属性建立实例，使用 Protégé 自带的推理机 FaCT++进行预识别。图 3.5 为马来西亚沙巴州西海岸的 ERS-2 SAR 图像，将其划分为 100 个子图，使用本体预识别筛选出 32 个待分割的图像，如图 3.6 所示。

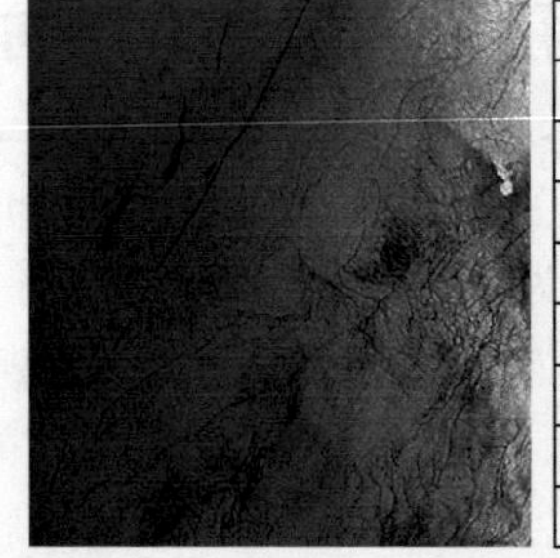

图像数据	
日期：	1997年7月13日
时间：	02:42
轨道：	11652
帧：	3483
卫星：	ERS-2
纬度：	6°07′N
经度：	155°12′E
大小：	800×844

图 3.5　马来西亚沙巴州西海岸的 ERS-2 SAR 图像

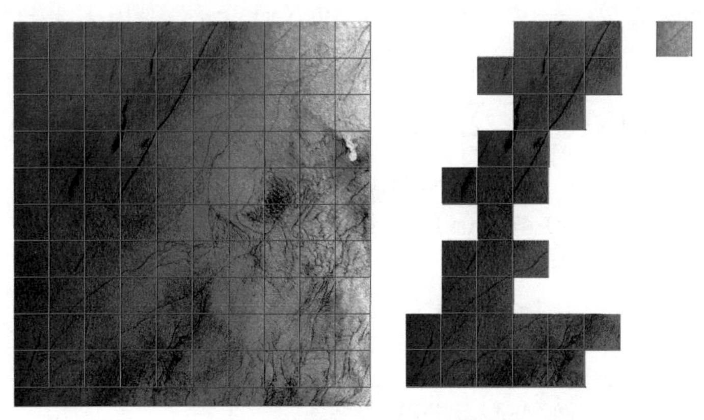

图 3.6　SAR 图像分块及预分类示意图

3.3　基于核的模糊 C 均值方法

1973 年 Bezdek 提出了模糊 C 均值分类（fuzzy C-means，FCM）算法，它是 k 均值硬聚类算法的改进。这两个方法都是迭代求得最终的聚类结果，即聚类中心与隶属度值。k 均值聚类隶属度只有两个取值，0 或 1，其采用的是“类内误差平方和最小化”准则；模糊 C 均值聚类算法隶属度取值为［0，1］区间内的任何数值，其采用的是“类内加权误差平方和最小化”准则。由于 FCM 算法必须事先确定聚类数目、有可能收敛到局部极值、对初始值和异常值敏感等问题，后来很多学者提出了改进的算法，其中基于核函数的模糊 C 均值方法（KFCM）应用最广。目前很多学者已经应用 FCM 和 KFCM 来判断 SAR 图像中的黑色区域是溢油还是疑似溢油。Karathanassi 等（2006）使用 FCM 算法，针对 SAR 图像实现了溢油和疑似溢油的识别。Shi 等（2007）使用 FCM 算法和纹理特征，针对 MODIS 图像实现了溢油探测。Radhika 和 Padmavathi（2011）将 FCM 聚类方法与空间信息和水平集模型相结合用于海面溢油图像的分割。Wu 等（2012）将 KFCM 聚类方法及 CV（chan-vese）模型应用于海面溢油 SAR 图像分割，提高了分割精度。Zhu 等（2013）基于 Gabor 变换和 Krawtchouk 矩，使用 KFCM 算法实现了海上船舶溢油 SAR 图像分割。下面介绍算法的具体过程。

对于给定的图像 $X=\{x_i\}(i=1,\cdots,n)$，其中 x_i 为像素 i 的灰度值，n 是该图像像素的个数。FCM 算法根据目标函数［式（3.1）］将图像 X 划分为 c 类。

$$J_m(U,V)=\sum_{k=1}^{c}\sum_{i=1}^{n}(u_{ki})^m\ \|x_i-v_k\|^2 \tag{3.1}$$

式中，v_k 为第 k 类的聚类中心；u_{ki} 为第 k 类中样本 x_i 的隶属度，范围在 0 到 1 之间，满足 $\sum_{k=1}^{c}u_{ki}=1$；m 为加权指数，$m\in[1,\infty)$，本书中 $m=2$；$\|x_i-v_k\|$ 为第 i 个样本到第 k 类聚类中心的欧氏距离。FCM 就是通过不断的迭代计算聚类中心和隶属度矩阵。由于 FCM 算法存在缺点，而且对于边界和噪声点总是会错误聚类。KFCM 通过改变向量矩阵和聚类中心，明显改进了 FCM，具体如下。

定义个非线性的映射 Φ：$x \to \Phi(x)$，$x \in X$，$\Phi(x) \in F$，其中 F 是一个高维特征空间。式（3.1）的目标函数可以由式（3.2）替代。

$$J_m(U,V) = \sum_{k=1}^{c} \sum_{i=1}^{n} (u_{ki})^m \| \Phi(x_i) - \Phi(v_k) \|^2 \tag{3.2}$$

定义 $d_{ik}^2 = \| \Phi(x_i) - \Phi(v_k) \|^2$，高维特征空间 F 中的点积为

$$K(x,y) \leqslant \Phi(x), \Phi(y) \geqslant \Phi(x)^{\mathrm{T}} \Phi(y) \tag{3.3}$$

d_{ik}^2 为特征空间中 x_i 与 v_k 之间的距离，可以表示为式（3.4）：

$$d_{ik}^2 = k(x_i, x_i) + k(x_k, x_k) - 2k(x_i, x_k) \tag{3.4}$$

采用高斯核函数［式（3.5）］，

$$K(x,y) = \exp\left(\frac{-\| x - y \|^2}{\sigma^2} \right) \tag{3.5}$$

σ 表示高斯核函数的宽度，σ^2 可以由式（3.6）求得

$$\sigma^2 = \sum_{i=1}^{n} \| x_i - \bar{x} \|, \bar{x} = \sum_{i=1}^{n} \frac{x_i}{n} \tag{3.6}$$

那么式（3.2）可以写成式（3.7）：

$$J_m(U,V) = 2 \sum_{k=1}^{c} \sum_{i=1}^{n} (u_{ki})^m [1 - k(x_i, x_k)] \tag{3.7}$$

隶属度 u_{ki} 如式（3.8）所示，聚类中心 v_k 如式（3.9）所示：

$$u_{ki} = \frac{[1 - k(x_i, v_k)]^{-1/(m-1)}}{\sum_{j=1}^{c} [1 - k(x_i, v_j)]^{-1/(m-1)}} \tag{3.8}$$

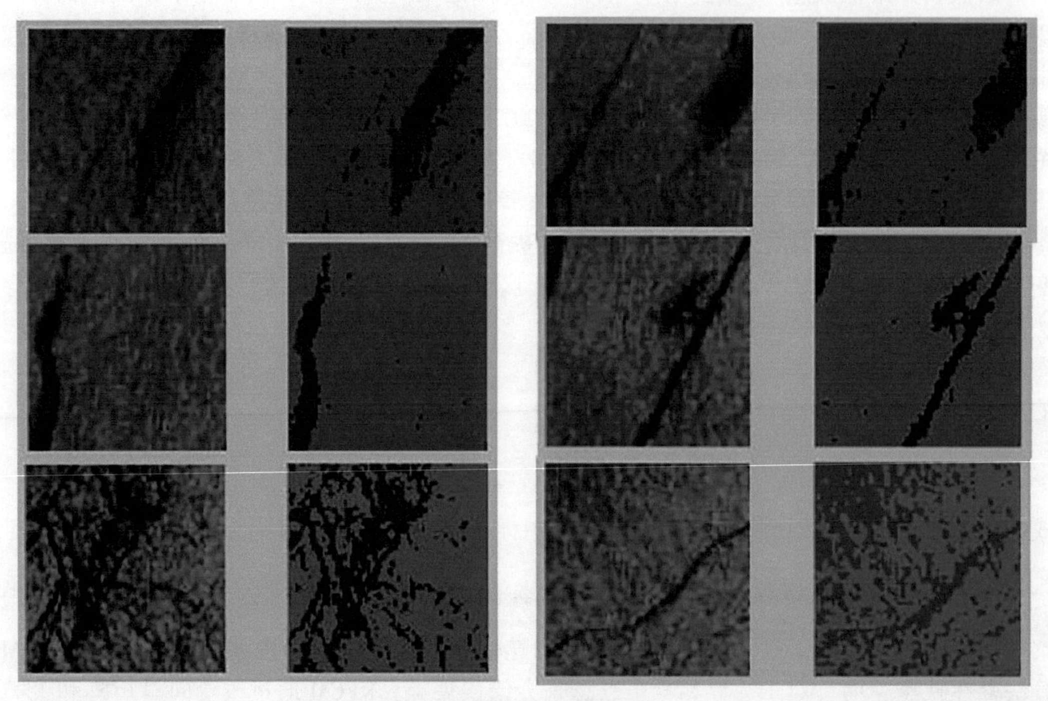

图 3.7　图像的分割结果

$$v_k = \frac{\sum_{j=1}^{n} u_{ki}{}^{m} k(x_i, x_k) x_i}{\sum_{i=1}^{n} u_{ki}{}^{m} k(x_i, x_k)} \tag{3.9}$$

KFCM 算法的具体步骤可归纳为①初始化参数 c、m、σ 和收敛精度 ε，最大迭代次数 $t_{\max}$；②读取图像数据；③根据式（3.8）计算隶属度矩阵；④根据式（3.9）计算聚类中心矩阵；⑤重复步骤③和步骤④，直到满足条件 $\Delta^t = \max_{j,i} |u_{ji}^t - u_{ji}^{t-1}| < \varepsilon$ 或者 $t > t_{\max}$。

通过本体推理筛选后的图像，使用 KFCM 聚类算法进行分割，图 3.7 给出了图 3.6 中部分筛选后图像的分割结果。

3.4　小　　结

本章提出了一种基于本体的知识推理的 SAR 图像溢油和疑似溢油识别的方法。通过分析各种 SAR 图像中出现黑色区域的海上表面现象的特征，利用本体的知识，使用本体构建的工具 Protégé，构建了海上表面现象本体库。然后将待识别的 SAR 图像进行分块，对于每一块区域使用本体推理进行识别，通过此过程可以筛选掉很多的图像，相当于降低了后续算法的时间复杂度。最后使用 KFCM 算法对图像进行分割。实验证实了该算法的有效性，实验中对于 80×80 的图片使用 KFCM 算法大约需要 0.9s 的时间，对于图 3.6 筛选掉了 68 张图片，相当于节约了大约 1min 的时间。未来，该方法还需要不断完善本体库，并且需要在多种传感器以及多种海况的数据下进行验证。

参 考 文 献

高东平，池慧，杨国忠，2015. 乳腺超声图像本体构建研究. 北京生物医学工程，4：372-374.

何海芸，袁春风，2005. 基于 Ontology 的领域知识构建技术综述. 计算机应用研究，22（3）：14-18.

宋朋，2015. 本体构建最新研究进展综述. 中国科技资源导刊，47（3）：73-83.

王向前，张宝隆，李慧宗，2016. 本体研究综述. 情报杂志，35（6）：163-170.

Andrés S，Arvor D，Mougenot I，et al.，2017. Ontology-based classification of remote sensing images using spectral rules. Computers & Geosciences，102：158-166.

Borst W N，2008. Construction of engineering ontologies for knowledge sharing and reuse. Universiteit Twente，18（1）：44-57.

Belgiu M，Tomljenovic I，Lampoltsshammer T，et al.，2014. Ontology-based classification of building types detected from airborne laser scanning Data. Remote Sensing，（6）：1347-1366.

Chandrasekaran B，1999. What are ontologies，and why do we need them?. IEEE Intelligent Systems，14（1）：20-26.

Espinoza-Molina D，Nikolaou C，Dumitru C O，et al.，2015. Very-high-resolution SAR images and linked open data analytics based on ontologies. IEEE Journal of Selected Topics in Applied Earth Observations & Remote Sensing，8（4）：1696-1708.

Fernάndez-López M，Gómez-Pérez A，Juristo N，1997. METHONTOLOGY：from ontological art towards ontological engineering. Proceedings of the AAAI97，Rhode Island，3-40.

Forestier G，Wemmert C，Pussant A，2013. Costal image interpretation using background knowledge and semantics. Computer & Geosciences，（54）：88-96.

Gruber T R，1993. A Translational approach to portable ontologies. Knowledge Acquisition，5（2）：199-220.

Gruber T R，1995. Toward principles for the design of ontologies used for knowledge sharing. International Journal of Human-Computer Studies，43（5-6）：907-928.

Gruninger M U M，1996. Ontologies：principles，methods and applications. Knowledge Engineering Review，11（2）：93-136.

Gruninger M U M，Fox M S，1995. Methodology for the design and evaluation of ontologies. Workshop on Basic Ontological Issues in Knowledge Sharing，Montreal，Canada，1-10.

Hahn U，Romacker M，2000. Content management in the SYNDIKAT E system—How technical documents are automatically transformed to text knowledge bases. Data & Knowledge Engineering，35（2）：137-159.

Karathanassi V，Topouzelis K，Pavlakis P，et al.，2006. An object- oriented methodology to detect oil spills. International Journal of Remote Sensing，27（23）：5235-5251.

Neches R，Fikes R，Finin T，et al.，1991. Enabling technology for knowledge sharing. AI Magazine，12（3）：36-56.

Noy N F，McGuinness D L，2001. Ontology development 101：a guide to creating your first ontology. Stanford Knowledge Systems Laboratory Technical Report KSL-01-05 and Stanford Medical Informatics Technical Report SMT-2001-0880.

Radhika V，Padmavathi G，2011. Segmentation of oil spill images using improved FCM and level set methods. International Journal on Computer Science and Engineering，3（7）：2786-2791.

Shi L，Zhang X，Seielstad G，et al.，2007. Oil spill detection by MODIS images using fuzzy cluster and texture feature extraction. OCEANS 2007-Europe，Aberdeen，Scotland，6：1-5.

Studer R，Benjamins V R，Fensel D，1998. Knowledge engineering：principles and methods. Data & Knowledge Engineering，25（1-2）：161-197.

Swartout W，Tate A，1999. Ontologies. IEEE Intelligent Systems & Their Applications，14（1）：18-19.

Wu Y，Hao Y，Wu S，et al.，2012. Marine spill oil SAR image segmentation based on KFCM and improved CV model. Chinese Journal of Scientific Instrument，33（12）：2812-2818.

Zhu L，Wu Y Q，Yin J，2013. Segmentation of marine spill oil SAR image based on Gabor Krawtchouk Moments and KFCM. Advanced Materials Research，760：1462-1466.

4 基于BEMD的SAR图像溢油识别

4.1 引　　言

第3章中提出的基于本体和KFCM的SAR图像溢油识别的方法是在识别过程的图像分割阶段进行了改进，而本章主要是在特征提取的环节进行改进。

很多的学者研究了通过使用各种特征来识别油膜和类油膜的方法，如灰度特征、纹理特征和物理特征等。Calabresi等（2000）抽取了11个物理和纹理特征，使用神经网络模型实现了溢油的识别。Zhang等（2008）在灰度共生矩阵的基础上提取了5个纹理特征，并使用支持向量机（SVM）提高了SAR图像溢油识别的性能。Chaudhuri等（2012）提出了一种基于统计方法的特征向量来探测SAR图像中的黑色条形区域。Salberg等（2014）提出了一些反向散射物理特征来识别溢油。Skrunes等（2014）提取了两个多极化的特征来区分生物膜和溢油膜。Guo和Zhang（2014）分析提取了9个形状特征，并比较了选择不同特征和不同方法进行溢油识别的准确率。然而，使用分解和变换来提取特征的方法讨论得比较少，如傅里叶变换和小波变换。傅里叶变换（FFT）容易引入虚假的谐波成分，从而导致能量的扩散。小波变换结果很大程度上取决于小波基函数的选择，适应性较弱。EMD分解是一种时频分析的新方法，具有多尺度多分辨率的特点，是一个迭代的过程，适合解决非线性非稳定的系统。目前已经被应用到了图像分割、噪声处理和诊断识别等各个方面。Nunes等（2003，2005）应用希伯特黄变换（Hilbert-Huang Tranform，HHT）和BEMD方法进行了图像的纹理分析。He等（2013）提出了一种基于多元灰度模型和BEMD的图像分类方法，实验证明了该算法能够提高图像分类的性能。Chen等（2014）基于BEMD方法实现了红外小目标的识别。本章提出了一种基于BEMD的SAR图像溢油识别的方法，具体的过程如图4.1所示。

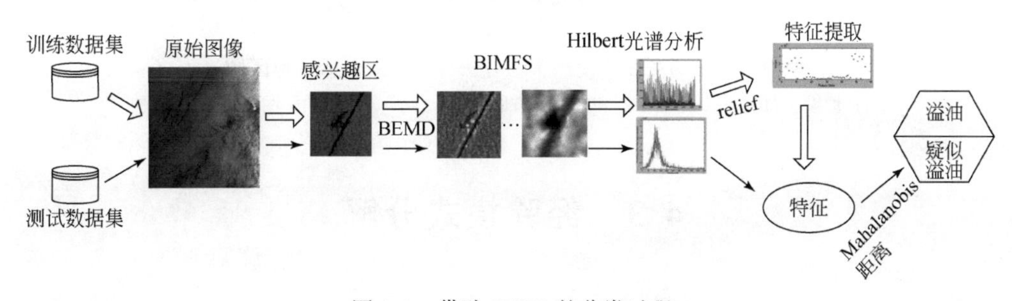

图4.1　借助BEMD的分类过程

4.2 感兴趣区域获取

通常，某个大小的图片中，如果黑色区域不是布满整个图像，它的典型灰度直方图会出现两个峰值。如果图像中黑色区域较小，低峰值代表黑色区域灰度分布情况，高峰值代表背景的分布情况。因此，可以认为具有两个峰值的子图为感兴趣区域。算法的具体步骤如下。

步骤1：读取SAR图像。

步骤2：使用一个滑动窗口（5×5）作为显著点，也就是一个种子。通过生长扩散的方法得到一个子图，考虑到效率问题，这里选择80×80。通过此方法，感兴趣的黑色区域通常会在子图的中心。

步骤3：计算子图的灰度直方图。

步骤4：判断直方图是否具有双峰。首先寻找大于左右邻居的点，然后查找到这些点中灰度值最大的点。当与最大峰值相邻的峰值灰度级大于某一阈值，认为找到了第二个高峰。这个阈值是一个统计数据，需要通过不断的实验和专家的经验来设定，这里使用的值为30。

步骤5：保存子图。

针对图3.5，使用此方法得到的两个子图，如图4.2所示。

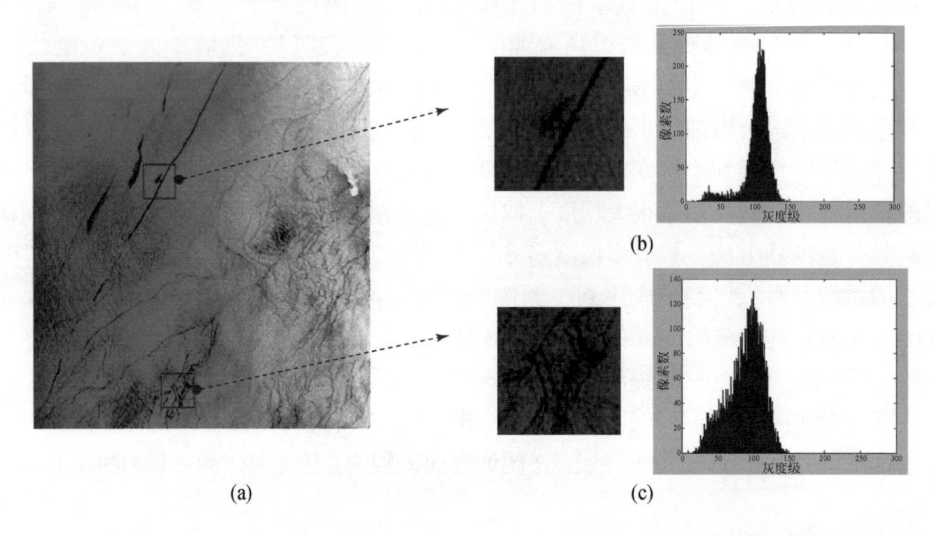

图4.2 针对图3.5使用本书方法得到的两个感兴趣区域

（a）原图；（b）一个溢油子图和它的直方图；（c）一个疑似溢油子图和它的直方图

4.3 经验模式分解

4.3.1 EMD

1998年Huang提出了EMD（Empirical Mode Decomposition）算法，它依据数据自身的时间尺度特征来进行信号分解，具有自适应性。该方法与傅里叶变换和小波变换有着本质的区别。它无须预先设定任何基函数，而傅里叶变换建立在先验性的谐波基函数上，小波变换则建立在小波基函数上。EMD非常适合于非线性非平稳信号的处理，如海杂波信号。EMD算法的目的就是通过筛选算法将信号分解为一组从高频到低频的IMF分量和一个趋势项，如式（4.1）所示：

$$I(t) = \sum_{i=1}^{N} f_{\mathrm{imf},i}(t) + R_i(t) \tag{4.1}$$

式中，N为imf分量的数量。

筛选过程中一个imf必须满足以下两个条件：第一，在整个信号长度上，极大值或极小值点的数目与过零点的数目相等或最多相差1个；第二，在局部任意时刻，极大值和极小值构成的上包络线和下包络线的平均值为零。EMD算法的具体步骤如下。

步骤1：初始化$i=1$，$d_0=I(t)$，$R_0(t)=I(t)$；

步骤2：求出一维离散数据信号的局部最大值$E_{\max}(t)$和最小值$E_{\min}(t)$；

步骤3：采用三次样条插值法，对极大、极小值点进行插值以形成信号数据的上下包络线$S_{\max}(t)$和$S_{\min}(t)$；

步骤4：计算平均包络线$S_{\mathrm{mean}}(t)$；

步骤5：设置$d_i(t)=d_{i-1}(t)-S_{\mathrm{mean}}(t)$；

步骤6：判断$d_i(t)$是否满足IMF分量的特性。使用标准差（standard deviation，SD）进行判断，如式（4.2）所示。通常SD的值为0.2～0.3（王福友，2009），本书选择SD=0.25。当SD小于0.25时，那么就筛选出一个imf分量$f_{\mathrm{imf}}(t)=d_i(r)$。否则重复步骤2～步骤6。

$$\mathrm{SD} = \sum_{t=1}^{T} \frac{[d_{i-1}(t) - d_i(t)]^2}{d_{i-1}^2(t)} \tag{4.2}$$

步骤7：剩余分量作为原始信号再开始从步骤1执行，直到得到足够的imf分量数为止。

4.3.2　整体平均经验模式分解（EEMD）

任何小扰动可能会导致一系列新的imf分量的产生，一些间歇性的信号也会阻止EMD将信号分解为相似尺度的分量。因此，当信号中存在噪声和异常干扰时，EMD会产生模式混叠的现象，这会使EMD算法具有不稳定性。为了克服这个缺点，EEMD（Ensemble EMD）算法被提出。它的主要思想是在信号中多次加入零均值特性的白噪声，并进行多次EMD分解，求每个imf分量的整体平均值，这样可以减少混合模式的机会，保持二元属性。具体步骤如下。

步骤1：在信号中加入白色噪声信号；

步骤2：将加入白色噪声的信号进行EMD分解，得到N个imf分量，通常信号能量主要集中在前9个分量中（关键和张建，2011），本书中取$N=10$；

步骤3：重复M次步骤1和步骤2，每次加入不同的白色噪声信号；

步骤4：将M次的相应imf分量的整体平均作为最终的imf分量。

4.3.3　二维经验模式分解（BEMD）

EMD 处理的是一维的数据，对于二维的数据可以使用 BEMD，如图像的处理。BEMD 将一个图像分解为若干个二维的 imf（bidimensional imfs，Bimfs）和一个剩余量，式（4.3）给出了图像信号分解后的形式。

$$I(x,y) = \sum_{i=1}^{N} \mathrm{Bimf}_i(x,y) + R(x,y) \tag{4.3}$$

式中，N 为 imf 分量的数量；$R(x,y)$ 为剩余量。

BEMD 的具体步骤如下。

步骤 1：初始化 $i=1$，$d_0=I(x,y)$，$R_0(x,y)=I(x,y)$；

步骤 2：求得图像灰度的局部最大值［$E_{\max}(t)$］和局部最小值［$E_{\min}(t)$］；

步骤 3：使用插值函数（Delaunay 三角剖分或径向基函数）构造最大最小包络面［$S_{\max}(x,y)$ 和 $S_{\min}(x,y)$］，本书使用的是第一种方法；

步骤 4：计算均值包络面［$S_{\mathrm{mean}}(x,y)=[S_{\max}(x,y)+S_{\min}(x,y)]/2$］；

步骤 5：设置 $d_i(x,y)=d_{i-1}(x,y)-S_{\mathrm{mean}}(x,y)$；

步骤 6：判断 $d_i(x,y)$ 是否满足 Bimf 分量的特性。使用标准差进行判断，如式（4.4）所示。如果 SD 小于 0.3（Nunes et al.，2005），那么 $\mathrm{Bimf}_i(x,y)=d_i(x,y)$。否则重复步骤 2～步骤 6。

$$\mathrm{SD} = \sum_{x=0}^{M}\sum_{y=0}^{N}\left[\frac{|d_{i-1}(x,y) - d_i(x,y)|}{d_{i-1}^2(x,y)}\right] \tag{4.4}$$

针对图 4.2 中得到的两个感兴趣子图（b）和（c），使用 BEMD 进行分解得到 3 个 Bimfs 和 1 个剩余量，如图 4.3 所示。

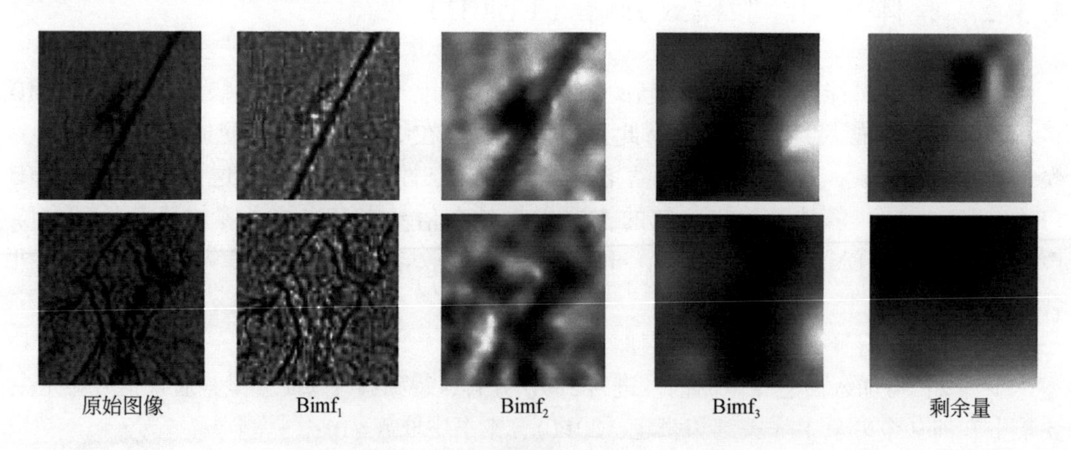

图 4.3　图 4.2 中两个感兴趣区域的 Bimf 和剩余量

4.4 特征提取和选择

4.4.1 特征提取

目前传统时频分析的方法主要是傅里叶变换、短时傅里叶变换、分数傅里叶变换和小波变换等，它们在信号分析与处理中发挥了很重要的作用。但是这些主要是依赖于傅里叶变换，而傅里叶变换是整个时域到整个频域的变换，不能反映信号在时域内的频率瞬息变化。如果能够突破这个局限性，将对信号特征提取有很大的帮助。EMD 与 Hilbert 谱分析方法是由黄锷先生提出的一种新的数据处理方法。首先通过 4.3 节介绍的 EMD 方法分解得到若干个 imf，每一个 imf 是在固有时间范围内抽取出来的，能够保留信号本身的特性。然后使用 Hilbert 变换后计算出瞬时振幅、瞬时频率和瞬时能量。最后在这些变量中抽取特征向量。该方法能够保留信号的内在性质，并且很适合非线性非平稳信号，具有精确性和灵活性的优势。

通常 Hilbert 谱分析是针对一维数据的，然而我们通过 BEMD 得到的若干个 Bimf 是二维的数据，所以需要首先将二维的数据转换为一维数据。假设 Bimf 分量是一个 $n\times m$ 的矩阵，如式（4.5）所示：

$$\boldsymbol{M}=\begin{pmatrix} x_{11} & \cdots & x_{1m} \\ \vdots & \ddots & \vdots \\ x_{n1} & \cdots & x_{nm} \end{pmatrix} \tag{4.5}$$

按照行的方式，将 $\boldsymbol{M}$ 转换为一维矩阵 $\boldsymbol{X}$，如式（4.6）所示：

$$\boldsymbol{X}=(x_{11},\ x_{12},\ \cdots,\ x_{1m},\ x_{21},\ x_{22},\ \cdots,\ x_{2m},\ \cdots,\ x_{n1},\ x_{n2},\ \cdots,\ x_{nm}) \tag{4.6}$$

对于一个 Bimf 的一维序列 $X_i(t)\,(t=n\times m)$，进行 Hilbert 变换，如式（4.7）所示：

$$Y_i(t)=\frac{1}{\pi}P\int_{-\infty}^{+\infty}\frac{X_i(t')}{t-t'}\mathrm{d}t' \tag{4.7}$$

式中，P 为柯西主值积分。$X_i(t)$ 和 $Y_i(t)$ 组成了一个共轭复数对，可以得到一个解析信号 $Z_i(t)$，如式（4.8）所示：

$$Z_i(t)=X_i(t)+\mathrm{j}Y_i(t)=a_i(t)\,\mathrm{e}^{\mathrm{j}\theta(t)} \tag{4.8}$$

式中，$a_i(t)$ 为振幅；$\theta_i(t)$ 为相位。具体的计算函数如式（4.9）所示：

$$a_i(t)=\sqrt{X_i^2(t)+Y_i^2(t)} \qquad \theta_i(t)=\arctan\frac{Y_i(t)}{X_i(t)} \tag{4.9}$$

那么，瞬时频率 $\omega_i(t)$ 如式（4.10）所示：

$$\omega_i(t)=\frac{\mathrm{d}\theta_i(t)}{\mathrm{d}t} \tag{4.10}$$

Hilbert 谱为瞬时振幅在频率-时间平面上的分布，如式（4.11）所示：

$$H(\omega,t)=\mathrm{Re}\sum_{i=1}^{N}a_i(t)\,\mathrm{e}^{\mathrm{j}\theta_i(t)}=\mathrm{Re}\sum_{i=1}^{N}a_i(t)\,\mathrm{e}^{\mathrm{j}\int\omega_i(t)\mathrm{d}t} \tag{4.11}$$

式中，Re 为取实部。

Hilbert 瞬时能量 E 可以定义为式（4.12）：

$$E = \int_0^T H^2(\omega, t)\,\mathrm{d}t \tag{4.12}$$

瞬时频率的熵 S 可以定义为式（4.13）：

$$S = \int_w H^2(\omega, t)\,\mathrm{d}w \tag{4.13}$$

针对图 4.3 中使用 BEMD 进行分解得到的第一个 Bimf 分量，根据上面的定义计算瞬时频率、瞬时能量和熵。如图 4.4 所示。

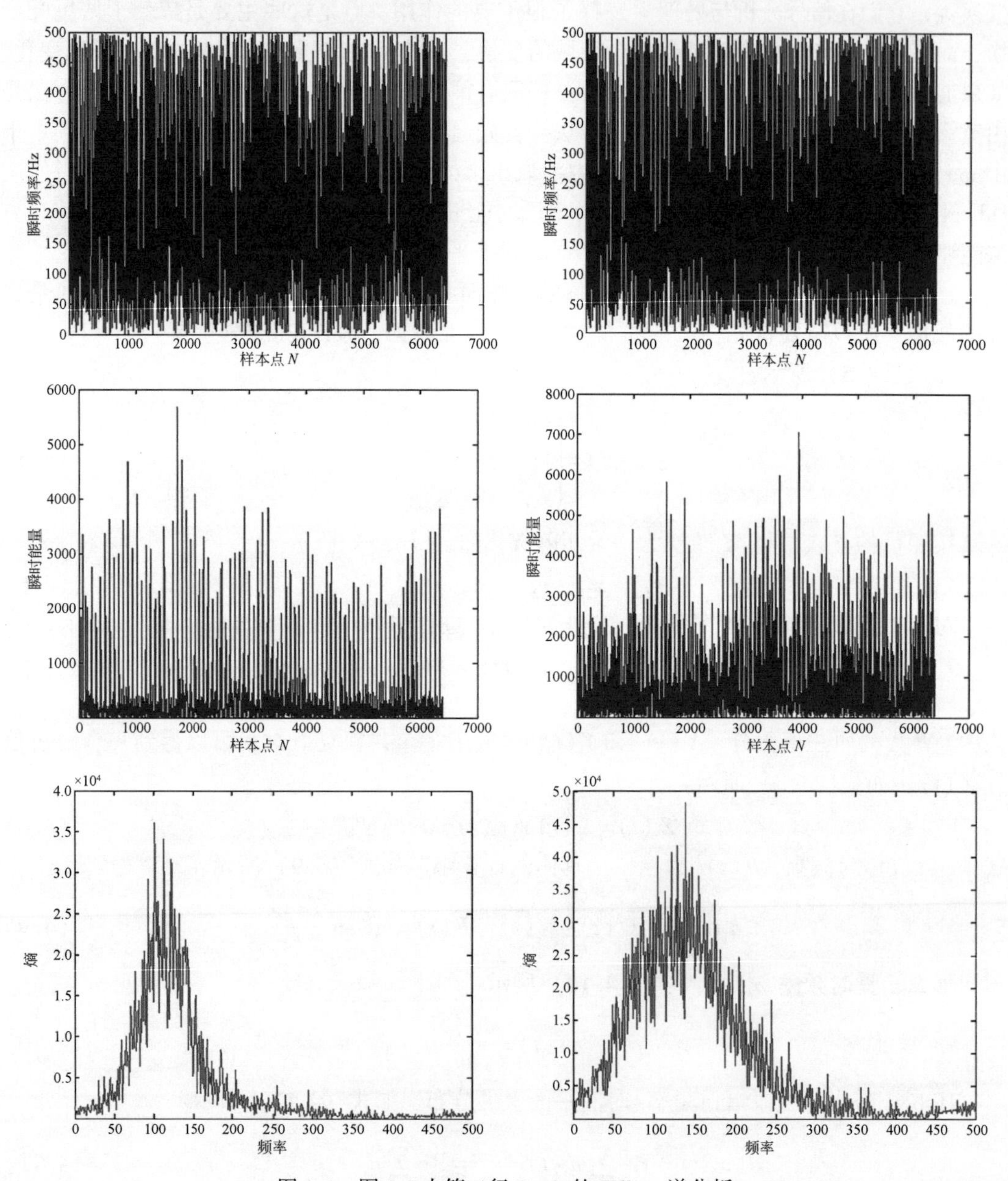

图 4.4　图 4.3 中第二行 $Bimf_1$ 的 Hilbert 谱分析

4.4.2 特征选择

特征就是描述物体的属性，特征包括相关特征和无关特征，对当前学习任务有用的属性为相关特征，与当前学习任务无关的属性为无关特征。特征选择就是要从给定的特征集合中选出任务相关特征子集，并确保不丢失重要特征。目的是减轻维度灾难，提高效率。特征选择的一般方法主要包括两个关键环节：子集搜索和子集评价。第一个环节是“子集搜索”问题，通常我们用贪心策略选择包含重要信息的特征子集。第二个环节是“子集评价”问题，对于特征子集 A 确定了对数据集 D 的一个划分，每个划分区域对应着特征子集 A 的某种取值，样本标记信息 Y 对应着对数据集 D 的真实划分。通过估算这两个划分的差异，就能对特征子集 A 进行评价；与样本标记 Y 对应的划分的差异越小，则说明当前特征子集 A 越好。常见的特征选择方法大致分为三类：过滤式、包裹式和嵌入式。

本书对于每一个得到的感兴趣区域，使用 BEMD 方法将其分解为 3 个 Bimf 分量和 1 个剩余量。然后将二维的数据转换为一维的数据，根据 4.4.1 节的知识进行 Hilbert 谱分析，很容易得到振幅和频率的信息。本书针对每一个 imf 抽取 16 维的特征向量，每一个待识别的感兴趣区域的特征向量如式（4.14）所示：

$$\boldsymbol{T}=[\mathrm{IF}_j^i,\mathrm{AMP}_j^i,\mathrm{IE}_j^i,E_j^i]$$
$$(i=1,2,\cdots,n;j\in\{\min,\max,\mathrm{mean},\mathrm{var}\}) \tag{4.14}$$

式中，IF 为瞬时频率；AMP 为振幅；IE 为瞬时能量；E 为熵；n 为 Bimf 的数量，这里 $n=4$；min 为最小值；max 为最大值；mean 为平均值；var 为方差。

初始的特征空间为一个 64 维的特征向量，需要通过某种方法提取最优的特征子集，去除没用的或冗余的特征属性。首先通过去零操作，去掉了 7 维的特征，余下的 57 维使用 Relief（relevant features）方法。该方法是由 Kira 提出的，是一种著名的过滤式特征选择方法，非常适合两类数据的分类问题（Jia et al., 2013）。主要思想是根据各个特征和类别的相关性赋予特征不同的权重（相关统计量），权重小于某个阈值的特征将被移除。

将 100 个标记为溢油的黑色区域和 100 个标记为疑似溢油的黑色区域作为处理样本。使用 Relief 方法得到每一个特征的权重如图 4.5 所示。

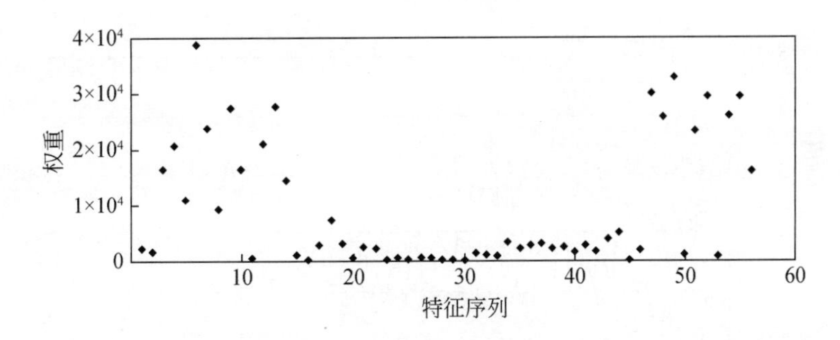

图 4.5　每一个特征的权重散点图

将权重分为 m 块，同时计算权重的块直方图如图 4.6 所示。m 取决于样本的数量，具体计算方法如式（4.15）所示：

$$m = \text{round}[1.87 \times (s_1 + s_2 - 1)^{0.4}] + 1 \tag{4.15}$$

式中，s_1 为第一类样本的数量；s_2 为第二类样本的数量。本书计算后的 $m=17$，这 17 部分的值跳跃最明显的被认为是权重阈值，如图 4.6 中红色三角标注的位置，这里取 2.2725×10^3。

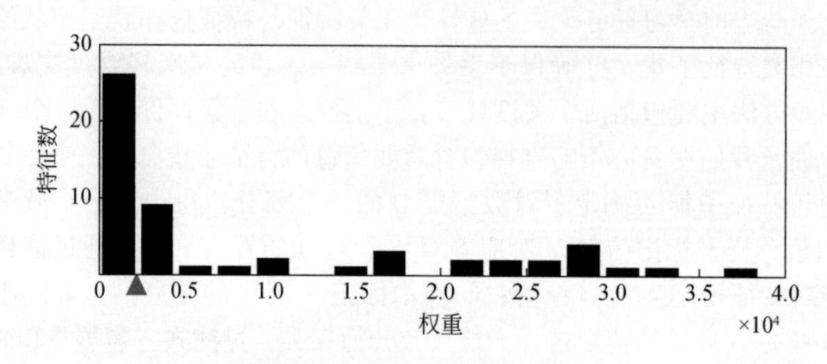

图 4.6　特征权重的块直方图

最后，通过阈值筛选后的特征再次利用关联分析剔除相关性高的特征。计算每个特征的相关系数矩阵，设置相关系数的阈值为 0.8，如果两个特征的相关系数高于 0.8，则认为它们有较高的相关性，然后剔除这些特征中权值较小的。通过相关性分析后得到的特征如表 4.1 所示。

表 4.1　筛选后的特征表

权值阈值	相关系数阈值	得到的特征向量
2.2725×10^3	0.8	IF^3_{mean}，IE^4_{mean}，E^4_{max}，E^4_{mean}，E^4_{var}

针对 100 个标记为溢油和 100 个标记为疑似溢油的处理样本，计算每个样本的所选 5 个特征的值，如图 4.7 所示。从图 4.7 中可以发现，每一个特征的实线和虚线的值有明显的区别，证明我们所选的特征对于区分溢油和疑似溢油是可行的。

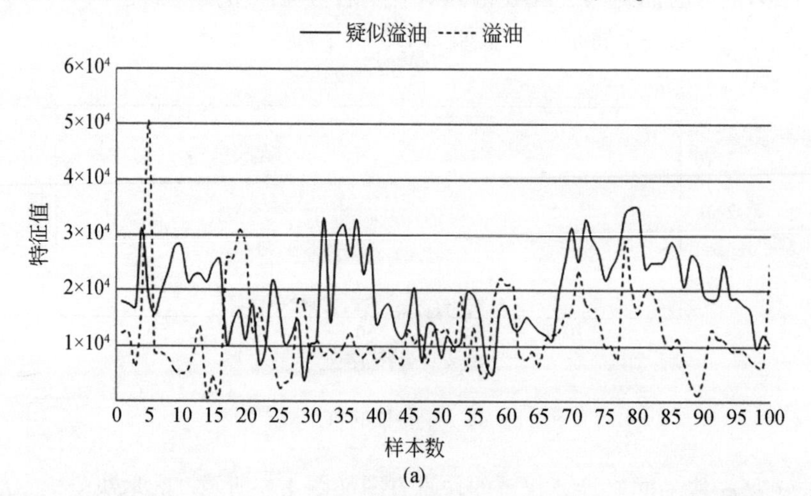

(a)

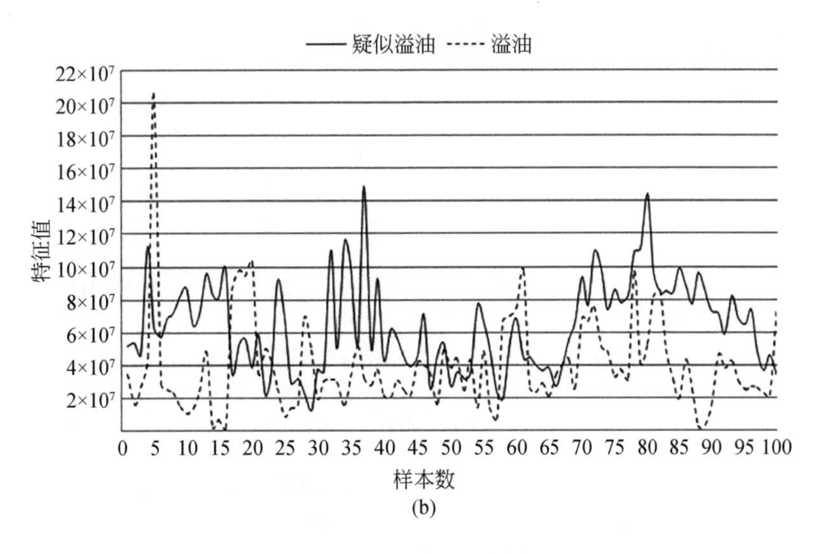
疑似溢油
溢油
特征值
22×10^7
20×10^7
18×10^7
16×10^7
14×10^7
12×10^7
10×10^7
8×10^7
6×10^7
4×10^7
2×10^7
0 5 10 15 20 25 30 35 40 45 50 55 60 65 70 75 80 85 90 95 100
样本数
(b)

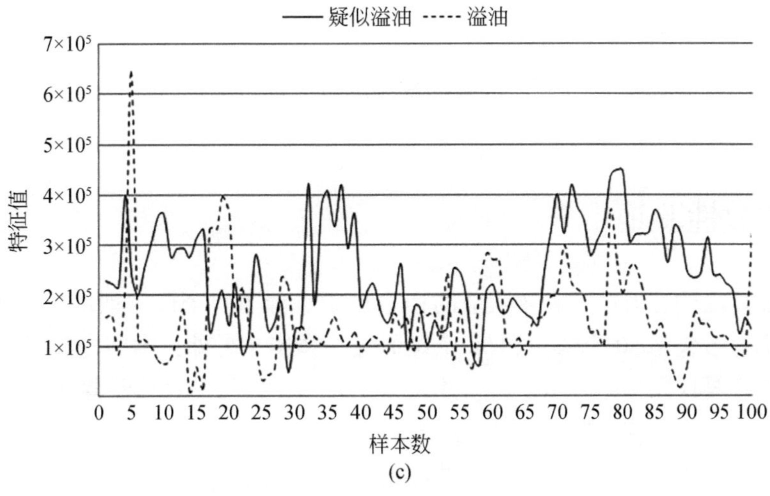
疑似溢油
溢油
特征值
7×10^5
6×10^5
5×10^5
4×10^5
3×10^5
2×10^5
1×10^5
0 5 10 15 20 25 30 35 40 45 50 55 60 65 70 75 80 85 90 95 100
样本数
(c)

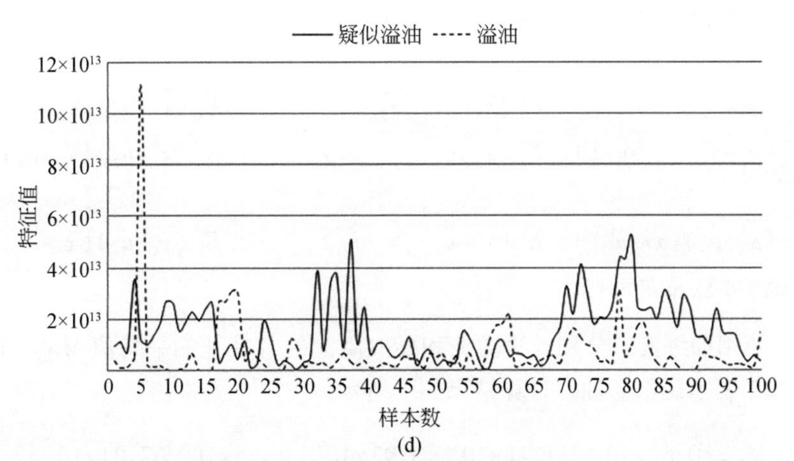
疑似溢油
溢油
特征值
12×10^13
10×10^13
8×10^13
6×10^13
4×10^13
2×10^13
0 5 10 15 20 25 30 35 40 45 50 55 60 65 70 75 80 85 90 95 100
样本数
(d)

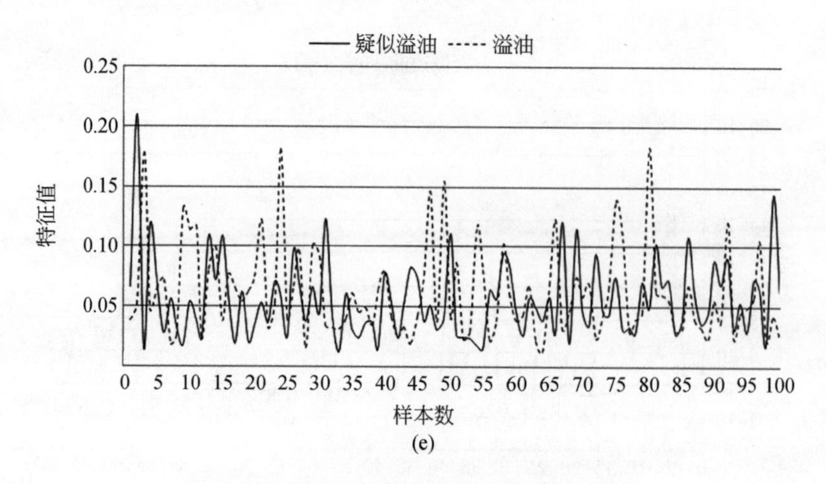

图 4.7　溢油和疑似溢油特征值的对比图

(a) $\mathrm{IE}_{\mathrm{mean}}^4$；(b) E_{max}^4；(c) E_{mean}^4；(d) E_{var}^4；(e) $\mathrm{IF}_{\mathrm{mean}}^3$

4.5　算法验证与比较

4.5.1　有效性验证

为了验证算法的有效性，在 4.4 节的样本集中选择 100 个作为训练集，100 个作为测试集，每个集合各包括 50 个溢油和 50 个疑似溢油样本。另外，本书选择了马氏距离的分类器进行实验。马氏距离一种被广泛使用的分类方法，算法的具体步骤如下。

步骤 1：计算每个样本的特征值向量 $\boldsymbol{X}$。

$$\boldsymbol{X}=[X_1, X_2, X_3, X_4, X_5]=[\mathrm{IF}_{\mathrm{mean}}^3, E_{\mathrm{mean}}^4, E_{\mathrm{max}}^4, E_{\mathrm{mean}}^4, E_{\mathrm{var}}^4]$$

步骤 2：根据式 (4.16)，计算特征向量 $\boldsymbol{X}$ 的协方差矩阵 $\boldsymbol{C}$。

$$\boldsymbol{C}=E[(x-E(x))(x-E(x)\mathrm{T})]=\begin{bmatrix} E[(x_1-u_1)(x_1-u_1)] & E[(x_1-u_1)(x_2-u_2)] & \cdots & E[(x_1-u_1)(x_n-u_n)] \\ E[(x_2-u_2)(x_1-u_1)] & E[(x_2-u_2)(x_2-u_2)] & \cdots & E[(x_2-u_2)(x_n-u_n)] \\ \vdots & \vdots & \ddots & \vdots \\ E[(x_n-u_n)(x_1-u_1)] & E[(x_n-u_n)(x_2-u_2)] & \cdots & E[(x_n-u_n)(x_n-u_n)] \end{bmatrix} \quad (4.16)$$

其中，u_i 是第 i 个特征的期望值，$u_i=E(x_i)$。

步骤 3：使用训练集，分别计算溢油和疑似溢油的各特征的平均值 $\overline{M}_j^i(j=1, 2)$。$j=1$ 表示溢油，$j=2$ 表示疑似溢油。计算结果如下所示。

$$\overline{M}_1^i=\{0.62\times10^{-1}, 1.21\times10^4, 3.93\times10^7, 1.55\times10^5, 7.04\times10^{12}\}$$

$$\overline{M}_2^i=\{0.56\times10^{-1}, 1.91\times10^4, 6.42\times10^7, 2.45\times10^5, 1.52\times10^{13}\}$$

步骤4：针对测试集中的每个样本，根据式（4.17）计算每个样本的马氏距离。如果 $r_1<r_2$，我们认为该样本属于溢油膜，否则为疑似溢油。

$$r_j=(\boldsymbol{X}-\overline{M}_j^i)^{\mathrm{T}}\boldsymbol{C}^{(-1)}(\boldsymbol{X}-\overline{M}_j^i)\ (j=1,2) \tag{4.17}$$

其中，$j=1$ 表示溢油，$j=2$ 表示疑似溢油。

计算测试集中每个样本的马氏距离如图4.8所示，从图4.8中可以发现，前50个样本中有45个 r_1 小于 r_2，即45个判断为溢油。后50个样本中有46个 r_2 小于 r_1，即46个判断为疑似溢油。相当于共91个做出了正确判断，因此识别正确率为91%。

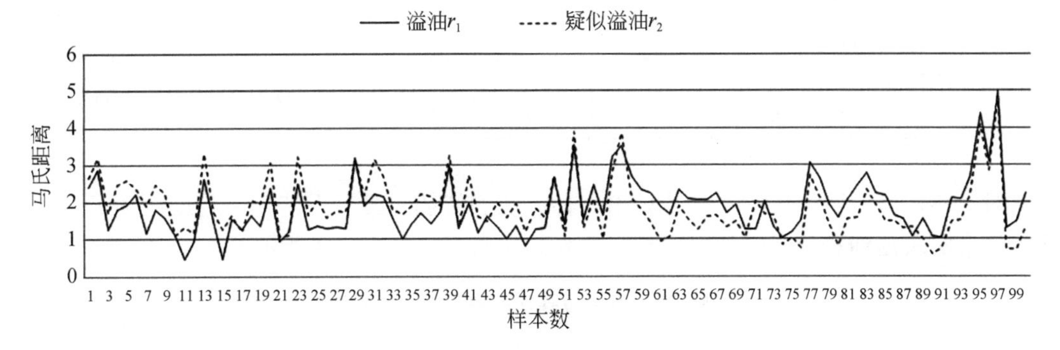

图4.8　每个样本的马氏距离

4.5.2　性能的对比

为了验证算法的性能，选择不同的数据集，与经典的溢油和疑似溢油的识别方法进行比较，本书选择的比较方法及各方法使用的特征如表4.2所示。

表4.2　之前研究的方法及对应的特征

序号	溢油特征	Calabresi 等（2000）	Zhang 等（2008）	Guo 等（2014）
1	油膜面积	√		
2	油膜周长	√		
3	油膜复杂度	√		√
4	标记率			√
5	稳定性			√
6	矩形饱和度			√
7	扩散度（对于长而薄的油膜较低；对于圆形油膜较高）	√		√
8	边缘密度			√
9	边角多边形内角			√
10	目标标准差	√		
11	背景标准差	√		

续表

序号	溢油特征	Calabresi 等（2000）	Zhang 等（2008）	Guo 等（2014）
12	最大对比度（对象与背景之间）	√		
13	平均对比度（对象与背景之间）	√		
14	最大边界梯度	√		
15	平均边界梯度	√		
16	梯度标准偏差	√		
17	胡不变矩			√
18	椭圆傅里叶描述子			√
19	共生纹理特征（均值，方差，均质性，对比度，不相似性）		√	

对于待检测的数据集样本，计算出每种方法的特征向量，将其作为马氏距离分类器的输入，来实现溢油和疑似溢油的识别。最终的比较结果如表 4.3 所示。

表 4.3　本书方法与其他经典算法的比较结果

方法	识别正确率/%		
	数据集 A	数据集 B	数据集 C
	50 溢油，50 疑似溢油	58 溢油，142 疑似溢油	133 溢油，67 疑似溢油
Calabresi 等（2000）	90	84	87
Zhang 等（2008）	89	86	85
Guo 等（2014）	92	91	89
本书方法	91	92	90

4.6　小　　结

本章提出了一种新的基于 SAR 图像的溢油识别方法，该方法首先通过图像的灰度直方图分析得到感兴趣黑色区域，然后使用 BEMD 方法将其进行分解，并进行 Hilbert 谱分析，接着利用 Relief 方法提取特征向量，最后通过马氏距离分类器实现分类识别。实验证明了该方法的有效性，并与其他经典的方法进行比较，在识别正确率方面也有明显的改进。

虽然 BEMD 方法具有自适应的特点，但还存在很多值得探究的问题，如边界效应、插值的方法、参数的形式以及归一化处理等。另外，一些智能的分类器方法，如神经网络、聚类分析、深度学习等，在未来的工作中可以不断地去使用和测试。最后，未来应广泛搜集更多的数据集来验证本书提出的算法，进行不断的完善。

参考文献

关键，张建，2011. 基于固有模态能量熵的微弱目标检测算法. 电子与信息学报，33（10）：2494-2499.

王福友，2009. 海杂波混沌分形特性分析、建模及小目标检测．哈尔滨：哈尔滨工程大学．

Calabresi G, Del Frate F, Lichtenegger J, et al., 2000. Neural networks for the oil spill detection using ERS-SAR data. IEEE Transactions on Geoscience and Remote Sensing, 38 (5): 2282-2287.

Chaudhuri D, Samal A, Agrawal A, et al., 2012. A statistical approach for automatic detection of ocean disturbance features from SAR images. IEEE Journal of Selected Topics in Applied Earth Observations & Remote Sensing, 5 (4): 1231-1242.

Chen Z, Luo S, Xie T, et al., 2014. A novel infrared small target detection method based on BEMD and local inverse entropy. Infrared Physics & Technology, 66 (9): 114-124.

Guo Y, Zhang H Z, 2014. Oil spill detection using synthetic aperture radar images and feature selection in shape space. International Journal of Applied Earth Observation & Geoinformation, 30 (1): 146-157.

He Z, Wang Q, Shen Y, et al., 2013. Multivariate gray model-based BEMD for hyperspectral image classification. IEEE Transactions on Instrumentation & Measurement, 62 (5): 889-904.

Jia J, Yang N, Zhang C, et al., 2013. Object-oriented feature selection of high spatial resolution images using an improved relief algorithm. Mathematical and Computer Modelling, 58 (3): 619-626.

Nunes J C, Bouaoune Y, Deléchelle E, et al., 2003. Image analysis by bidimensional empirical mode decomposition. Image & Vision Computing, 21 (12): 1019-1026.

Nunes J C, Guyot S, Deléchelle E, 2005. Texture analysis based on local analysis of the Bidimensional Empirical Mode Decomposition. Machine Vision & Applications, 16 (3): 177-188.

Salberg A B, Rudjord O, Solberg A H S, 2014. Oil spill detection in hybrid-polarimetric SAR images. IEEE Transactions on Geoscience and Remote Sensing, 52 (10): 6521-6533.

Skrunes S, Brekke C, Eltoft T, 2014. Characterization of marine surface slicks by Radarsat-2 multipolarization features. IEEE Transactions on Geoscience and Remote Sensing, 52 (9): 5302-5319.

Zhang F, Shao Y, Tian W, et al., 2008. Oil spill identification based on textural information of SAR image. Geoscience and Remote Sensing Symposium, Boston, IV-1308-IV-1311.

5 基于 EEMD 的海杂波下小目标的检测

5.1 海杂波下小目标的检测技术

所谓海杂波，就是雷达接收到的海上回波信号，其中包含各种噪声、干扰信号和目标信号等。海上小目标由于雷达散射截面积（radar cross section，RCS）很小，并且雷达回波受风、浪等各种因素的影响，具有回波信噪比较低的特点，如小的漂浮物、高海况下的小型舰船和浮冰等，导致海上小目标的有效探测具有一定的挑战性，是目前雷达探测领域的热点研究问题。面临的问题主要表现为，第一，复杂的海洋环境导致对海杂波的特性分析比较困难，如谱特性、线性和非线性特性、幅度特性以及时空特性等。除此之外，海杂波还受雷达本身的参数影响，也会对海杂波特性的认知造成很大的难度。第二，复杂的非均匀背景导致算法参数的选择比较困难，海面上的背景可能包括海岛、陆地、礁石、海尖峰及其他目标等，对于常规的 CFAR 检测技术就会造成参数选择的问题。第三，算法的性能验证和评估比较困难，主要的原因是公开的数据较少，实测的数据与海面的目标、雷达的参数、试验的场地、采集的设备和辅助的器材等有很大的关系，很难做出全面的分析和验证。

面对以上问题，国内外的很多学者从统计、混沌、分形和时频分析等方面做了一些探索，提出了很多的检测方法，归纳起来检测方法的分类如图 5.1 所示（何友等，2014）。

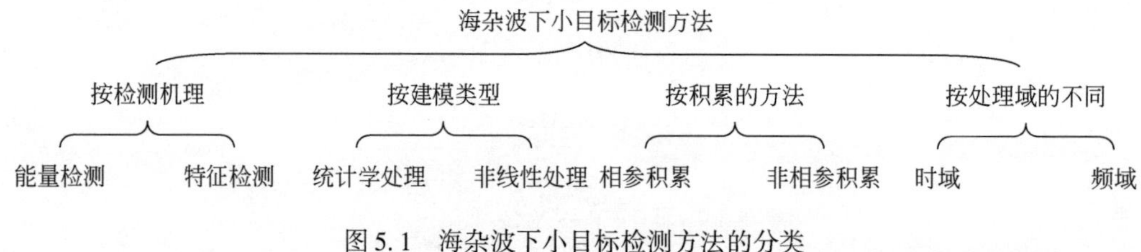

图 5.1 海杂波下小目标检测方法的分类

能量检测主要是利用数据的幅度、功率和功率谱等统计特征进行检测；特征检测是通过提取和选择一些灰度、纹理、时空和分形等特征，将目标与背景进行分类以实现检测的功能；统计学处理是通过研究雷达回波中有无目标在幅度、谱和相关性等统计属性方面的差异来进行检测；非线性处理是基于海杂波的非线性特性，通过提取非线性的特征来实现目标的检测；利用相参积累和非相参积累技术可以增大雷达接收回波信号的能量，以便提高信噪比，非相参积累没有利用相位信息，积累增益相对较小，相比而言，相参积累的性能相对较好；通过在时域和频域内表示回波信号的能量或特征，来进行目标的检测，如分数傅里叶变换、小波变换、Wigner-Hough 变换以及 Radon 变换等。下面将介绍海杂波下小目标检测的基本概念和常用技术。

5.1.1 雷达回波基本理论

1. 雷达方程

雷达方程是用于描述由雷达天线接收到的回波功率与雷达系统参数及目标散射特征(目标参数)，简化的雷达方程见式（2.15）。

根据雷达方程可以看出，接收功率与目标雷达散射截面积（RCS）成正比，因此对于小目标的检测，接收到的信号功率会减小。在实际的雷达系统中，还有一些其他的因素影响接收功率。如目标 RCS 的不确定性和起伏特性、接收机的噪声以及雷达系统可能存在的各种损耗等。

2. 目标模型

雷达方程中包含 RCS，它是目标或散射物体的一个特性，表示目标返回的回波信号的幅度，具体见式（2.16）。

RCS 是假想面积，是描述目标在一定入射功率下后向散射功率能力的量，该量以面积单位来描述，面积越大，后向散射能力越强，产生的回波功率也就越大。由于大金属球对入射能量的散射几乎是无方向性的，所以目标的 RCS 可以表示成可散射同样功率的等效球的面积。RCS 与雷达发射信号的频率、极化方式、发射和接收电磁波的方向以及目标相对雷达的姿态有关。

由于复杂的目标往往是由大量个别散射体组成的，目标回波信号可以认为是独立散射体回波信号的叠加。如果目标的姿态相对于雷达发生了变化，则会引起构成目标的各散射体的回波信号的相对相位发生变化，也会引起合成回波的合成幅度和相位的变化，导致目标截面积发生起伏。

由于目标复杂多样，想要准确地得到各种目标截面积的相关函数和概率分布是相当困难的。通常是用一个接近而又合理的模型来估计目标起伏的影响并进行数学上的分析。1960 年施威林（Swerling）提出了典型的四种目标起伏模型（许小剑和黄培康，2010），具体如下。

（1）Swerling Ⅰ型

在任意一次扫描期间从目标接收到的回波脉冲幅度都是恒定不变的，且从一次扫描到下一次扫描是独立的，即是不相关的。这类目标起伏也叫“慢起伏”。横截面积的概率密度函数如式（5.1）所示。

$$p(\sigma)=\frac{1}{\bar{\sigma}}\exp\left(-\frac{\sigma}{\bar{\sigma}}\right)\sigma\geqslant 0 \tag{5.1}$$

其中，$\bar{\sigma}$ 是所有横截面积值的平均值，该模型适用于由具有许多面积可比的独立散射体组成的目标。

（2）Swerling Ⅱ型

此类型的起伏与脉冲到脉冲是无关的，而从扫描到扫描是相关的，这种起伏也叫“快起伏”。目标截面积的概率分布与式（5.1）相同，通常表示由均匀多个独立散射中心组合的目标。

(3) Swerling Ⅲ型

此类型是一种"慢起伏"，一次扫描中脉冲间相关，目标截面积的概率分布如式 (5.2) 所示。它表示由一个占支配地位的强散射中心与其他均匀独立散射中心组合的目标。

$$p(\sigma)=\frac{4\sigma}{\bar{\sigma}}\exp\left(-\frac{2\sigma}{\bar{\sigma}}\right)\sigma\geqslant 0 \tag{5.2}$$

(4) Swerling Ⅳ型

此类型是一种"快起伏"，一次扫描中脉冲不相关，目标截面积的概率分布与式 (5.2) 相同。它表示有一个占支配地位的强散射中心与其他均匀独立散射中心组合的目标。

随着目标本身的发展，为能够更精确地表述各类目标的统计性能，后来由 Weinstock、Meyer 和 Mayer 等提出了 χ^2 分布目标模型，它的概率密度函数为

$$p(\sigma)=\frac{k}{(k-1)!\ \bar{\sigma}}\left(\frac{k\sigma}{\bar{\sigma}}\right)^{k-1}\exp\left(-\frac{2\sigma}{\bar{\sigma}}\right)\sigma\geqslant 0 \tag{5.3}$$

其中，k 为双自由度数值，称 $2k$ 为 χ^2 分布模型的自由度数。

当 $k=1$ 时，相当于 Swerling Ⅰ、Swerling Ⅱ型目标分布；当 $k=2$ 时，相当于 Swerling Ⅲ、Swerling Ⅳ型目标分布。χ^2 分布时，截面积方差和平均值的比值等于 $k^{-1/2}$，即 k 值越大，起伏分量越受限制，当 k 趋于无穷大时，相当于不起伏目标。

除此之外，常用的目标统计模型还包括赖斯模型、对数正态分布模型等，这里不再赘述。

3. 杂波模型

雷达照射的杂波表面区域，有大量随机散射体，具有随机起伏的特性，存在一定的统计规律，通常用概率幅度密度函数（PDF）来表示。目前典型的杂波 PDF 模型有瑞利 (Rayleigh) 分布、对数正态 (Log-Normal) 分布、威布尔 (Weibull) 分布和 K 分布等 (尹志盈和张玉石，2017)。对于低分辨率的海杂波，瑞利分布可以较好地模拟海杂波特性。但是高分辨、高海况、小掠射角的情况下，通常使用后三种分布模型，但由于会出现海尖峰现象，因此仍存在一些偏差。

(1) Rayleigh 分布

对于 Rayleigh 分布的杂波，在雷达可分辨范围内，当散射体的数目很多的时候，根据散射体反射信号振幅和相位的随机特性，它们合成的回波包络振幅是服从 Rayleigh 分布的。

Rayleigh 分布的 PDF 的表达式为

$$p(x)=\frac{x}{m}\exp\left(-\frac{x^2}{2m}\right) \tag{5.4}$$

式中，x 为杂波幅度；m 为杂波的平均功率。

图 5.2 给出了 Rayleigh 分布的 PDF 曲线图，从图 5.2 中可以看出，当 m 值越大，概率密度曲线的形状越矮越胖，m 值越小，概率密度曲线的形状越瘦越高。

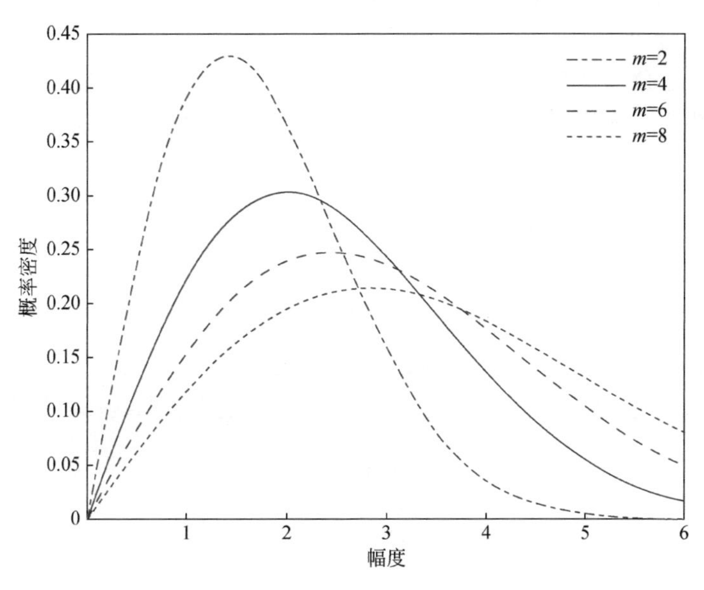

图 5.2　Rayleigh 分布的 PDF 曲线图

（2）Log-Normal 分布

Rayleigh 分布模型通常在雷达分辨单元很大，包含许多散射体，并且没有一个占主导地位的散射体的情况下适用。当分辨单元尺寸和掠射角很小时，它并不是杂波的一个好的表述。Log-Normal 分布与 Rayleigh 分布相比有一条长尾巴，能够更好地模拟杂波特性。

Log-Normal 分布的 PDF 的表达式如式（5.5）所示：

$$p(x)=\frac{1}{x\sqrt{2\pi s}}\exp\left(-\frac{(\lg(x/p))^2}{2q}\right) \tag{5.5}$$

式中，x 为杂波幅度；q 为尺度参数；p 为形状参数。

图 5.3 给出 Log-Normal 分布的 PDF 曲线图可以看出，当 q 固定 p 不同时，p 越大，曲线离纵坐标轴越远，拖尾越长；当 p 固定 q 不同时，q 越大，曲线峰值越小，拖尾越短。

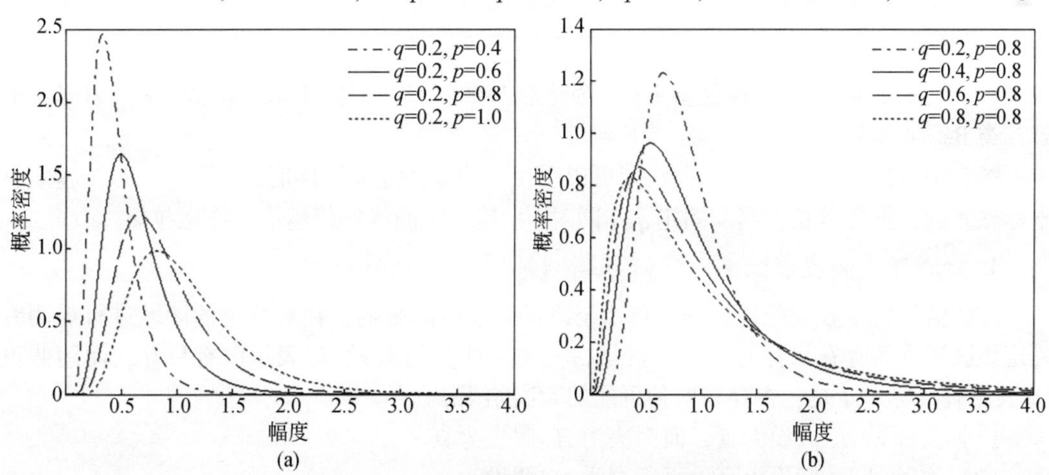

图 5.3　Log-Normal 分布的 PDF 曲线图

（a）q 固定 p 不同时；（b）p 固定 q 不同时

(3) Weibull 分布

Weibull 分布适合拟合 Rayleigh 分布和 Log-Normal 分布之间的杂波测量数据，Rayleigh 分布实际上是 Weibull 分布的一种特殊情况，适当地选择合适的参数，也可以变得近似于 Log-Normal 分布。

Weibull 分布的 PDF 的表达式为式（5.6）：

$$p(x)=\frac{p}{q}\left(\frac{x}{q}\right)^{p-1}\exp\left[-\left(\frac{x}{q}\right)^{p}\right] \tag{5.6}$$

式中，x 为杂波幅度；p 为形状参数；q 为尺度参数。

从图5.4 给出 Weibull 分布的 PDF 曲线图可以看出，当 p 固定 q 不同时，q 越大，曲线越向纵坐标轴靠近，拖尾越长；当 q 固定 p 不同时，p 越大，曲线峰值越大，拖尾越短。

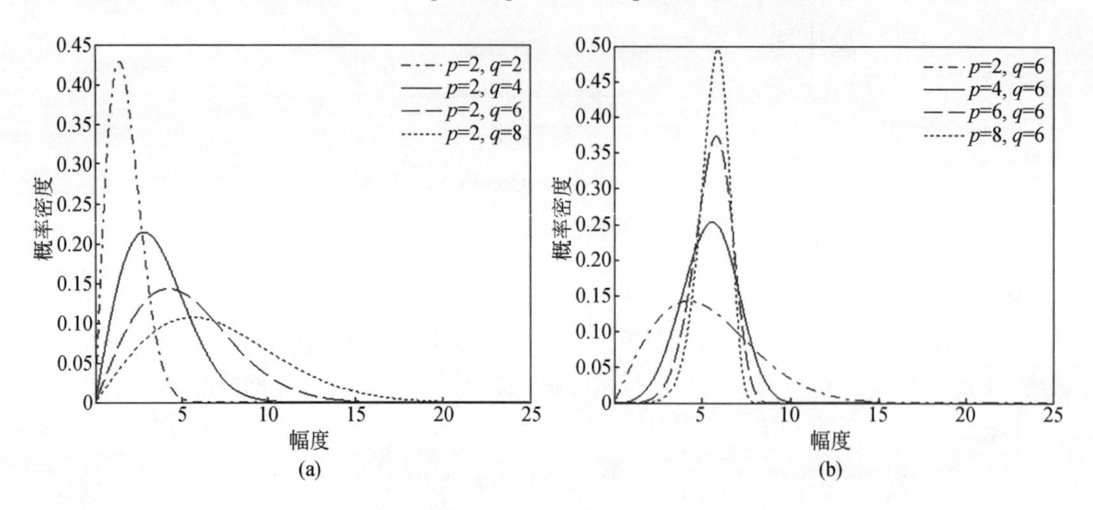

图 5.4　Weibull 分布的 PDF 曲线图

(a) p 固定 q 不同时；(b) q 固定 p 不同时

K 分布的 PDF 的表达式为

$$p(x)=\frac{2}{q\Gamma(p)}\left(\frac{x}{2q}\right)^{v}K_{v-1}(x/q) \tag{5.7}$$

式中，x 为杂波幅度；q 为尺度参数；p 为形状参数；Γ（·）为伽马函数；K_{v-1} 为修正的第二类 Bessel 函数。

图5.5 给出 K 分布的 PDF 曲线图可以看出，当 q 固定 p 不同时，p 越小，曲线越向纵坐标轴靠近，拖尾越长；当 p 固定 q 不同时，q 越大，曲线峰值越小，拖尾越短。

4. 检测概率和虚警概率

雷达信号的接收和处理过程，自始至终都受噪声的影响，在对特定的区域进行观测并判定该区域是否存在目标时，信源就是目标源。通常用假设 H_0 表示没有目标，而用假设 H_1 表示有目标。于是，会存在四种可能的判决结果。

(1) 实际是 H_0 假设为真，而判决为 H_0 假设为真。

(2) 实际是 H_0 假设为真，而判决为 H_1 假设为真。

(3) 实际是 H_1 假设为真，而判决为 H_0 假设为真。

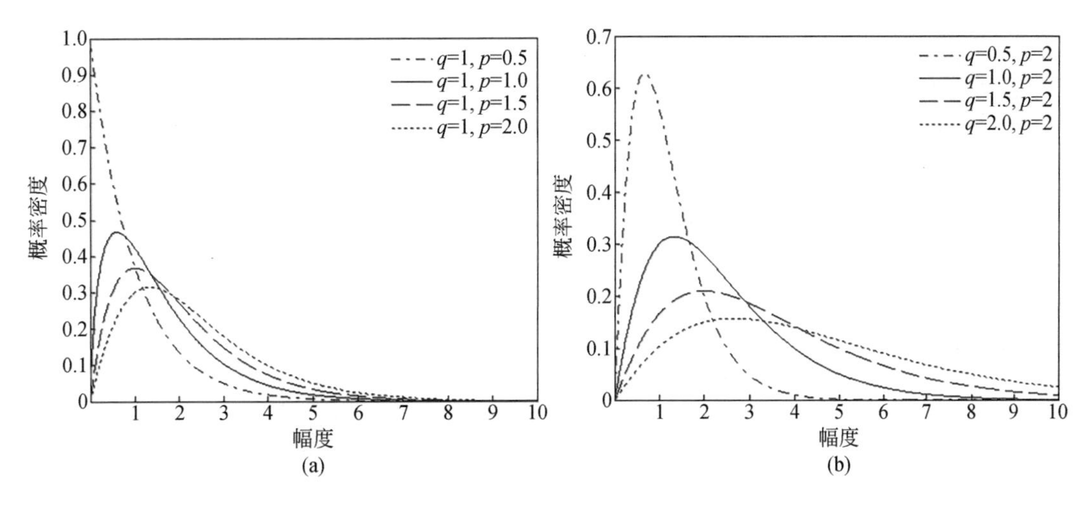

图 5.5　K 分布的 PDF 曲线图

（a）q 固定 p 不同时；（b）p 固定 q 不同时

（4）实际是 H_1 假设为真，而判决为 H_1 假设为真。

对应于每一种判决结果，有相应的判决概率 $P(D_j \mid H_i)$（i，$j=0$，1），即假设 H_i 为真的条件下，判决 H_j 成立的概率。

在假设 H_i 为真的条件下，观测量（$x \mid H_i$）的概率密度函数为 $f(x \mid H_i)$。

由于观测量（$x \mid H_i$）落在判决空间 D_i，则判决 H_i 成立，所以判决概率有

$$P(D_j \mid H_i) = \int_{D_j} f(x \mid H_i)\,\mathrm{d}x, \quad i,j = 0,1 \tag{5.8}$$

就判决概率而言，我们希望正确的判决概率尽可能大，而错误判决概率尽可能小。

正确判决的概率 $P(D_1 \mid H_1)$ 和 $P(D_0 \mid H_0)$ 为检测概率，虚警为实际 H_0 假设为真，而判决为 H_1 假设为真，虚警发生的概率 $P(D_1 \mid H_0)$ 称为虚警概率。

本书通过 matlab 仿真四种 Swerling 目标起伏模型，其中积累脉冲为 10 个，虚警率为 1×10^{-6}，使用门限检测方法可以得到与非起伏情况（这里是 Swerling 0）的比较，如图 5.6 所示。从图 5.6 中可以发现起伏目标比非起伏目标需要更大的信噪比。

5. 海杂波

雷达杂波表示自然环境的回波，通常杂波是不需要的回波，会“扰乱”雷达工作，使对需要目标回波的检测变得困难，杂波包括来自陆地、海洋、天气、鸟群以及昆虫的回波等，这里主要介绍海杂波。由于海面的状况比较复杂，受海水介电常数和温度、雷达的掠射角和极化等诸多因素的影响，海面的后向散射比较复杂，进行小目标检测存在一定的困难。通常，后向散射系数随掠射角的增大而增大；随波长的增大而递减；随风速的增加而增加；迎风时散射系数最大、顺风时最小；掠射角较大时，HH 极化和 VV 极化下的散射系数差别不大；掠射角较小时，一般 VV 极化的散射系数大于 HH 极化。

在复杂海况下，由于海面存在大量断裂或即将断裂的波浪，雷达回波强度会明显的增强。对于高分辨的雷达，如果以低的掠射角照射粗糙海面上，会出现“拖尾”现象，它们

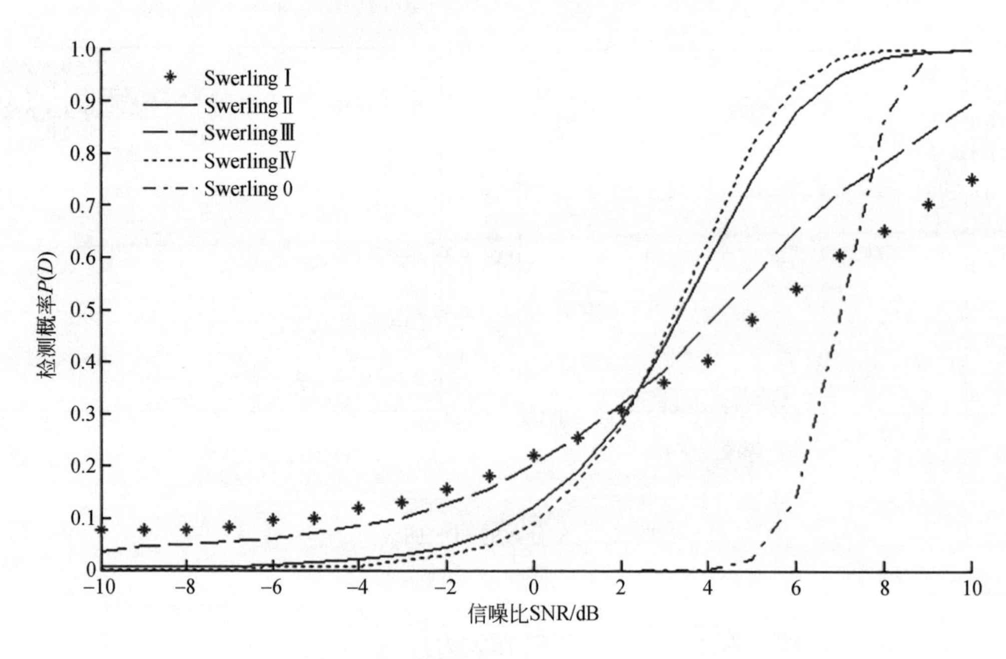

图 5.6　Swerling 起伏模型和非起伏模型的比较（10 个积累脉冲，虚警率为 1×10^{-6}）

被称为海浪尖峰信号。这种海尖峰的现象很重要，因为对于较高的微波频率和低掠射角，它们是海杂波的主要成分，并且海尖峰有相对较大的雷达横截面积和持续时间，有时会将他们误认为是雷达目标。当使用传统的基于高斯接收机噪声检测器时，会产生虚警。海尖峰对于探测较大的目标没有影响，但对于小目标，如游标、小船、碎片以及游泳者等的检测干扰很大。

5.1.2　脉冲积累

对于相控阵雷达，天线波束在某个波束指向驻留期间内，雷达发射 M 个探测脉冲，如果在波束指向存在目标，则将收到 M 个目标回波信号。这样，来自同一个目标的 M 个回波信号形成一个脉冲串信号。如果能将这 M 个目标信号所携带的信息集中起来加以利用，将会对信号噪声比的提高带来好处，这就是脉冲串信号的积累。通常积累技术主要分为非相参积累和相参积累。

相参又称为相干，定义为脉冲之间存在确定的相位关系。相参是指脉冲之间的初始相位具有确定性（第一个脉冲的初相可能是随机的，但后序的脉冲和第一个脉冲之间的相位具有确定性，这是提取多普勒信息的基础。第一个脉冲初始相位的随机性并不影响后序的信号检测，因为检测前是要进行取模的)，非相参是指脉冲之间的初始相位都是随机的，彼此不相关。相参和非相参是一个与硬件发展相关的一组概念。原来的脉冲产生方式是让振荡器通过一个精度不高的开关，由于开关的精度不高，微小的时延误差就会导致高频信号的初相出现大的差异，产生出来的脉冲信号初始相位可以看作是在［0，2π］之间的均匀分布，下一个脉冲也是如此。现代雷达已经完全解决了这个问题，因此都是相参体制的，非相参雷达已经成为历史。当然，相参体制的雷达信号处理也可以采用非相参处理方式，在白噪声背景的信号检测中，信噪比较大时，非相参积累比相参积累损失的信噪比不多，检测性能相近，而且非相参积累实现简单。

雷达中相参积累的含义就是复数相加，分两种情况：对相对雷达固定的目标回波，直接相加就可以了；对相对雷达运动的目标回波，由于目标回波叠加了运动目标的相移，实现相参积累的方法一般是快速傅里叶变换，也就是对每项移相相加。非相参积累丢弃了回波的相位信息，通过对回波当中的幅度进行积累以达到提高信噪比的目的，因此非相参积累容易实现。

5.1.3　恒虚警率检测

前面已经提到虚警概率和检测概率是雷达目标检测的主要指标，通常要求虚警概率约束为某一个固定值的条件下，使检测概率最大。但是，在实际中由于噪声和杂波等各种干扰信号的起伏和变化，会引起虚警概率的剧烈变化。如过多的虚假目标可能会使后续的数据处理计算机饱和，而虚警概率过小，检测概率将随之降低，特别是对小目标回波信号的检测能力影响更大。因此，采用恒虚警率（CFAR）检测技术是十分必要的。所谓信号的恒虚警率检测，就是在噪声和杂波干扰强度变化的情况下，信号经过恒虚警率处理，使虚警概率保持恒定。恒虚警率检测的方法主要可分为均值类和有序统计类的检测。

1. 均值类 CFAR

如图 5.7 所示，输入信号 X 被送到延迟单元构成的延迟线上，D 是被检测单元，两侧交叉线标出的为保护单元，两边灰色的单元为参考单元。CFAR 检测的自适应门限 U_o，为杂波强度与背景噪声估计量 $\hat{u}$，k 为加权量。当检测单元的值大于门限，判定该单元存在目标。根据估计量的不同计算方法，CFAR 检测器分为单元平均（cell average，CA）、单元选大（greatest of，GO）和单元选小（smallest of，SO）检测器。各类检测器的计算方法如式（5.9）所示。CA-CFAR 检测方法适合目标处于背景均匀环境中，没有杂波边缘效应影响，且为单一目标的情况。当杂波不均匀时，会产生边缘效应，可能会引起杂波掩盖目标、虚警概率过大和数据处理计算机饱和的情况，使用 GO-CFAR 检测效果较好。当多个目标在参考单元中时，SO-CFAR 检测器具有明显的优势。

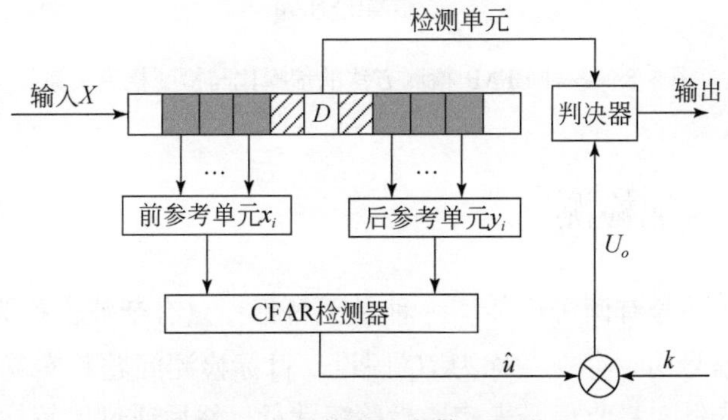

图 5.7　均值类恒虚警原理图

$$\hat{u}_{\mathrm{CA}} = \frac{1}{N}\sum_{i=1}^{N} x_i + \frac{1}{N}\sum_{i=1}^{N} y_i, \hat{u}_{\mathrm{GO}} = \max\left(\sum_{i=1}^{N} x_i, \sum_{i=1}^{N} y_i\right), \hat{u}_{\mathrm{SO}} = \min\left(\sum_{i=1}^{N} x_i, \sum_{i=1}^{N} y_i\right) \tag{5.9}$$

2. 有序统计类 CFAR

有序统计的 CFAR 算法（order statistics CFAR，OS-CFAR）保留了均值类 CFAR 算法使用的参考单元，但摒弃了通过对参考单元的数据进行平均来估计干扰功率电平的方法。它的做法是对参考单元（x_1，x_2，…，x_n）进行升序排序，排好序的新序列中的第 k 个元素称为第 k 个有序统计量。OS-CFAR 选取第 k 个有序统计量的值作为干扰功率电平的估计，参数 k 的选择是工程使用上的一个非常重要的步骤，它直接关系到系统的检测性能。使用 OS-CFAR 的优点为抗脉冲干扰能力较好，在多目标情况下，性能相比均值类 CFAR 会更好一些。而且，存在干扰目标影响时，虚警损失低于均值类 CFAR。而使用 OS-CFAR 的缺点为在对所有的参考单元值进行排序时，算法复杂度相对较高，若规模较大时，难以保障检测的实时性。

本书通过 matlab 仿真信号，产生指数噪声，使用蒙特卡罗仿真 10000 次，虚警率为 1×10^{-6}，滑窗参考单元数为 36 个，比较使用不同的 CFAR 方法，在不同信噪比情况下检测概率的不同，如图 5.8 所示。从图 5.8 中可以发现均值类 CFAR 和有序统计类 CFAR 的检测概率都随着信噪比的增加而增大。

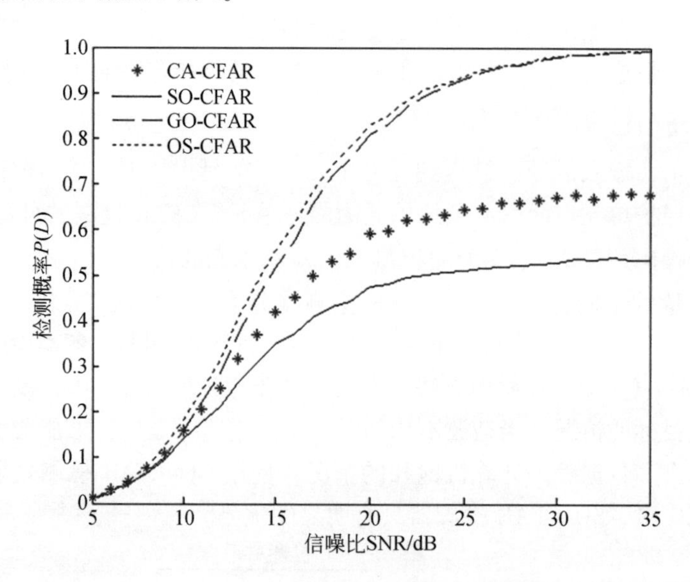

图 5.8　各种 CFAR 检测方法的信噪比与检测概率关系

5.1.4　自适应匹配检测

假设雷达的接收信号有两种可能，一种是无目标，只有杂波，称为 H_0 假设；另一种是目标信号和杂波信号同时存在，称为 H_1 假设。目标检测问题其实就是一个典型的二元假设检验问题，首先针对接收信号来构造检验统计量，然后通过比较检验统计量与设置的门限来判断目标是否存在。Kelly（2007）提出了一种高斯噪声下基于广义似然比的自适应检测算法（generally likelihood ratio test，GLRT）。GLRT 是将杂波协方差矩阵和目标回波幅度进行最大化，将两个似然函数最大值之比作为检验统计量，GLRT 检测器如式（5.10）所示：

$$\frac{|p^{\mathrm{H}}\hat{\boldsymbol{R}}^{-1}x|^2}{(\boldsymbol{p}^{\mathrm{H}}\hat{\boldsymbol{R}}^{-1}\boldsymbol{p})\left[1+\frac{1}{k}(x^{\mathrm{H}}\hat{\boldsymbol{R}}^{-1}x)\right]}\mathop{}\limits^{<H_0}_{>H_1}K\eta_{\mathrm{GLRT}} \tag{5.10}$$

式中，η_{GLRT}为检测门限；$\boldsymbol{p}$ 为归一化信号导向矢量；$\boldsymbol{R}$ 为杂波协方差矩阵的采样协方差估计值；x 为雷达接收到的待测单元的回波数据；K 为参考单元样本数。

Robey 等（1992）提出了一种自适应匹配滤波器（adaptive matched filter，AMF）。AMF 是在 GLRT 的基础上，首先假设杂波协方差矩阵 $\boldsymbol{R}$ 是已知的，然后用 $\hat{\boldsymbol{R}}$ 代替 $\boldsymbol{R}$，最后得到的检测器如式（5.11）所示：

$$\frac{|\boldsymbol{p}^{\mathrm{H}}\hat{\boldsymbol{R}}^{-1}x|^2}{\boldsymbol{p}^{\mathrm{H}}\hat{\boldsymbol{R}}^{-1}\boldsymbol{p}}\mathop{}\limits^{<H_0}_{>H_1}\eta_{\mathrm{AMF}} \tag{5.11}$$

可以发现 AMF 相对 GLRT 检测减少了计算量较大的分母内方括号的一项。

GLRT 和 AMF 仅仅适用于均匀高斯背景中的相干信号检测，但实际应用中，由于现代雷达的高分辨力和复杂的检测场景使得大部分情况下这种假设不再成立。Conte 等（1998）在复合高斯杂波环境下提出了一种自适应归一化匹配滤波器（adaptive normalized matched filter，ANMF）ANMF 采用样本协方差矩阵估计待检测单元的协方差矩阵，具体的检测器如式（5.12）所示：

$$\frac{|\boldsymbol{p}^{\mathrm{H}}\hat{\boldsymbol{R}}^{-1}x|^2}{(\boldsymbol{p}^{\mathrm{H}}\hat{\boldsymbol{R}}^{-1}\boldsymbol{p})(x^{\mathrm{H}}\hat{\boldsymbol{R}}^{-1}x)}\mathop{}\limits^{<H_0}_{>H_1}\eta_{\mathrm{ANMF}} \tag{5.12}$$

ANMF 是一种相干检测器，通过多个样本积累可以提高积累增益。另外，针对 $\hat{\boldsymbol{R}}$ 不同的求解方法又有 M-ANMF、Σ-ANMF 和 $\lambda_{\Sigma\text{-ANMF}}$ 检测器。除此之外，ANMF 还具有计算量小、设计简单和适用广泛的优点。

5.1.5　变换域下的特征检测

雷达目标检测中除了使用一阶的幅值或二阶的功率和功率谱作为统计特征进行门限检测外，还可以转化为分类问题，通过提取特征向量，使用智能方法判断某区域回波是否属于背景类。对于海杂波，可以将回波分为“纯海杂波”和“海杂波+目标”两类。目前已经有学者提取了海杂波的相对平均幅度、相对多普勒峰高和幅度谱相对向量熵作为特征向量进行海上漂浮目标的检测（Shui et al.，2014），很多的学者基于分形的特征来区分海杂波与目标（刘宁波等，2009）。现代雷达系统为了获得较大的信号带宽，常采用高距离分辨的线性调频信号，它的频率会在脉冲发射期间发生连续线性的变化，因此仅在时域内进行处理来实现目标检测的话性能很难有大的提高，尤其是对于小目标的探测。另外，在实际工程应用领域中，绝大多数的信号是非平稳的，如海杂波，因此仅知道信号在时域或频域的全局特性是不够的，要了解信号频谱在时间上的变化情况才能实现更好的检测效果。

综上，促使了国内外很多学者使用时频分析的方法来处理信号，典型的时频分析方法有FRFT、WT、Wigner-Hough 和 Gabor 变换等。通过处理域的变换，提高能量的积累、提高信噪比，再进行特征提取来实现目标检测，通常的检测过程如图 5.9 所示。后面主要介绍 FRFT 和 WT 下的分形检测方法。

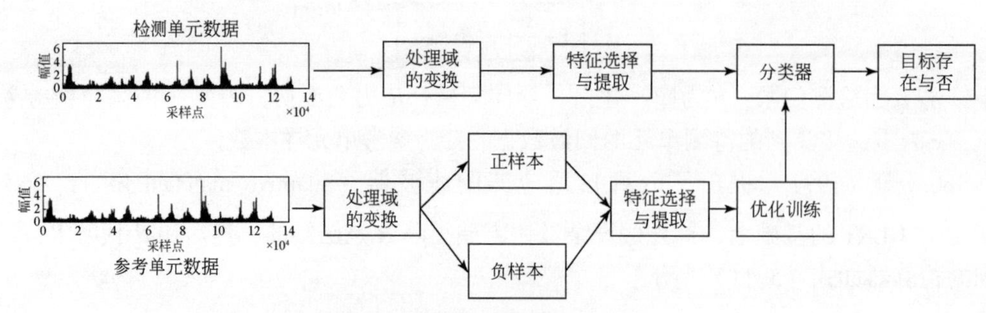

图 5.9　变换域下特征目标检测过程

1. FRFT+分形特征检测

1） FRFT

傅里叶变换是时频分析的常用工具，它反映信号在频域的全局整体特性，非常适合平稳信号的处理。分数阶傅里叶变换（FRFT）是傅里叶变换的一个扩展，是一种统一的时频变换，同时反映了信号在时、频域的信息，适合处理非平稳信号。具体的定义如下。

信号 $x(t)$ 的 p 阶 FRFT 可以表示为 $X_p(u)$，如式（5.13）所示：

$$X_p(u) = \int_{-\infty}^{\infty} K_p(u,t)x(t)\mathrm{d}t \tag{5.13}$$

其中，$K_p(u,t)$ 为核函数，如式（5.14）所示：

$$K_p(u,t)=\begin{cases} A_a\exp[j\pi(u^2\cot a-2ut\csc a+t^2\cot a)] & a\neq n\pi \\ \delta(u-t) & a=2n\pi \\ \delta(u+t) & a=(2n\pm1)\pi \end{cases} \tag{5.14}$$

式中，a 为旋转角度，$a=p\pi/2$；p 为 FRFT 的阶次，$p\neq 2n$；n 为整数。$A_a=\sqrt{1-j\cot a}$，经过变量代换 $u=u/\sqrt{2\pi}$ 和 $t=t/\sqrt{2\pi}$，式（5.14）可以进一步表示为

$$K_p(u,t)=\begin{cases} B_a\int_{-\infty}^{\infty}\exp j\dfrac{t^2+u^2}{2}\cot a-\dfrac{jtu}{\sin a} & a\neq n\pi \\ \delta(u-t) & a=2n\pi \\ \delta(u+t) & a=(2n\pm1)\pi \end{cases} \tag{5.15}$$

式中，$B_a=\sqrt{(1-j\cot a)/2\pi}$。

当 $p=1$，$a=\pi/2$，$A_a=1$，式（5.13）变为式（5.16）。可见 $X_1(u)$ 为 $x(t)$ 的普通傅里叶变换。同样，$X_{-1}(u)$ 是 $x(t)$ 的普通傅里叶逆变换。

$$X_1(u) = \int_{-\infty}^{\infty}\exp(-2j\pi ut)x(t)\mathrm{d}t \tag{5.16}$$

因为 a 为三角函数，故参数 p 的取值区间为 $p\in(-2,\ 2)$。对于不同的 p 值，FRFT 可以看作是信号 $x(t)$ 在不同域上的变换，$X_p(u_p)$ 是在 p 阶域上的表示。

FRFT 具有突出的特点：它是一种统一的时频变换，随着阶数 p 从 0 连续增长到 1，FRFT 展示出信号从时域逐步变化到频域的所有变化特征，可以为信号的时频分析提供更大的选择余地，获得某些特征或性能上的改善；它可以看作是在旋转 a 角度后在分数阶域轴上的投影，是对时频平面的旋转，利用这一点可以估计瞬时频率、恢复相位信息；它是一种线性变换，没有交叉项干扰，在具有加性噪声的多分量情况下更具优势；它非常适合处理 chirp 信号，而 chirp 信号在雷达、通信、声呐及自然界中经常遇到。

2）分形

Mondelbrot 提出分形的概念后，又先后从形式上和文字上给出了分形的定义。部分与整体以某种形式相似的形，称为分形。在定义中强调了分形的自相似性，反映了某物体（系统）的局部和整体在形态、时间、功能及某空间上具有一定的自相似性。除此之外，在分形上任选一局部区域，对它进行缩小或放大后的形态特性仍与原图相似（这种性质称为标度不变性或伸缩对称性），且具有自相似特性的物体（系统），必定满足标度不变性。因此自相似性与标度不变性是密切相关的，是分形的两个重要特性。分形维数是描述分形特征的重要参数，常用的分维数有熵维数、容量维、盒维数、信息维、广义维和关联维等。

自然界中的大多数分形现象并不具有严格的自相似性，属于非均匀分布的分形，仅仅使用单一的分形维数不能完全揭示分形的特征。对于非均匀分布的分形，可以看作由单分形集合构成的集合，各种尺度的分形具有自相似性，它的标度指数和分形维数都不再是常量，这样的分形称为多重分形。利用多重分形理论能够更深入地研究某物体（系统）的分形物理特性。

（1）单一分形特性分析方法。

分形的主要特点就是在不同的特征长度下具有自相似性。本书采用 Hurst 指数来衡量和证明海杂波经过 EEMD 分解后是否具有分形的特点。英国水文学家 H. E. HURST（赫斯特）在 1951 年研究尼罗河水库水流量和储存能力的关系时，提出用 R/S 分析法，即重标极差分析法，来建立 Hurst 指数，作为判断是完全随机序列还是分形序列（Hurst，1951）。R/S 分析法是 Hurst 指数的经典计算方法，具体步骤如下所述。

步骤 1：选定合适的标度长度 n，将原始序列 $\{X(t)\}_{t=1}^{N}$ 划分为 M 个子序列，$\{Y(t)\}_{t=1}^{n}$，$\{Y(t)\}_{t=n+1}^{2n}$，…，$\{Y(t)\}_{t=(M-1)n+1}^{Mn}$，$M=N/n$。

步骤 2：计算每个子序列的标准差，如式（5.17）所示：

$$S=\sqrt{\left(\sum_{t=1}^{n}\left(Y(t)-\overline{Y(t)}\right)^2\right)/n},\overline{Y(t)}=\sum_{t=1}^{n}\left(Y(t)\right)/n \tag{5.17}$$

步骤 3：计算每个子序列的极差，如式（5.18）所示：

$$R=\max\sum_{t=1}^{n}\left(Y(t)-\overline{Y(t)}\right)-\min\sum_{t=1}^{n}\left(Y(t)-\overline{Y(t)}\right) \tag{5.18}$$

步骤 4：针对每个子序列，用极差除以相应的标准差进行重新标度，对于标度长度为的重标极差，如式（5.19）所示：

$$RS_n=(R/S)_n=\left(\sum_{i=1}^{M}R_i/S_i\right)/M \tag{5.19}$$

步骤 5：通过改变标度长度 n，重复步骤 1～4，得到不同标度长度的重标极差序列。若 RS_n 与标度长度 n 之间满足标度不变性的分形特征，则它们应满足如下幂律关系，如式（5.20）所示，其中 C 为常数，H 为 Hurst 指数。

$$RS_n = (R/S)_n = Cn^H \tag{5.20}$$

步骤 6：使用最小二乘法进行回归，计算 Hurst 指数。

（2）多重分形特性分析方法。

本书使用多重分形去趋势起伏（MF-DFA）分析法分析检验 EEMD 分解后的海杂波的多重分形特性。Kantelhardt 等（2002）提出了 MF-DFA 分析法，它能够有效检验一个非平稳信号是否具有多重分形特性，具体过程如下。

步骤 1：对于长度为 N 的序列 $\{X(t)\}_{t=1}^{N}$ 构造去均值的和序列 $Y(t)$，如式（5.21）所示：

$$Y(t) = \sum_{k=1}^{t} (x_k - \bar{x}), t = 1, 2, \cdots, N \tag{5.21}$$

步骤 2：将新序列 $Y(t)$ 划分为 N_s 个长度为 s 的不相交的区间（$N_s = \mathrm{int}(N/s)$）。为了保证序列 $Y(t)$ 在划分过程中不丢失数据，对 $Y(t)$ 从左到右和从右到左各划分 1 次，这样，共得到 $2N_s$ 个区间。

步骤 3：对每个区间 v（$v=1, 2, \cdots, 2N_s$）内的 s 个点，用最小二乘法进行 k 阶多项式拟合，如式（5.22）所示：

$$\begin{aligned} &y_v(i) = a_1 i^k + a_2 i^{k-1} + \cdots + a_k i + a_{k+1} \\ &i = 1, 2, \cdots, s; k = 1, 2, \cdots \end{aligned} \tag{5.22}$$

步骤 4：计算均方误差，如式（5.23）所示：

$$F^2(s,v) = \begin{cases} \dfrac{1}{s}\sum\limits_{i=1}^{s} \{Y[(v-1)s+i] - y_v(i)\}, v = 1, 2, \cdots, N_s \\ \dfrac{1}{s}\sum\limits_{i=1}^{s} \{Y[N-(v-N_s)s+i] - y_v(i)\}^2, v = N_s+1, N_s+2, \cdots, 2N_s \end{cases} \tag{5.23}$$

步骤 5：对于 $2N_s$ 个区间，求 $F^2(s,v)$ 的均值，得到 q 阶波动函数 $F_q(s)$，如式（5.24）所示：

$$F_q(s) = \left\{\frac{1}{2N_s}\sum_{v=1}^{2N_s}[F^2(s,v)]^{q/2}\right\}^{1/q} \tag{5.24}$$

其中，q 可取任意不为零的实数。当 $q=0$ 时，波动函数如式（5.25）所示：

$$F_0(s) = \exp\left\{\frac{1}{2N_s}\sum_{v=1}^{2N_s}\ln[F^2(s,v)]\right\} \tag{5.25}$$

步骤 6：进行分形特性的分析，$F_q(s)$ 是关于数据长度 s 和分形阶数 q 的函数，随着 s 的增大，$F_q(s)$ 呈幂律关系增加，即 $F_q(s) \propto s^{h(q)}$，当 $q=2$ 时，$F_q(s)$ 就是标准的 DFA。$H=h(q)$ 就是 Hurst 指数，因此这里 $h(q)$ 称作广义 Hurst 指数。如果序列具有多重分形特性，则 $h(q)$ 会随 q 的变化而变化。反之，$h(q)$ 为独立于 q 的一个常数。

2. WT+分形特征检测

傅里叶变换是将信号分解成了不同频率的三角波，它的基为全局性的，没有局部化能力，以至局部一个小小的扰动也会影响全局的系数。其次，它只能获取一段信号总体上包含哪些频率的成分，但是对各成分出现的时刻并无所知，也就是没有时频分析。因此对于自然界大量存在的非平稳信号的，傅里叶变换不能发挥很好的作用。针对傅里叶变换的缺点，可以采用一个简单可行的方法就是加窗。把整个时域过程分解成无数个等长的小过程，每个小过程近似平稳，再傅里叶变换，就知道在哪个时间点上出现了什么频率了，这就是短时傅里叶变换（short-time fourier transform，STFT）。但是，STFT 的窗口要多大呢？窗口太窄，窗口内的信号太短，会导致频率分析不够精准，频率分辨率差；窗口太宽，时域上又不够精细，时间分辨率低。对于时变的非平稳信号，高频适合小窗口，低频适合大窗口。然而 STFT 的窗口是固定的，在一次 STFT 中宽度不会变化，所以 STFT 还是无法满足非平稳信号变化的频率的需求。如果能让窗口大小变起来，多做几次 STFT 也可以解决此问题，但冗余太多。针对以上问题，小波变换则是将无限长的三角函数基换成了有限长的会衰减的小波基。这样不仅能够获取频率，还可以定位到时间。下面给出信号 $x(t)$ 的连续小波变换。

$$\mathrm{WT}_x(a,\tau)=\langle x(t),\psi_{a,\tau}(t)\rangle=\frac{1}{\sqrt{a}}\int_R x(t)\psi*\left(\frac{t-\tau}{a}\right)\mathrm{d}t \tag{5.26}$$

式中，a 是尺度参数，τ 是平移参数。若 a 和 τ 不断地变化，就可以得到一族函数 $\psi_{a,\tau}(t)$，$\psi_{a,\tau}(t)$ 是给定的基函数 $\psi(t)$ 经过移位和伸缩以后得到的，我们称之为小波基函数，或简称小波基。这样，式（5.26）的 WT 又可以解释为信号 $x(t)$ 和一族小波基的内积。

小波分析中用到的小波函数 $\psi(t)$ 具有多样性。小波分析在工程应用中，一个十分重要的问题就是最优小波基的选择，不同的小波基分析同一个问题会产生不同的效果。如何选择小波基函数目前还没有一个理论标准，现实中主要考虑支撑长度、对称性、消失矩、正则性和相似性这五个因素。目前常用的小波函数有 Haar、Daubechies（dbN）、Morlet、Meryer、Symlet、Coiflet、Biorthogonal 小波等 15 种，如表 5.1 所示。

表 5.1　小波函数列表

小波函数	正交性	双正交性	紧支撑性	对称性	支撑长度	连续小波	离散小波
Haar	有	有	有	对称	1	可以	可以
Daubechies（dbN）	有	有	有	近似对称	2N-1	可以	可以
Biorthogonal	无	有	有	不对称	重构：2Nr+1 分解：2Nd+1	可以	可以
Coiflet	有	有	有	近似对称	6N-1	可以	可以
Symlet	有	有	有	近似对称	2N-1	可以	可以
Morlet	无	无	无	对称	有限长度	可以	不可以
Mexican Hat	无	无	无	对称	有限长度	可以	不可以
Meryer	有	有	无	对称	有限长度	可以	可以
Gaus	无	无	无	对称	有限长度	可以	不可以

续表

小波函数	正交性	双正交性	紧支撑性	对称性	支撑长度	连续小波	离散小波
Dmeyer	无	无	无	对称	有限长度	不可以	可以
ReverseBior	无	有	无	对称	有限长度	可以	可以
Cgau	无	无	无	对称	有限长度	不可以	不可以
Cmor	无	无	无	对称	有限长度	不可以	不可以
Fbsp	无	无	无	对称	有限长度	不可以	不可以
Shan	无	无	无	对称	有限长度	不可以	不可以

WT具有突出的特点：它具有多尺度多分辨率的特点，可以由粗到细地逐步观察信号。适当地选择小波基，可以使信号 $x(t)$ 在时域上有限支撑，$x(w)$ 在频域上也比较集中，通过小波变换后在时域频域都有表征信号局部特征的能力，这样就有利于检测信号的瞬态或奇异点。

5.2 海杂波实验数据

5.2.1 实测数据

本研究使用的海杂波数据为加拿大McMaster大学IPIX（intelligent pixel processing X-band）雷达数据，是目前国内外很多学者进行海杂波方面研究时普遍使用的且被认可的实测数据。IPIX雷达为X波段相干双极化雷达，分别是1993年和1998年采集的数据，具体的参数如表5.2所示。为方便广大国内外学者研究，于2001年6月在官方网站上公布。该数据库包含不同海况下采集的392组数据，每组有14个距离单元的回波数据，每个距离单元的数据是由连续的131072个采样点数据组成，每个数据包含I和Q通道的数据。

表5.2 IPIX雷达参数

变量	1993年参数	1998年参数
载频/GHz	9.3	9.3
脉冲重复频率/Hz	1000	1000
采样频率/MHz	10	10
雷达纬度/(°)	44.62	43.21
雷达经度/(°)	63.43	79.6
天线高度/m	30	20
雷达方位角/(°)	128.919	344.517
掠射角/(°)	0.3	0.32
波速宽带/(°)	0.9	0.9
极化方式	HH VV	HH HV VH VV
工作模式	驻留	驻留

为了验证海杂波下小目标的检测算法的效果，本书采用的数据均为具有小目标的数据组。该数据包含主要目标回波、次要目标回波和海杂波回波三种形式。主要目标回波是指某距离单元目标回波最强的信号序列，次要目标回波是指某距离单元受目标影响的信号序列，一般为周围的距离单元。目标为包裹着铝箔的直径为 1m 的聚乙烯球，且锚定在海面上。相关信息如表 5.3 所示。

表 5.3 IPIX 雷达数据信息

编号	最大波高	有效波高	风向/(°)	风速/(m/s)	目标方位/(°)	目标距离/m	目标所在单元	影响单元
17#	3.1	2.1	301	2.78	128	2660	9	8~11
18#	3.08	2.08	303	2.78	128	2660	9	8~11
19#	3.05	2.05	308	3.33	130	5525	8	7~9
25#	1.55	1.01	206	2.50	128	2660	7	6~8
26#	1.56	1.0	211	2.50	128	2660	7	6~8
30#	1.25	0.89	210	5.28	128	2660	7	6~8
31#	1.28	0.89	206	4.17	128	2660	7	6~9
40#	1.34	0.9	208	2.50	128	2660	7	5~8
54#	0.97	0.66	308	5.56	128	2660	8	7~10
280#	2.40	1.44	216	3.06	170	2655	8	7~10
283#	2.11	1.30	0	0	170	2655	10	8~12
310#	1.38	0.90	313	9.17	170	2655	7	6~9
311#	1.38	0.90	313	9.17	170	2655	7	6~9
320#	1.34	0.91	317	7.5	170	2655	7	6~9

5.2.2 仿真数据

由于 IPIX 数据的 SNR 不能明确，仅仅根据数据网站说明，信噪比平均为 0~6dB。为了能更好地验证算法的有效性，使用蒙特卡罗仿真的方法，以 17#数据作为海杂波实测数据，通过控制 SNR 产生 Swerling I 型目标，目标的幅值服从瑞利分布，如图 5.10 所示。

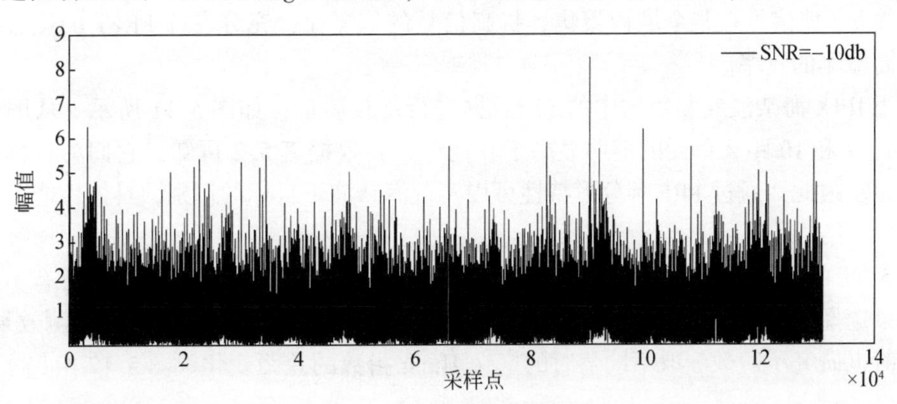

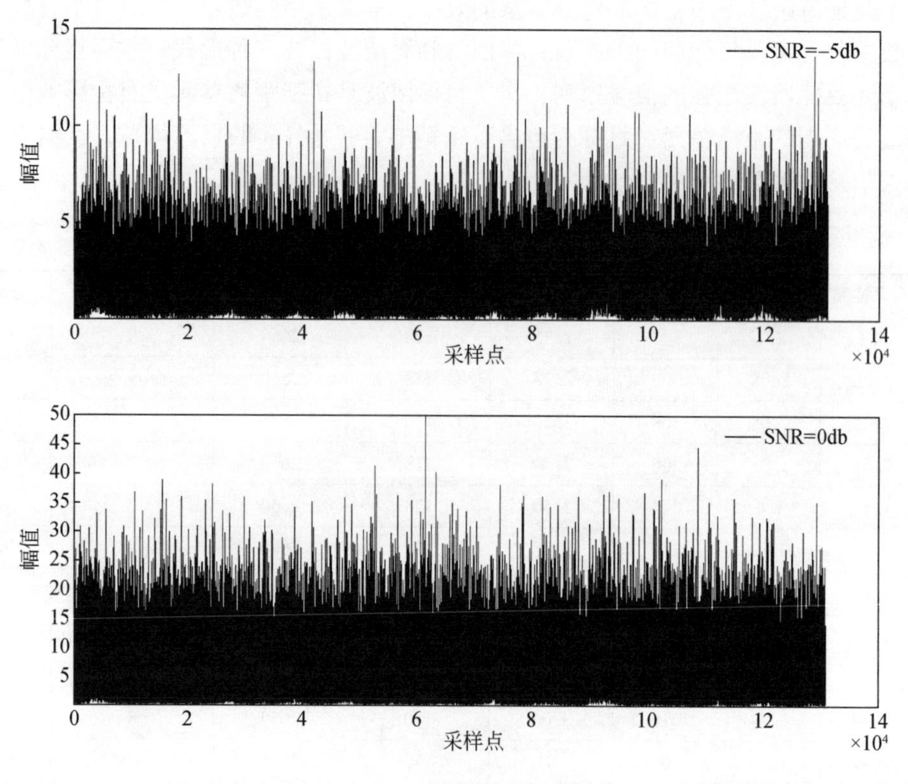

图 5.10　不同信噪比的仿真数据

5.2.3　海杂波下目标检测

1. FRFT+分形特征检测效果

海杂波是一种非线性非平稳的信号，具有自相似性，即分形的特征。并且当存在目标时，海杂波的分形特性会受到影响，所以可以通过有无目标的分形特性的差异来实现目标的检测。但是，对于实测海杂波数据在某些情况下分形特性体现的不够明显的，如复杂的环境、小目标等。因此，将海杂波信号首先进行 FRFT 操作，选择合适的阶数 p，即旋转角度参数 a，使信号在某个域内聚集，提高信号的信噪比，充分发挥 FRFT 的优势，这样可以提高检测的效率。

使用 IPIX 海杂波实测数据中的 17#数据进行比较验证，如图 5.11 所示。从图中可以发现，8、9 和 10 距离单元的值明显高于其他单元，根据表 5.2 可知，它们为目标单元或影响单元。因此，通过 FRFT+分形特性可以实现海杂波下目标的识别，具体性能可以参考图 5.3 中的结果。

图 5.11 的结果是阶数 p 取 0.5 时得到的结果，那么对于不同的 p，是否会有不同的差异。如果选择最佳的阶数，会使得有无目标的广义 Hurst 指数的差距最大，检测效果最好。本书同时也研究了阶数 p 取不同值时的广义 Hurst 指数的差距变化。图 5.12 给出了 17#数

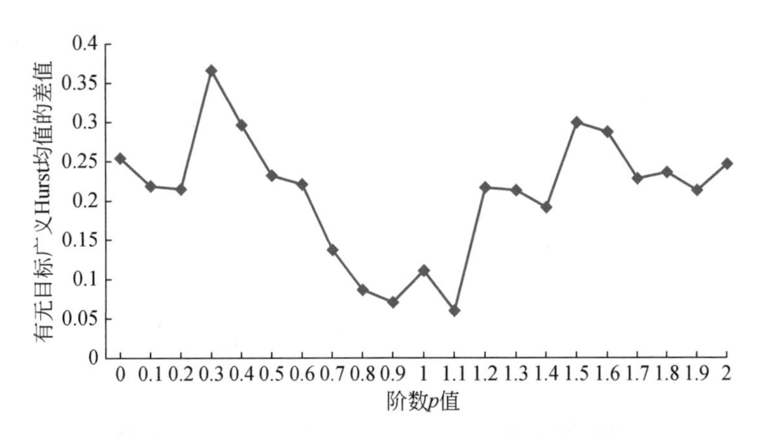

图 5.11　17#数据各距离单元海杂波序列经 FRFT 后的广义 Hurst 指数

据各距离单元海杂波序列经参数不同的 FRFT 后广义 Hurst 指数均值的差值。从图 5.11 中可以发现，当 p 等于 0.3 和 1.5 的时候差值较大，因此检测效果更好。当 p 在 1 的附近是较小值，也说明 FRFT 比 FFT 效果要好。

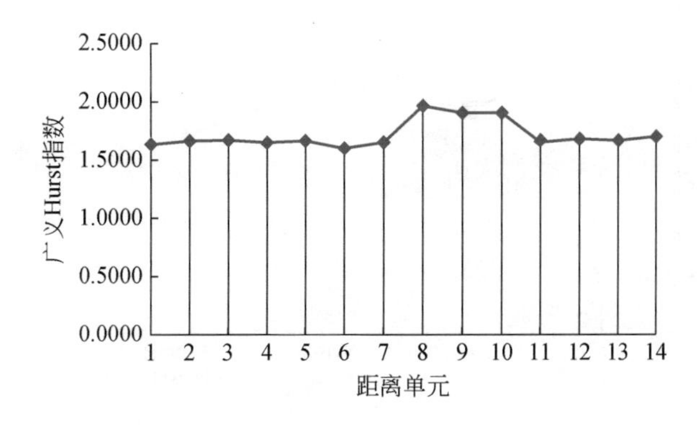

图 5.12　17#数据不同的阶数广义 Hurst 指数均值的差值

2. WT+分形特征检测效果

使用 IPIX 海杂波实测数据中的 17#数据，通过 Haar 小波变换分别得到近似分量和细节分量，然后分别计算各单元广义 Hurst 指数进行比较验证，如图 5.13 所示。从图 5.13 中可以发现，无论是近似分量还是细节分量 8、9 和 10 距离单元的值明显高于其他单元，根据表 5.2 可知，它们为目标单元或影响单元。因此，通过 WT+分形特性可以实现海杂波下目标的识别，具体性能可以参考图 5.3 中的结果。

图 5.13 的结果是小波基为 Haar 函数时得到的结果，那么对于不同的小波基，是否会有不同的差异。如何选择最佳的小波基，会使得有无目标的广义 Hurst 指数的差距最大，检测效果最好。本章同时也研究了不同小波基的广义 Hurst 指数的差距变化。图 5.14 给出了 17#数据各距离单元海杂波序列经不同小波基的 WT 后广义 Hurst 指数均值的差值。从图中可以发现，无论是近似分量还是细节分量，差值的差距变化不大，虽然使用 Haar 小波基的时候差值略大，但不能说明任何问题。在未来的研究中，在这方面可以继续探讨和分析。

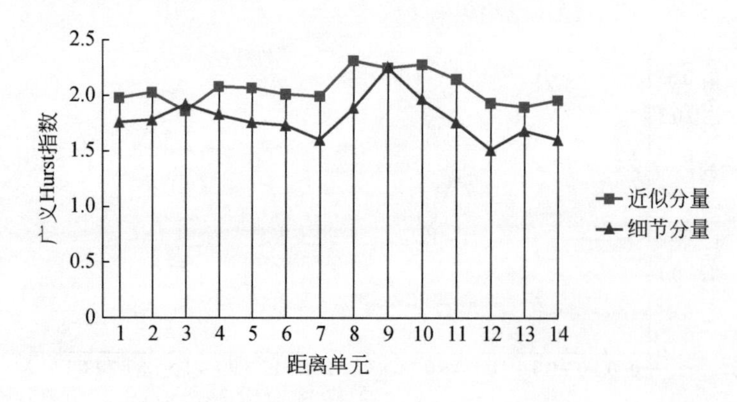

图 5.13　17#数据各距离单元海杂波序列经 WT 后的广义 Hurst 指数

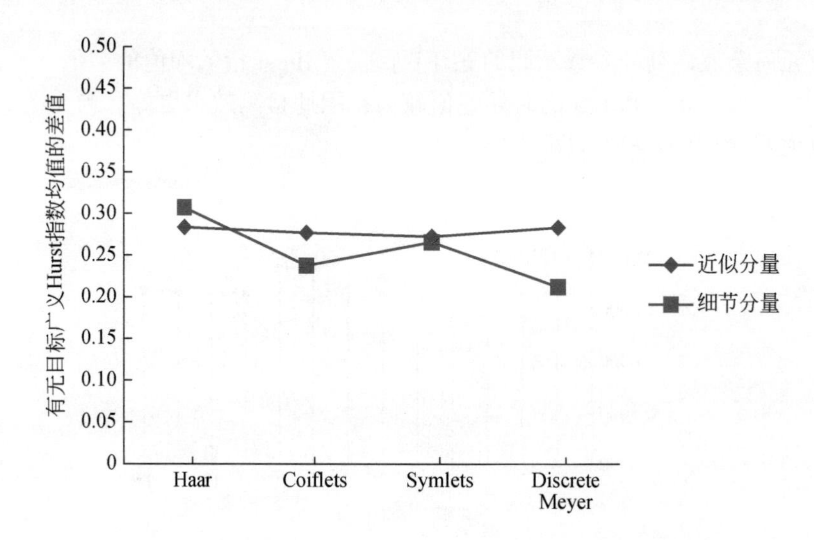

图 5.14　17#数据不同的小波基广义 Hurst 指数均值的差值

5.3　基于 EEMD 和多重分形的小目标检测

5.3.1　引言

传统的目标检测方法使用统计模型来分析海杂波的统计特性，但是统计模型通常忽略了海杂波的非线性非稳定的性质，并且特征信息也受到了很大的限制。因此，无法有效的探测小目标。为了提高检测的性能，很多学者做了很多方面的研究。1975 年美国 IBM 公司研究中心物理部研究员、哈佛大学数学教授 Mandelbrot（1982）首次提出了分形的概念。分形理论使人们能以新的观念、新的手段来处理某些难题，透过扑朔迷离的无序的混乱现象和不规则的形态，揭示隐藏在复杂现象背后的规律、局部和整体之间的本质联系。

它被广泛地应用于自然科学和社会科学的各个领域，尤其是在雷达信号处理方面具有重要的应用价值和广阔的发展前景。Haykin 和 Li（1995）利用混沌理论对海杂波进行研究，证明了海杂波存在混沌的吸引子。Lo 等（1993）首次应用分形理论的单一分形维数实现了海杂波中的目标检测。Salmasi 和 Modarres-Hashemi（2009）对分形维数的分布进行了统计检验，证明了其分布服从高斯分布的特点，并设计了一个分形恒虚警（CFAR）检测器。随着分形理论的发展，研究人员发现单一的分形维数不能揭示出产生相应结构的动力学特征，仅标志着该结构的自相似性，而多重分形测度分析可以弥补这一缺点。Gao 和 Yao（2002）验证了海杂波数据具有多重分形的特点。随后，很多研究人员将海杂波的多重分形性质应用到海上目标探测中，并取得了较好的检测效果。他们使用较多的分析方法有去趋势波动分析法（DFA）、多重分形去除趋势波动剖析（MF-DFA）、小波模极大值（WTMM）和 Q 阶矩布局分解函数（Q-MSPF）等（张磊，2014）。但是，当信噪比（SCR）很低的时候，海杂波和目标的时域内多重分形特征的差异性不是很明显，很难有效区分海杂波和目标。为有效地提升 SCR，很多学者在频域中引入分形分析的方法，来实现微弱目标的探测。Chen 等（2013）利用信号在 FRFT 域聚集的特性，分析了实测海杂波在分数阶傅里叶变换（FRFT）域的分形特征，并实现了对运动目标的检测。刘宁波等（2012）阐述了分数布朗运动（FBM）在时域和频域中具有分形特性，并采用 X 波段和 S 波段实测海杂波数据验证频域中海杂波的分形特性。黄晓斌等（2005）将小波变换与分形技术相结合，基于某型雷达的实测海杂波数据，在低信噪比情况下实现了目标的检测，仿真结果表明了该检测方法的有效性。石志广等（2006）提出一种基于小波和多重分形理论的模型，并能够较好地模拟海杂波的统计特性和多重分形特性。对于非线性非平稳的信号，傅里叶变换可能会引入虚假的谐波成分，因此会造成能量的扩散。小波变换的分解结果很大程度取决于小波基函数的选取，故自适应性较弱。

4.3.1 节介绍过通过 EMD 将原始信号分解为不同尺度的一系列反映原始信号特征的 imf 分量和一个余量之和的形式。EMD 具有多尺度多分辨率的特性，是一个不断循环迭代的过程，更加适合于解决非线性和非平稳系统的问题，目前 EMD 已经被应用到图像处理、目标识别以及故障诊断等多个领域。肖春生等（2011）利用海杂波和目标在 EMD 分解后的特性区别实现了海杂波环境下的目标检测。张建等（2011a，2011b，2012a，2012b）使用 HHT 处理实测海杂波数据，然后采用边际谱隶属度、固有模态能量熵、Hilbert 谱的平均带宽等一系列手段对海杂波中的目标进行检测。本书分析了海杂波数据经过 EMD 分解后的分形特性，并将 EMD 和分形相结合，充分发挥各自的优势，提出了一种海杂波下微弱目标的检测方法，通过实测海杂波数据验证了该算法的有效性。

5.3.2 海杂波 EEMD 分解后的分形特性分析

针对 IPIX 雷达 17#和 280#数据的每个距离单元，用 EEMD 方法将其分解为 10 个 imf 分量，其中 17#数据第 3 个距离单元的 imf 如图 5.15 所示。

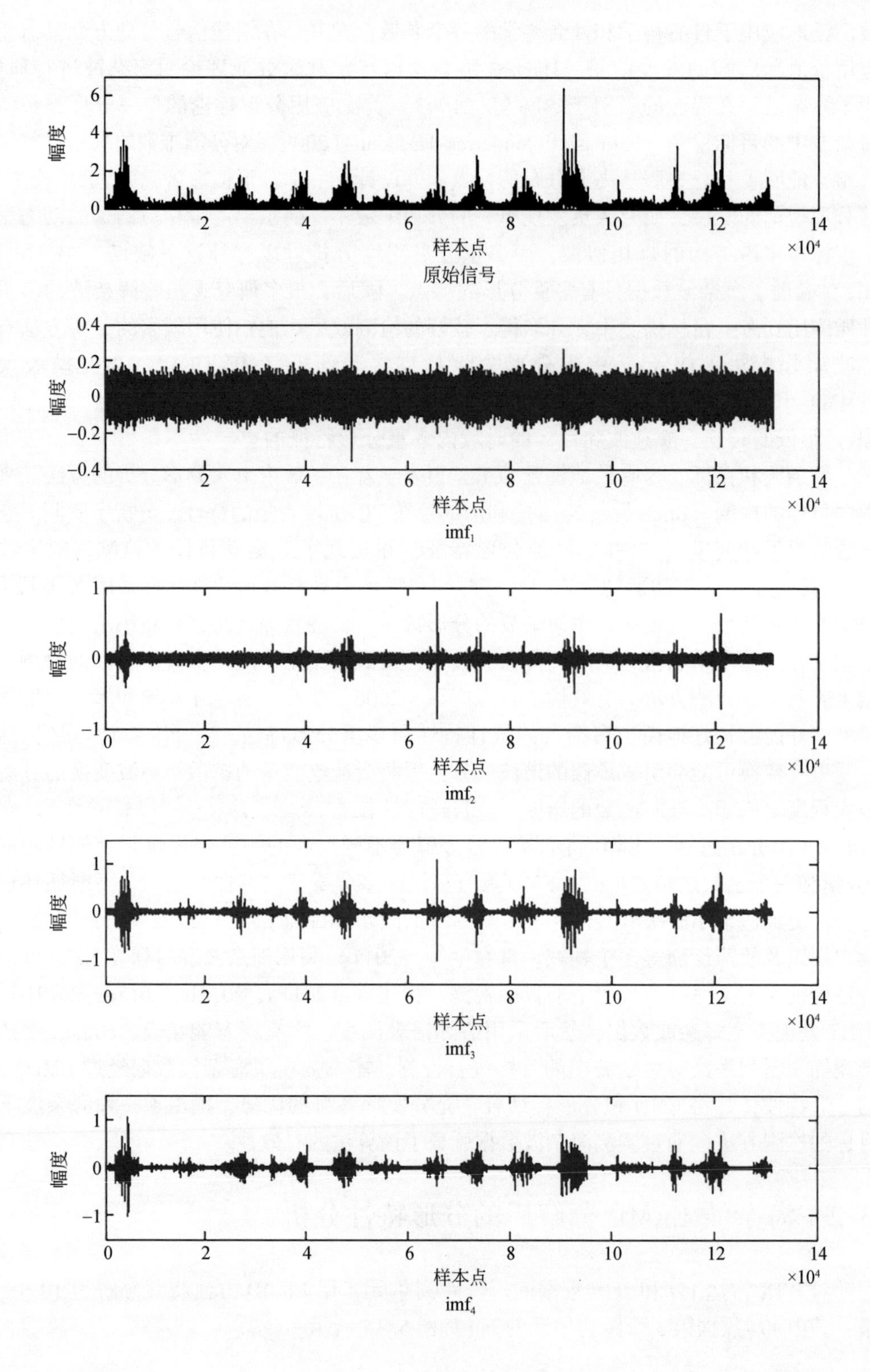
幅度
样本点
×10^4
原始信号
幅度
样本点
×10^4
imf1
幅度
样本点
×10^4
imf2
幅度
样本点
×10^4
imf3
幅度
样本点
×10^4
imf4

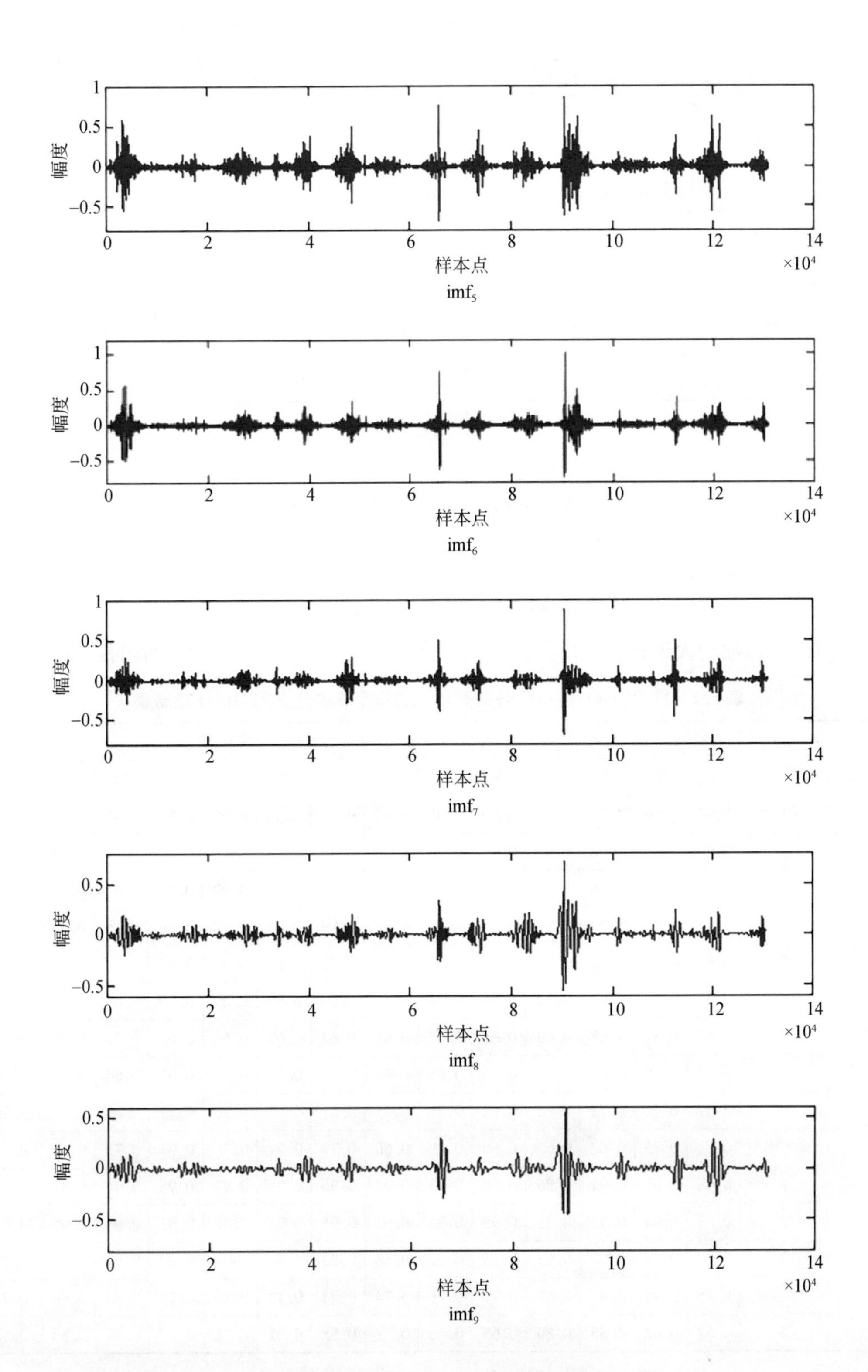
幅度
样本点
×10^4
imf5
幅度
样本点
×10^4
imf6
幅度
样本点
×10^4
imf7
幅度
样本点
×10^4
imf8
幅度
样本点
×10^4
imf9

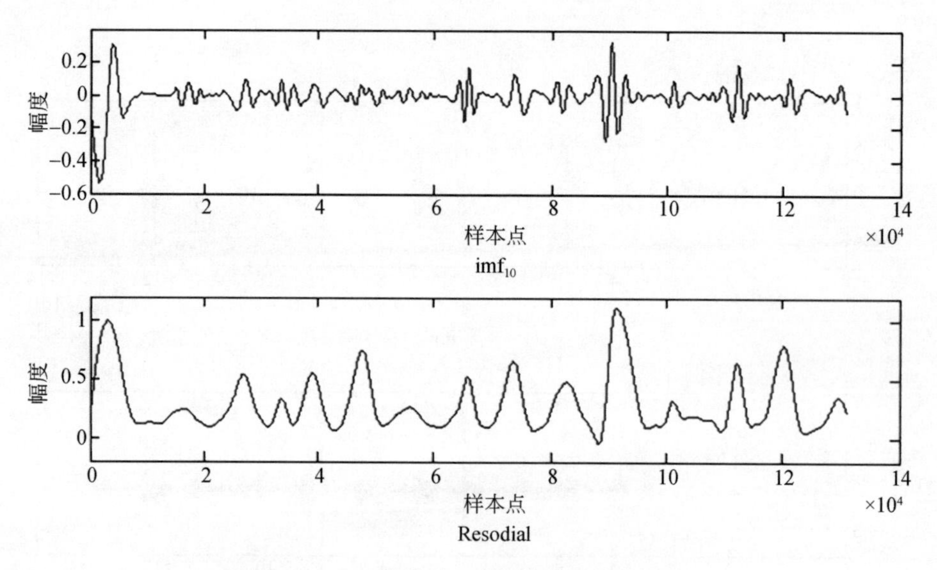

图 5.15　17#数据第 3 个距离单元的分解图

1. 单一分形验证

使用 R/S 分析法计算 Hurst 指数如表 5.4 所示。从表 5.4 的结果可以看出，所有的 imf 分量的 Hurst 指数均大于 0.5，即表明 EEMD 分解后的海杂波信号具有分形的特点。

表 5.4　17#和 280#数据的各距离单元的每个 imf 分量的 Hurst 指数值

数据编号	imf 序号	各距离单元 imf 分量的 Hurst 指数值													
		1	2	3	4	5	6	7	8	9	10	11	12	13	14
17#	1	0.97	0.96	0.90	0.98	0.99	0.94	0.98	0.93	0.94	0.96	0.95	0.93	0.95	0.98
	2	0.90	0.84	0.86	0.97	0.95	0.93	0.96	0.99	0.92	0.99	0.96	0.97	0.98	0.95
	3	0.94	0.81	0.86	0.97	0.99	0.94	0.94	0.99	0.93	0.90	0.92	0.95	0.91	0.94
	4	0.84	0.75	0.79	0.92	0.84	0.80	0.86	0.89	0.81	0.78	0.76	0.86	0.77	0.92
	5	0.62	0.55	0.70	0.78	0.80	0.73	0.64	0.71	0.65	0.60	0.57	0.70	0.72	0.81
	6	0.54	0.66	0.63	0.72	0.76	0.71	0.64	0.70	0.69	0.69	0.50	0.67	0.67	0.75
	7	0.63	0.61	0.68	0.69	0.67	0.62	0.62	0.62	0.67	0.66	0.62	0.53	0.68	0.69
	8	0.65	0.65	0.61	0.70	0.68	0.65	0.54	0.65	0.72	0.73	0.61	0.64	0.60	0.70
	9	0.67	0.72	0.73	0.63	0.62	0.71	0.55	0.67	0.68	0.70	0.73	0.60	0.69	0.76
	10	0.73	0.75	0.62	0.65	0.66	0.69	0.66	0.73	0.71	0.70	0.77	0.73	0.69	0.66
280#	1	0.98	0.97	0.97	0.96	0.98	0.93	0.94	0.96	0.98	0.97	0.96	0.94	0.95	0.91
	2	0.95	0.94	0.93	0.96	0.95	0.92	0.92	0.95	0.91	0.96	0.91	0.94	0.95	0.95
	3	0.80	0.93	0.91	0.95	0.95	0.92	0.88	0.83	0.83	0.94	0.89	0.93	0.90	0.96
	4	0.76	0.94	0.97	0.87	0.79	0.76	0.74	0.74	0.78	0.86	0.75	0.85	0.66	0.71
	5	0.67	0.82	0.85	0.80	0.65	0.66	0.74	0.58	0.61	0.78	0.57	0.71	0.56	0.58

续表

数据编号	imf 序号	各距离单元 imf 分量的 Hurst 指数值													
		1	2	3	4	5	6	7	8	9	10	11	12	13	14
280#	6	0. 57	0. 73	0. 76	0. 68	0. 60	0. 58	0. 59	0. 46	0. 63	0. 54	0. 60	0. 69	0. 57	0. 54
	7	0. 68	0. 75	0. 72	0. 67	0. 63	0. 57	0. 71	0. 65	0. 48	0. 57	0. 59	0. 66	0. 57	0. 59
	8	0. 55	0. 69	0. 72	0. 66	0. 55	0. 50	0. 54	0. 62	0. 49	0. 60	0. 58	0. 70	0. 61	0. 62
	9	0. 69	0. 68	0. 67	0. 72	0. 56	0. 61	0. 67	0. 62	0. 60	0. 66	0. 59	0. 59	0. 56	0. 65
	10	0. 75	0. 67	0. 77	0. 77	0. 70	0. 61	0. 71	0. 64	0. 68	0. 71	0. 66	0. 69	0. 69	0. 67

2. 多重分形验证

使用 MF-DFA 分析法计算广义 Hurst 指数，通过计算可以发现每一个 imf 分量的 $h(q)$ 都是随 q 在变化，因此 EMD 分解后的海杂波信号具有多重分形的特点。本书只显示了17#号数据第 3 和第 9 单元的第 3、4、5 的 imf 分量的 $h(q)$ 随 q 变化的曲线，如图 5. 16 所示。

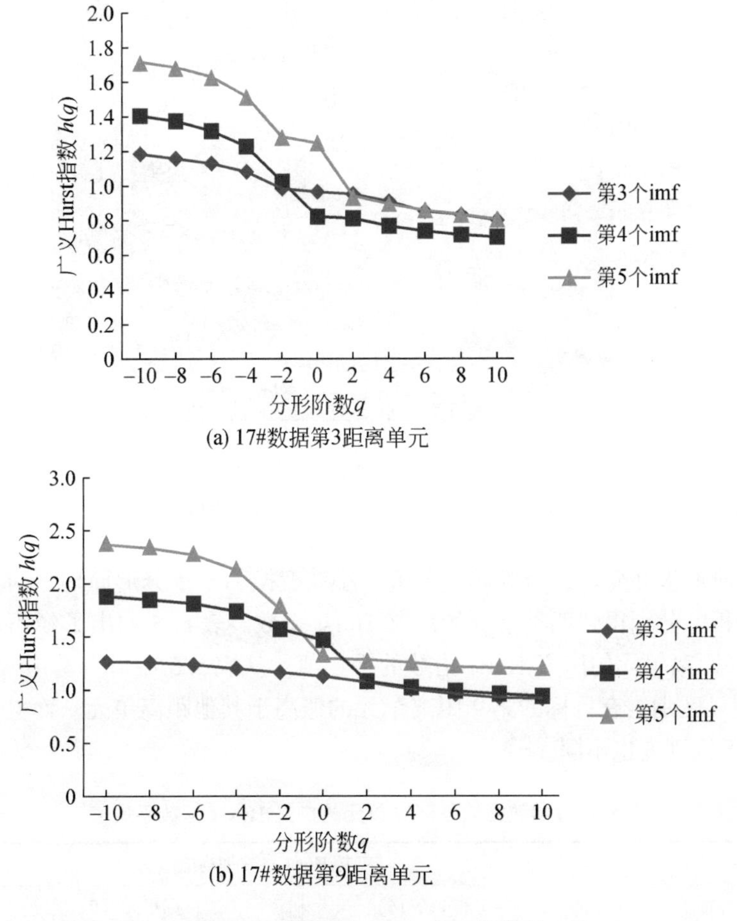

(a) 17#数据第3距离单元

(b) 17#数据第9距离单元

图 5. 16　海杂波 $h(q)$ 和 q 的关系

5.3.3　目标检测

1. 实测数据

海杂波下目标探测的实验可分为训练和测试两个过程。数据采用 IPIX 雷达数据，相关信息如表 5.2 所示。共 14 组数据，每组数据包括 14 个单元，每个距离单元的数据是由连续的 131072 个采样点数据组成。将每一号数据的每一个单元分为 32 段，共计 14×14×32=6272 段数据，其中共有 196 段数据为有目标的单元，每段的数据长度为 131072÷32=4096。随机选取 200 个无目标的数据段和 196 个有目标的数据段作为实验数据。一半用于训练，一半用于测试。目标为包裹着铝箔的直径为 1m 的聚乙烯球，且锚定在海面上。图 5.17 表示了 17#数据的方位–距离–幅值图，该数据中的目标在方位角 128°，径向距离为 2660m 的位置。从图 5.17 中想要识别出海杂波下的小目标是很困难的。

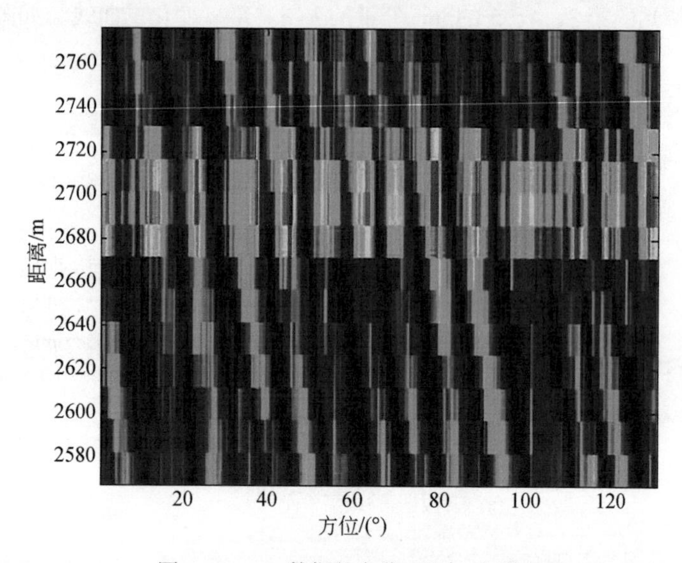

图 5.17　17#数据的方位–距离–幅值

根据分数阶傅里叶变换、经验模式分解、小波变换和多重分形原理，对有无目标的数据信号进行分析，分别得到四种情况的广义 Hurst 指数。表 5.5 列出了经不同的数据处理后，17#数据各距离单元的广义 Hurst 指数的平均值。从表 5.5 中可以看出，有无目标的 $h(q)$ 的值有明显区别，有目标的第 9 距离单元的值高于其他距离单元。而且不同方法下的分形，$h(q)$ 的区别度也不同。

表 5.5　17#数据的各距离单元的广义 Hurst 指数平均值

不同处理域下的分形方法	广义 Hurst 指数平均值		
	海杂波单元（1～7 和 11～14）	主目标单元（9）	差值
时间域	2.009	2.224	0.215
FRFT 变换域	1.674	1.912	0.238

续表

不同处理域下的分形方法	广义 Hurst 指数平均值		
	海杂波单元（1～7 和 11～14）	主目标单元（9）	差值
WT 变换域	2.007	2.261	0.254
EMD 分解	1.359	1.726	0.367

很多学者已经研究了很多关于目标识别的机器学习算法，如 SVM、adaboost、随机森林、神经网络和极限学习（Zhang and Zhang，2016，2017；Zhang et al.，2016）。本书选择 SVM 作为分类器，主要步骤如下。

步骤 1：使用 EEMD 方法分解得到 10 个 imf 分量和 1 个剩余量。

步骤 2：信号的主要能量集中在前三个分量（关键和张建，2011），因此本算法只选择前三个作为研究对象。

步骤 3：计算前三个 imf 分量的每个距离的 $h(q)$ 值，并建立特征向量 $\boldsymbol{T}$。

$$\boldsymbol{T}=[h(q)_{1,i},h(q)_{2,i},h(q)_{3,i}] \quad i=(1,2,3,\cdots,14) \tag{5.27}$$

其中，i 为距离单元的编号。

步骤 4：使用 SVM 分类器，选择分类器的核函数为径向基函数，惩罚系数 $c=1$，核函数参数 $g=1$，其他参数取默认值。

步骤 5：按式（5.28）计算准确率。

$$\text{Accuracy}=\frac{\text{准确分类的数量}}{\text{总的测试集数量}}\times 100\% \tag{5.28}$$

对比不同域中使用多重分形的方法，如表 5.6 所示。从表 5.6 中可以发现 EEMD 结合多重分形的方法能够有效地实现海杂波下小目标的识别。

表 5.6　EEMD 结合多重分形的方法与类似方法准确率比较结果（实测数据）

不同处理域下的分形方法	准确率 Accuracy/%		
	数据集 A（50 个有目标，50 个无目标）	数据集 B（80 有目标，120 个无目标）	数据集 C（100 个有目标，100 个无目标）
时间域	65	61	59
FRFT 变换域	81	80	79
WT 变换域	79	81	77
EMD 分解	84	83	81

2. 仿真数据

使用 5.2.2 节中的仿真模拟数据当虚警概率 $P_{\mathrm{fa}}=1\%$ 时，使用不同的方法后的检测概率 P_{d} 如表 5.7 所示。

表 5.7　EEMD 结合多重分形的方法与类似方法准确率比较结果（仿真数据）

不同处理域下的分形方法	P_d/%		
	SCR=−10dB	SCR=−5dB	SCR=0dB
时间域	47	52	81
FRFT 变换域	79	83	85
WT 变换域	76	79	83
EMD 分解	84	89	91

5.3.4　结论

海杂波的研究属于非线性和非平稳系统的问题，它受海洋表面状态、雷达参数等因素的影响，具有一定的复杂性。很多学者从统计特性和混沌特性进行了研究，取得了一定的成果，其中海杂波具有多重分形的特性也得到了证实。为了能够更好地提升 SCR，实现微弱目标的探测，一些研究者进行了频域内的多重分形研究，效果较好。由于 EMD 方法在信号分析中具有优良特性，本研究首先将实测海杂波数据进行分解，然后证明其 IMF 分量具有多重分形的特性，最后利用 EMD 和多重分形相结合的方法进行了实测海杂波下目标的探测。实验结果表明该方法能够较好地区分海杂波和目标，并且相比其他相似的方法在性能上有所提高。

5.4　基于 EEMD 和相关系数的小目标检测

5.4.1　相关性特征提取

相关系数（correlation coefficient，Corr）能够反映变量之间相关程度。很多学者利用该统计指标作为特征值来进行故障诊断、目标探测等（赵志宏，2013；Cheng et al.，2016；Imamura et al.，2011）。两个数据向量 X 和 Y 的相关系数如式（5.29）所示，它的取值范围为［−1，1］，值越大说明向量 X 和 Y 的相关程度越高。

$$\mathrm{Corr}(\boldsymbol{X},\boldsymbol{Y})=\frac{\sum_{i=1}^{n}(X_i-\bar{X})(Y_i-\bar{Y})}{\sqrt{\sum_{i=1}^{n}(X_i-\bar{X})^2\sum_{i=1}^{n}(Y_i-\bar{Y})^2}}\tag{5.29}$$

式中，n 为向量 X 和 Y 的数据量。

针对 IPIX 雷达数据，使用 EEMD 方法将每一号数据的每一个单元进行分解得到不同尺度的 10 个 imf 独立分量，分析每个独立分量有无目标单元与未分解前单元信号本身的相关性。通过分析可以得到：当目标出现时，目标距离单元前 5 个 imf 分量与未分解前单元信号的相关系数将减小。图 5.18 给出了 17#号数据第 1 到 6 个 imf 分量的各个单元与未分解前单元信号本身的相关系数值。产生这种现象的主要原因是 EEMD 分解得到的各个分量是由高频到低频，IPIX 数据中的目标为包裹着铝箔的直径为 1m 的聚乙烯球，且锚定在海面上，频率较高，主要影响高频部分，导致高频部分的相关系数发生差异性。

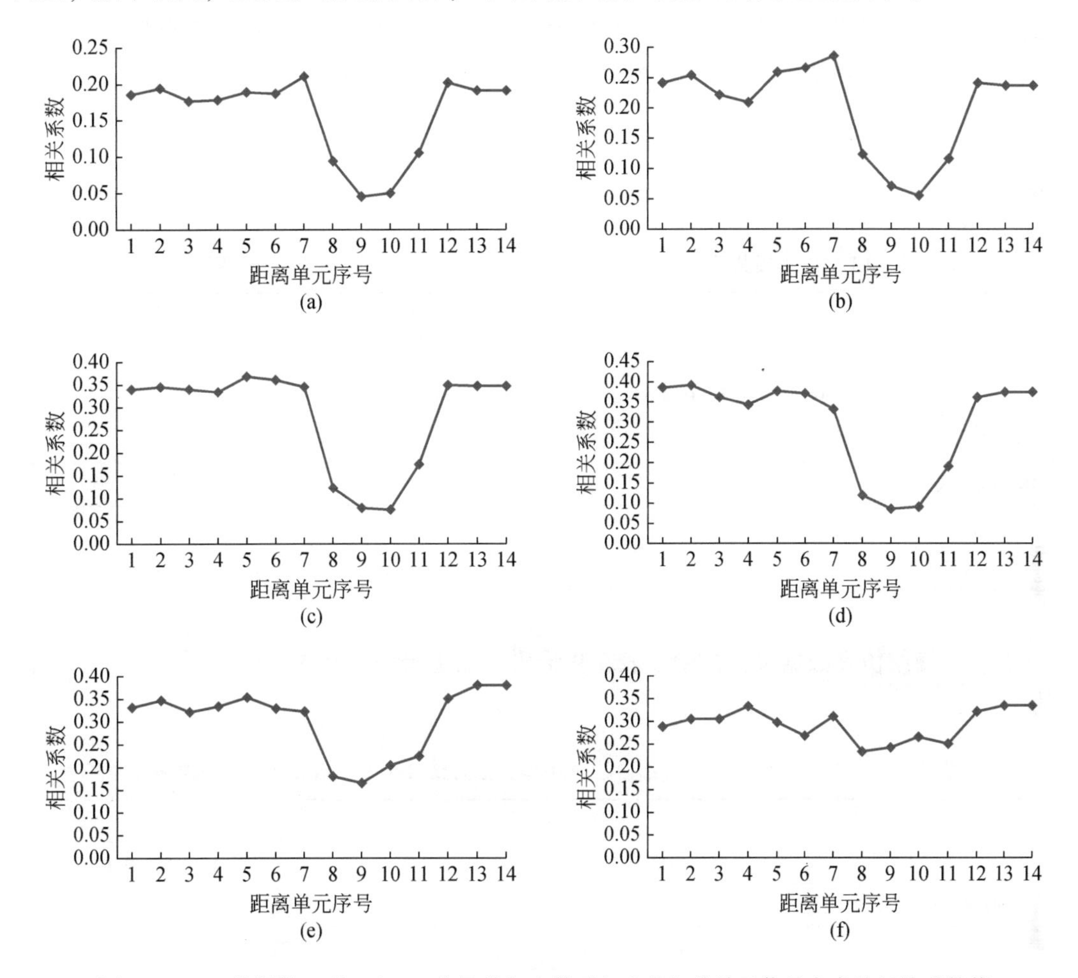

图 5.18　17#数据第 1 到 6 个 imf 分量的各个单元与未分解前单元信号本身的相关系数值

5.4.2　目标检测

本书的算法步骤如下。

步骤 1：通过 EEMD 算法将海杂波信号分解，得到 10 个 imf 分量和 1 个剩余量。根据前面分析，选取数据段第 1 到 5 个 imf 分量。

步骤 2：计算数据段第 1 到 5 个 imf 分量与未分解前信号本身的相关系数值，并作为特征向量 $\boldsymbol{T}$。

$$\boldsymbol{T}=[\mathrm{Corr}_i],\quad i=(1,2,3,4,5) \tag{5.30}$$

式中，i 为 imf 分量的编号。

步骤3：使用SVM作为分类器，选择径向基函数为SVM分类器的核函数，惩罚参数 $c=1$，核函数参数 $g=1$，参数取默认值。

首先使用IPIX数据，为体现本研究算法的有效性和检测性能，这里与三种具有代表性的分形目标检测算法比较：时域和FRFT域多重分形、EEMD分解后多重分形的检测方法进行比较。这两种方法分别在时域和FRFT域内，使用多重分形去趋势起伏分析法（MF-DFA）来计算广义Hurst指数，并将其作为特征向量，通过SVM方法进行分类。如表5.8所示，结果表明EEMD和相关系数相结合的算法能够较好地实现海杂波下目标的探测。

表5.8　EEMD和相关系数相结合的算法与类似方法准确率比较结果（实测数据）

方法	准确率/%		
	数据集A（50个目标，50个无目标）	数据集B（80个目标，20个无目标）	数据集C（100个目标，00个无目标）
时域多重分形	65	61	59
FRFT域多重分形	81	80	79
WT分解后多重分形	76	79	83
本书算法	85	82	80

其次，使用仿真数据进行试验，表5.9给出了在虚警率（P_{fa}）为1%时，该算法的检测概率（P_d）。

表5.9　EEMD和相关系数相结合的算法与类似方法准确率比较结果（仿真数据）

方法	P_d/%		
	SCR=-10dB	SCR=-5dB	SCR=0dB
时域多重分形	47	52	81
FRFT域多重分形	79	83	85
WT分解后多重分形	76	79	83
本书算法	83	85	89

5.4.3　结论

利用海杂波有效探测海上小目标是目前雷达探测领域的热点问题，具有重要的应用价值。鉴于海杂波是一种非线性非平稳性的雷达回波信号，充分发挥整体平均经验模式分解的优势，将海杂波分解为若干个不同尺度的独立分量。通过研究发现，有目标时分解出的前5个分量与未分解前信号的相关系数明显减小，因此提出了一种新的海杂波背景下的目标检测方法。通过实测和模拟的海杂波数据进行训练和测试，研究结果表明，该方法能有效地实现海杂波下目标的探测，性能优于经典时域下、分数阶傅里叶变换域下以及小波分解后的广义 Hurst 指数的目标检测方法。

5.5　小　　结

本章第一部分首先归纳了雷达目标检测的分类和方法，接着从雷达方程入手，分别介绍了 4 种目标模型和 4 种杂波模型，并讲述了检测概率和虚警概率的定义，以及在雷达照射下，海面的后向散射回波—海杂波的特性和影响因素。同时通过仿真四种 Swerling 目标起伏模型和非起伏情况，使用门限检测方法，当虚警率为 1×10^{-6} 时，在不同的信噪比下进行了检测概率的比较。然后介绍了非相参积累和相参积累的概念。最后介绍了典型的海杂波下目标识别的主要方法：恒虚警检测、自适应匹配检测、变换域下的特征检测。

本章第二部分给出了海杂波目标检测的实测雷达数据和模拟数据，以便用于算法的验证。

本章第三部分分析了海杂波通过 EEMD 分解后的分形特性，分别研究了分解后无目标的海杂波和有目标的海杂波的多重分形特征的差异以及相关系数的差异，提出了基于 EEMD 结合多重分形以及相关系数的小目标检测方法。通过实测海杂波数据和模拟数据的验证，与其他同类算法进行比较，检测的准确率得到了提高。未来该方法仍需在不同的海杂波环境、不同的雷达参数情况下进行测试完善。

参 考 文 献

关键，张建，2011. 基于固有模态能量熵的微弱目标检测算法. 电子与信息学报，33（10）：2494-2499.

何友，黄勇，关键，等，2014. 海杂波中的雷达目标检测技术综述. 现代雷达，36（12）：1-9.

黄晓斌，马晓岩，万建伟，2005. 一种小波与分形相结合的检测方法. 航天电子对抗，21（1）：23-24.

刘宁波，关键，宋杰，2009. 扫描模式海杂波中目标的多重分形检测. 雷达科学与技术，7（4）：277-283.

刘宁波，黄勇，关键，等，2012. 实测海杂波频域分形特性分析. 电子与信息学报，34（4）：929-935.

石志广，周剑雄，付强，2006. 基于多重分形模型的海杂波特性分析与仿真. 系统仿真学报，18（8）：2289-2292.

肖春生，察豪，周沫，2011. 基于 EMD 的海杂波特性与目标检测. 雷达与对抗，31（2）：1-4.

许小剑，黄培康，2010. 雷达系统及其信息处理. 北京：电子工业出版社.

尹志盈，张玉石，2017. 雷达海杂波统计特性建模研究. 装备环境工程，14（7）：29-34.

张建，黄勇，关键，等，2011a. 基于局部 Hilbert 边际谱隶属度的微弱目标检测算法. 信号处理，27（9）：1335-1340.

张建，黄勇，关键，等，2011b. 基于低频 IMF 能量比的微弱目标检测算法. 信号处理，27（12）：1850-1859.

张建，关键，董云龙，等，2012a. 基于局部 Hilbert 谱平均带宽的微弱目标检测算法. 电子与信息学报，34（1）：121-127.

张建，关键，黄勇，等，2012b. 基于 Hilbert 谱脊线盒维数的微弱目标检测算法. 电子学报，40（12）：2404-2409.

张磊，2014. 海杂波多重分形特性分析及目标检测. 青岛：中国海洋大学.

赵志宏，杨绍普，申永军，2013. 基于独立分量分析与相关系数的机械故障特征提取. 振动与冲击，32

(6): 67-72.

Chen X, Guan J, He Y, et al., 2013. Detection of low observable moving target in sea clutter via fractal characteristics in fractional fourier transform domain. IET Radar, Sonar & Navigation, 7 (6): 635-651.

Cheng X, Ji T, Wang G, et al., 2016. Correlation analysis of X-band sea clutter in complex domain. Journal of Ocean University of China, 15 (4): 613-618.

Conte E, Lops M, Ricci G, 1998. Adaptive detection schemes in compound-Gaussian clutter. IEEE Transactions on Aerospace and Electronic Systems, 34 (4): 1058-1069.

Gao J, Yao K, 2002. Multifractal features of sea clutter. IEEE Radar Conference, Long Beach, USA, 500-505.

Haykin S, Li X, 1995. Detection of signals in chaos. Proceedings of the IEEE, 83 (1): 95-122.

Hurst H E, 1951. Long term storage capacity of reservoirs. Transactions of the American Society of Civil Engineers, 116 (12): 776-808.

Imamura K, Kuroda H, Fujimura M, 2011. Image content detection method using correlation coefficient between pixel value histograms. Communications in Computer & Information Science, 260 (1): 1-9.

Kantelhardt J W, Zschiegner S A, Koscielny-Bunde E, et al., 2002. Multifractal detrended fluctuation analysis of nonstationary time series. Physica A Statistical Mechanics & Its Applications, 316 (1-4): 87-114.

Kelly E J, 2007. An adaptive detection algorithm. IEEE Transactions on Aerospace and Electronic Systems, AES-22 (2): 115-127.

Lo T, Leung H, Litva J, et al., 1993. Fractal characterization of sea-scattered signals and detection of sea-surface targets. IEE Proceedings-F, 140 (4): 243-250.

Mandelbrot B, 1982. The fractal geometry of nature. New York: WH Freeman.

Robey F C, Fuhrmann D R, Kelly E J, et al., 1992. A CFAR adaptive matched filter detector. IEEE Transactions on Aerospace and Electronic Systems, 28 (1): 208-216.

Salmasi M, Modarres-Hashemi M, 2009. Design and analysis of fractal detector for high resolution radars. Chaos, Solitons & Fractals, 40 (5): 2133-2145.

Shui P L, Li D C, Xu S W, 2014. Tri-feature-based detection of floating small targets in sea clutter. IEEE Transactions on Aerospace and Electronic Systems, 50 (2): 1416-1430.

Zhang L, Zhang D, 2016. Robust visual knowledge transfer via extreme learning machine based domain adaptation. IEEE Transactions on Image Processing, 25 (10): 4959-4973.

Zhang L, Zhang D, 2017. Evolutionary cost-sensitive extreme learning machine. IEEE Transactions on Neural Networksand Learning Systems, 28 (12): 3045-3060.

Zhang L, Zuo W, Zhang D, 2016. LSDT: latent sparse domain transfer learning, for visual sdaptation. IEEE Transactions on Image Processing, 25 (3): 1177-1191.

6 基于迁移学习的海杂波下小目标检测

6.1 引　　言

第5章已经讨论过海杂波受各种因素的影响，且对于小目标具有较低的回波信杂噪。因此，海杂波的存在增加了小目标检测的挑战性。为了实现小目标检测，本章在基于海杂波数据样本独立同分布的假设下，采用智能机器学习算法实现检测目的。目前，对于海杂波下小目标检测存在以下的困难。首先，公开的实测海杂波数据较少，很难提取出海杂波数据统计特性，从而生成相似的模拟数据，然后再迁移到实测环境中进行小目标检测。其次，现有的检测算法很少重复使用历史样本数据，从而很难在实际检测中使用历史数据进行训练，然后再迁移到现在时刻中进行检测。最后，小目标检测是一个动态过程，需要连续的观测数据。但是受到如恶劣天气、大气辐射传输干扰、不同目标种类等多种因素的影响，雷达接收信号的特征和概率统计分布可能会发生变化。为了保证算法的性能，则需要重新采集大量样本来满足当前信息提取任务的训练需求。但是，采集新样本的工作会耗费大量的人力、物力及时间成本，影响小目标检测的时效性。在这种情况下就需要使用以前采集的数据样本进行训练，再迁移到新的任务中。综上，需要寻找一种技术能够将一个领域的丰富先验知识迁移到新的领域。

迁移学习已经逐渐成为数据、资源和运算力不足时解决机器学习问题的首选技术，是目前最炙手可热的研究方向。百度公司首席科学家吴恩达和香港科技大学的杨强教授都曾指出迁移学习是一种非常具有应用前景的技术。本章使用迁移学习解决上述海杂波下小目标检测的迁移问题，具体的流程如图6.1所示。

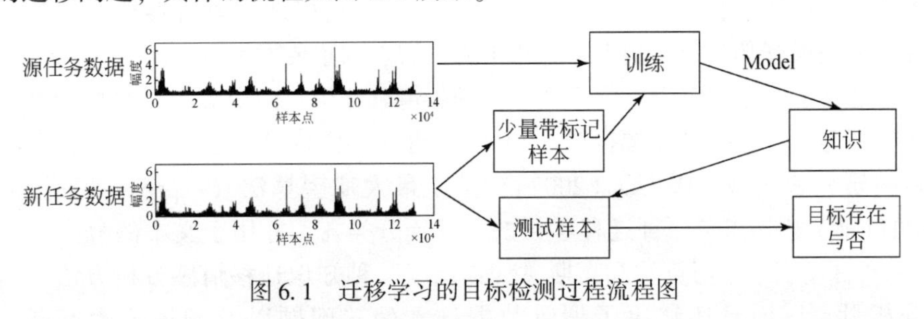

图6.1　迁移学习的目标检测过程流程图

6.2 迁 移 学 习

6.2.1 概述

人工智能（artificial intelligence，AI）是研究、开发用于模拟、延伸和扩展人类智慧的理论、方法、技术及应用系统的一门交叉前沿科学。自从20世纪70年代以来，AI被称为世界三大尖端技术之一。早在20世纪60年代，AI主要采用逻辑和搜索研究人工智能。解决人工智能问题的思路，是以人为师，通过专家编制规则的方法，教机器下棋、认字乃至语音识别等。虽然取得了一些成就，但是也发现这样的研究思路存在缺点。学者一度陷入了研究瓶颈，有人开始对人工智能产生质疑，于是AI进入了低落期。20世纪80年代左右，很多学者开始从数据中统计规律，研究了很多机器学习算法，在很多的应用领域取得了重大突破，其中就包括大家都熟悉的神经网络。但是很多机器学习问题的计算代价极高，软硬件两方面的技术局限使其又沉迷了很长一段时间。随着大规模并行计算、大数据、深度学习算法和人脑芯片这四大催化剂的发展，以及计算成本的降低，使得AI技术突飞猛进。尤其是2016年1月AlphaGo的成功，标志着AI的再一次崛起，其中机器学习技术中的深度学习技术起到了重要作用。通常，机器学习任务就是在给定充分训练数据的基础上来学习一个模型，然后利用这个学习到的模型来对测试样本进行分类或预测。但对于大多数的机器学习问题，很难找到足够充分的训练数据，这是机器学习领域一个普遍存在的现象。然而，有一种机器学习技术，它能使用其他数据源训练得到的模型，经过一定的修改和完善，就可以在类似的领域得到复用，这大大缓解了数据不足问题，而这一关键技术就是迁移学习。

迁移学习的基本思想是利用学习目标和已有知识之间的相关性，把知识从已有的模型和数据中迁移到要学习的目标上。为什么需要迁移学习？从数据角度看，现在是一个大数据时代，需要足够的数据进行机器学习。但是数据的收集与标记非常耗时，模型训练也很烦琐，因此迁移学习的思想可以发挥其作用。从模型的角度看，目前云端融合的模型被普遍应用，通常需要对设备、环境、用户做具体适配。然而，个性化的模型适配非常复杂，需要通过和已有数据模型之间进行迁移。从应用角度看，在机器学习应用中常存在冷启动问题，如推荐系统需要用户初始数据，否则无法完成精准推荐。迁移学习可以减少对标定数据的依赖，通过和已有数据模型之间的知识迁移，更好地完成机器学习任务。总的来说，迁移学习是很有必要的，是未来五年中人工智能的重要发展方向。

目前，迁移学习已被广泛应用于文本处理、情感分析、图像分类、目标识别、定位估计和智能规划等各个方面（庄福振等，2015）。近几年国内外许多学者在迁移学习方面也做了很多的研究和实践。Dai等（2007a）基于最大期望算法（expectation maximization，EM）和贝叶斯算法提出了一种迁移学习的贝叶斯分类器，并用于文本的分类。吴冬茵等（2017）基于深度表示学习算法和高斯过程提出了一种知识迁移情感分析方法，不仅提高了情感分析性能，而且还解决了训练数据样本偏置问题以及领域依赖问题。Zhu等（2011）提出了一种异构的迁移学习方法，通过一些带注释的图像语义特征数据，实现了文本和图像之间的知识转移，建立了一个更好的集成图像分类器。韩敏和杨雪（2016）提出了一种基于改进的贝叶斯自适应谐振神经网络的迁移学习算法，用来实现遥感图像的分类，该算法使用历史数据样本来弥补目标数据不足问题，提高了分类精度。Huang等（2017）提出了一种基于深度卷积神经网络的迁移学习方法，该方法可以在标记训练数据稀缺时，通过额外的反馈旁路进行重建损失，进而提高分类的性能。Malmgren-Hansen等（2017）通过迁移学习方法，将SAR图像模拟数据的训练模型转移到稀疏的真实数据中，实现了 SAR 图像的目标识别。Wang 等（2010）通过使用未标记数据解决了多楼层的室内定位问题，减少了收集带标记数据的人力物力成本，并在实际的多层室内环境中验证了算法的有效性。Zhuo 和 Yang（2014）通过对源域知识进行编码，制定转移知识的加权公式，建立源域与目标域之间的映射，通过迁移学习的思想来实现智能规划。

除此之外，迁移学习在国内 IT 行业中也得到了应用和推广。人工智能公司“第四范式”创始人戴文渊在百度负责名为“凤巢”的广告营销系统期间，利用迁移学习将百度搜索算法应用到问答社区“百度知道”，使点击率提升四成。腾讯将大规模在线电商推荐任务迁移到新领域，大大减少了数据需求量。微软也利用迁移学习分析了电商产品的舆情取向。中国香港科技大学利用迁移学习技术，将大数据训练出的对话模型迁移到具体行业的小数据领域，实现了精准人机对话，在服务业具有极强的应用价值。同时，杨强还在华为创立人工智能领域实验室，利用迁移学习技术研发了 10 多个智能移动终端的专利，并已注册。迁移学习技术的研究应用对我国具有战略意义，也是我国在人工智能领域获得全球领先地位的重要契机。

6.2.2　迁移学习算法

迁移学习包括同构迁移和异构迁移，如果源域和目标域的特征空间相同，称为同构迁移学习，如果源域和目标域的特征空间不同，称为异构迁移学习。目前常用的方法如图 6.2 所示（Weiss et al.，2016）。

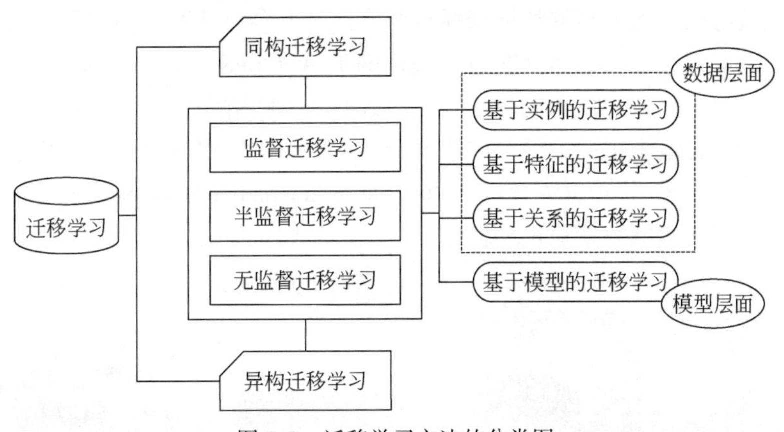

图 6.2　迁移学习方法的分类图

1. 基于实例的迁移学习

基于实例的迁移学习的基本思想是假设源域中的一些数据和目标域会共享很多共同的特征，并且在源数据中存在与目标数据非常相近的样本。在源域中找到与目标域相似的数据，把这个数据的权值进行调整，筛选出与目标域数据相似度高的数据（图 6.3 中的实例 3），然后进行训练学习。这种方法的主要的特点是比较简单且容易实现。具有代表性的方法包括，Dai 等（2007b）提出的经典 TrAdaBoost 算法，具体思想将在后面重点介绍；Huang（2006）提出的 KMM（kernel mean matching）迁移算法，其主要思想是通过训练集和测试集之间匹配分布特征空间，产生重采样权重分布估计。

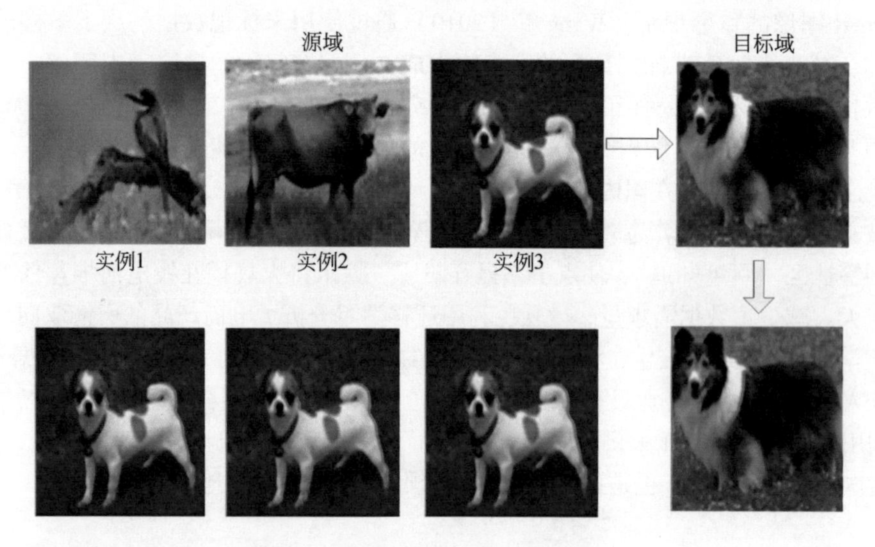

图 6.3　基于实例的迁移学习的示例图

2. 基于特征的迁移学习

基于特征的迁移学习的基本思想是，假设源域和目标域含有一些公共的交叉特征，通过特征变换，将两个域的数据变换到同一特征空间，然后进行学习，如图 6.4 所示。该方法的主要特点是可以得到理想的特征选择与变换，是大多数迁移学习采用的方法。此类方法比较有代表的成果包括 Pan 等（2011）提出的 TCA（transfer component analysis）迁移方法，该方法将处于不同数据分布的两个领域的数据一起映射到一个高维的再生核希尔伯特空间。在此空间中，最小化源和目标的数据距离，同时最大限度地保留它们各自的内部属性。Long 等（2014）提出的 JDA（joint distribution adaptation）迁移方法适配源域和目标域的联合概率，使得领域数据更加相似。

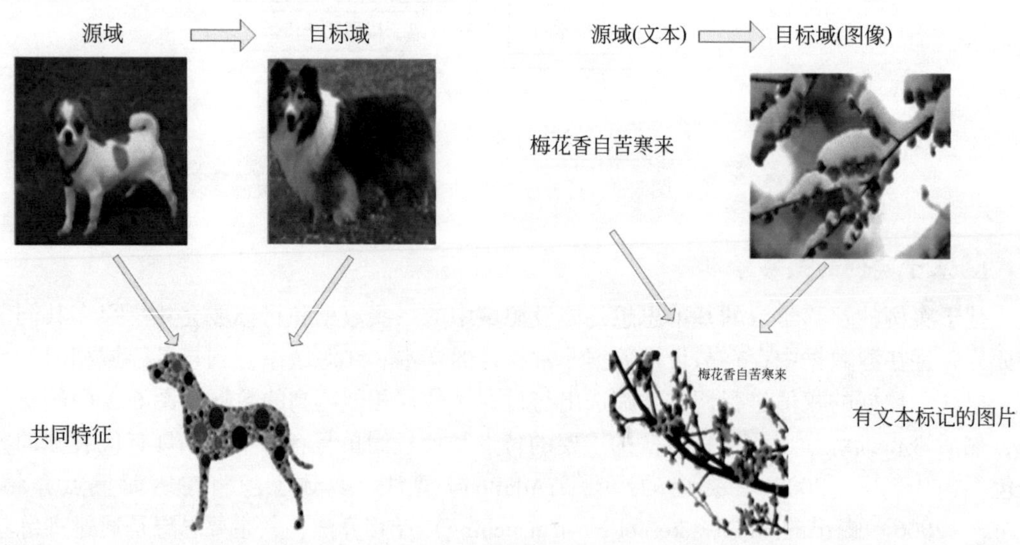

图 6.4　基于特征的迁移学习的示例图

3. 基于关系的迁移学习

基于关系的迁移学习的基本思想是，假设如果两个域是相似的，那么它们会共享某种相似关系。该类方法利用源域学习逻辑关系网络，再应用于目标域上，如图 6.5 所示。目前这部分的研究工作相对比较少，比较有代表的成果包括 Davis 和 Domingos（2009）提出的 Second-order Markov Logic 迁移方法，该方法是二阶谓词逻辑与 Markov 网络相结合的统计关系学习模型应用到不同域之间的关系迁移。

图 6.5　基于关系的迁移学习的示例图

4. 基于模型的迁移学习

基于模型的迁移学习的基本思想是，假设源域和目标域可以共享一些模型参数，方法是由源域学习到的模型运用到目标域上，再根据目标域学习新的模型。如图 6.6 所示，利用上千万的狗图像训练一个识别系统，当我们要识别一张新的狗图像，就不用再去找几千

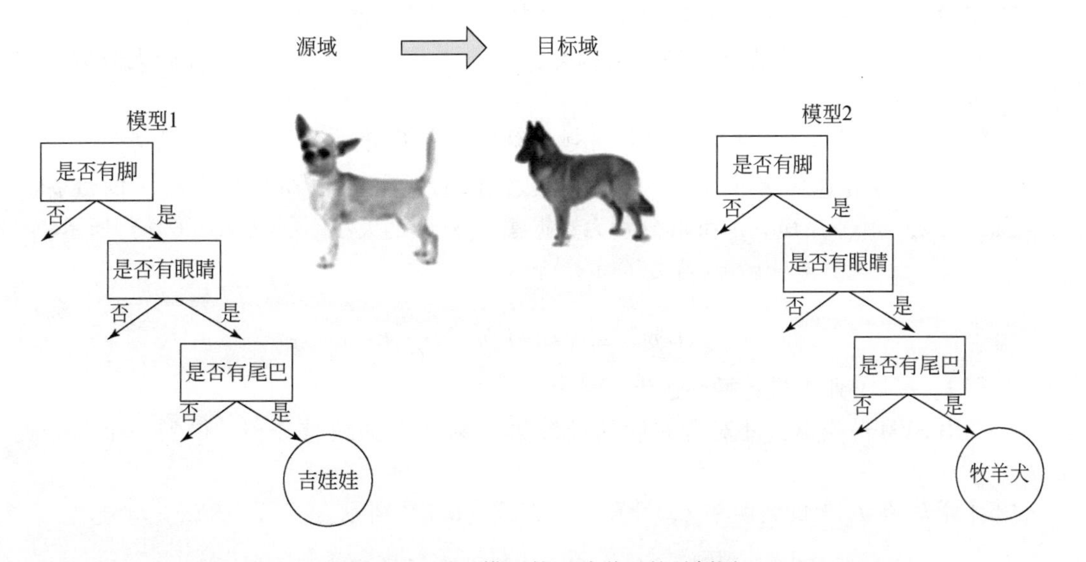

图 6.6　基于模型的迁移学习的示例图

万个图像来重新训练一个识别系统了，可以将原来的图像识别系统迁移到新的领域，这样在新的领域只用几万张图片就能够获取相同的识别效果。这种方法的特点是模型相同部分直接进行迁移，好处是可以直接把已有的模型拿来用，针对目标任务做相应的修改即可。其次可以和深度学习结合起来，可以区分不同层次可迁移的度，相似度比较高的那些层次他们被迁移的可能性就大一些。具有代表性的方法包括，Yao 和 Doretto（2010）提出的 TaskTrAdaBoost 迁移方法，该方法主要是确定模型中的哪些参数可以重用。还有 Long 等（2015）提出的 DAN（deep adaptation network）迁移方法，该方法以深度网络为载体，计算每一层地相似度来进行适配迁移，充分利用了深度网络的可迁移特性，又引入了统计学习中的多核 MMD（maximum mean discrepancy）距离，取得了很好的效果。

6.2.3　基于 TrAdaBoost 和 SVM 的迁移方法

TrAdaBoost 算法是对传统的 AdaBoost 算法的一个推广，使之拥有迁移学习的功能，称之为 Transfer AdaBoost，简称 TrAdaBoost。AdaBoost 是一种迭代算法，该算法首先需要初始化训练数据的权值分布 D_1。假设有 N 个训练样本数据，每一个训练样本最初都被赋予相同的权值：$w_1=1/N$。然后，使用训练样本训练弱分类器 h_i。具体训练过程中是如果某个训练样本点，被弱分类器 h_i 准确地分类，那么在构造下一个训练集中，它对应的权值要减小；相反，如果某个训练样本点被错误分类，那么它的权值就应该增大。权值更新过的样本集被用于训练下一个分类器，整个训练过程如此迭代地进行下去。最后，将各个训练得到的弱分类器组合成一个强分类器。各个弱分类器的训练过程结束后，加大分类误差率小的弱分类器的权重，使其在最终的分类器中发挥较大作用，而降低分类误差率大的弱分类器的权重，使其在最终的分类器中发挥较小作用。

TrAdaBoost 算法的基本思想是从源域数据中筛选有效数据，过滤掉与目标域不匹配的数据，通过 AdaBoost 方法建立一种权重调整机制，增加有效数据权重，降低无效数据权重。具体的算法步骤如下。

步骤 1：将源域训练数据集 T_{a} 和目标域训练数据集 T_{b} 进行合并 $T=T_{\mathrm{a}}\cup T_{\mathrm{b}}$。

步骤 2：初始化迭代次数 N，权重调整系数 $\beta=1/(1+\sqrt{2\ln n/n})$ 以及权重向量 $w^1=(w_1^1,\ w_2^1,\ \cdots,\ w_{n+m}^1)$，其中 n 和 m 分别为数据集 T_{a} 和 T_{b} 的大小。w_i^1 如式（6.1）所示。

$$w_i^1=\begin{cases}1/n & \text{当 } i=1,2,\cdots,n\\ 1/m & \text{当 } i=n+1,n+2,\cdots,n+m\end{cases} \tag{6.1}$$

步骤 3：t 从 1 到 N 进行循环迭代

①调用 SVM 分类器，针对合并后的训练集 T 和 T 上的权重分布，得到一个弱分类器 h_t。

②计算 h_t 在 T_{b} 上的错误率 ℓ_t，计算方法如式（6.2）所示。

$$\ell_t=\sum_{i=n+1}^{n+m}\frac{w_i^t\,|\,h_t(x_i)-c(x_i)\,|}{\sum_{i=n+1}^{n+m}w_i^t} \tag{6.2}$$

式中，$h_t(x_i)$ 为通过 h_t 得到的类别标签；$c(x_i)$ 为真实的类别标签。

③设置 $\beta_t = \ell_t/(1-\ell_t)$，为避免算法停止，如果 ℓ_t 大于0.5，则设置为0.5。

④更新权重向量 w_i^{t+1}，如式（6.3）所示。

$$w_i^{t+1} = \begin{cases} w_i^t \beta^{\left| h_t(x_i) - c(x_i) \right|}, 当\ i = 1, 2, \cdots, n \\ w_i^t \beta_t^{-\left| h_t(x_i) - c(x_i) \right|}, 当\ i = n+1, n+2, \cdots, n+m \end{cases} \tag{6.3}$$

步骤4：得到最终强分类器，如式（6.4）所示。

$$h_f(x) = \begin{cases} 1, \sum_{t=\lceil N/2 \rceil}^{N} \ln(1/\beta_t) h_t(x) \geqslant \frac{1}{2} \sum_{t=\lceil N/2 \rceil}^{N} \ln(1/\beta_t) \\ 0, 其他 \end{cases} \tag{6.4}$$

将TrAdaBoost和SVM算法进行整合，当源数据和目标数据具有很多相似性的时候，可以取得很好的迁移学习的效果。但是该算法也有不足，当源数据中包含噪声，迭代次数控制不好，都会加大训练分类器的难度。另外，该算法与SVM相同，只适用于二分类问题，而且运算复杂度也很高。

下面使用TrAdaboost和SVM相结合的迁移学习算法来实现海杂波下小目标的检测，解决实测数据采集困难、历史数据资源浪费问题。

6.3　迁移学习算法验证

6.3.1　历史数据的迁移

在5.2节中介绍了本书使用的实测海杂波雷达数据IPIX，这些数据是1993年和1998年采集的。为验证迁移学习的有效性，我们把1993年采集的数据认为是源数据域，即历史数据。把1998年采集的数据认为是目标数据域，进行测试实验。

IPIX数据中每组有14个距离单元的回波数据，由连续的131072个采样点数据组成，每个数据包含I和Q通道的数据。将每一组数据的每一个单元分为32段（131072÷4096=32），每段数据即为训练或测试样本。在1993年的历史数据中随机选取200个数据段作为源训练集 T_a，其中包括100个有目标和100个无目标的数据样本。在1998年的数据中随机选取了40个数据段作为目标训练集 T_b，其中包括20个有目标和20个无目标的数据样本。同时又随机选取了200个数据段作为测试集。

使用基于TrAdaBoost和SVM的迁移方法，其中SVM分类器的核函数为径向基函数，特征向量为I和Q通道数据的平均值，经过40次迭代得到的检测准确率如图6.7所示。由图6.7可知，通过历史数据的迁移，进行目标检测的准确率能够达到70%以上，证明了该算法的有效性。

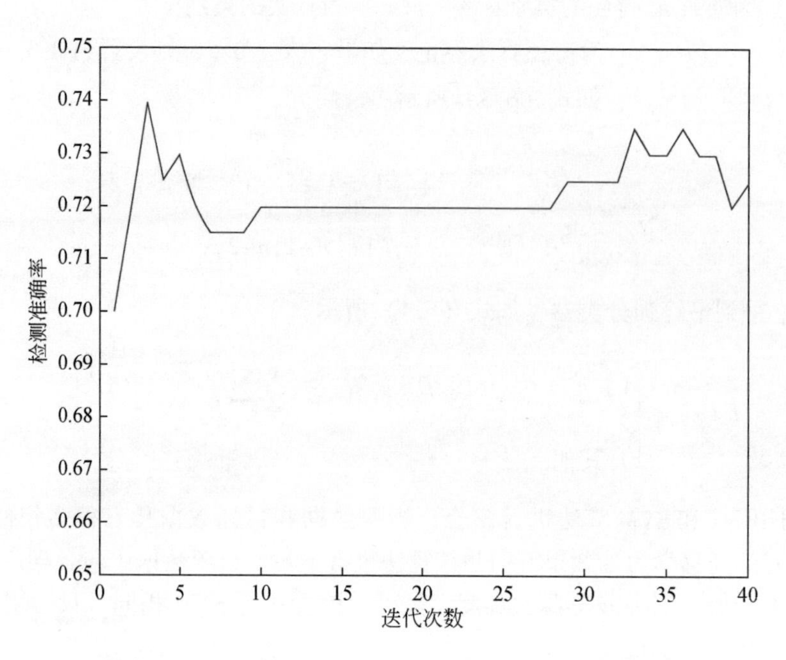

图 6.7　通过使用迁移学习后的目标检测的准确率结果图

6.3.2　不同目标的迁移

表 5.3 中的 14 组数据中的目标是包裹着铝箔的直径为 1m 的聚乙烯球，且锚定在海面上。此外，还有 14#数据和 229#数据，如表 6.1 所示，其中 14#数据来自航海浮标，229#号数据来自为长 4.57m 的小船。

表 6.1　IPIX 雷达数据信息表

编号	最大波高	有效波高	风向/(°)	风速/(m/s)	目标方位/(°)	目标距离/m	目标所在单元	影响单元
14#	4.61	2.88	200	2.2	170	12000	8	6～9
229#	1.59	1.01	205	4.4	190	4400	29	28～30

为验证迁移学习的有效性，我们把表 5.3 中的 14 组数据认为是源数据域，即第一种目标数据。把表 6.1 中的数据认为是目标数据域，进行测试实验。

使用基于 TrAdaBoost 和 SVM 的迁移方法，SVM 分类器的核函数为径向基函数，特征向量为 I 和 Q 通道数据的平均值，经过 40 次迭代得到的检测准确率如图 6.8 所示。由图 6.8 可知，通过不同种类目标数据的迁移，进行目标检测的准确率均能够达到 70% 以上，证明了该算法的有效性。

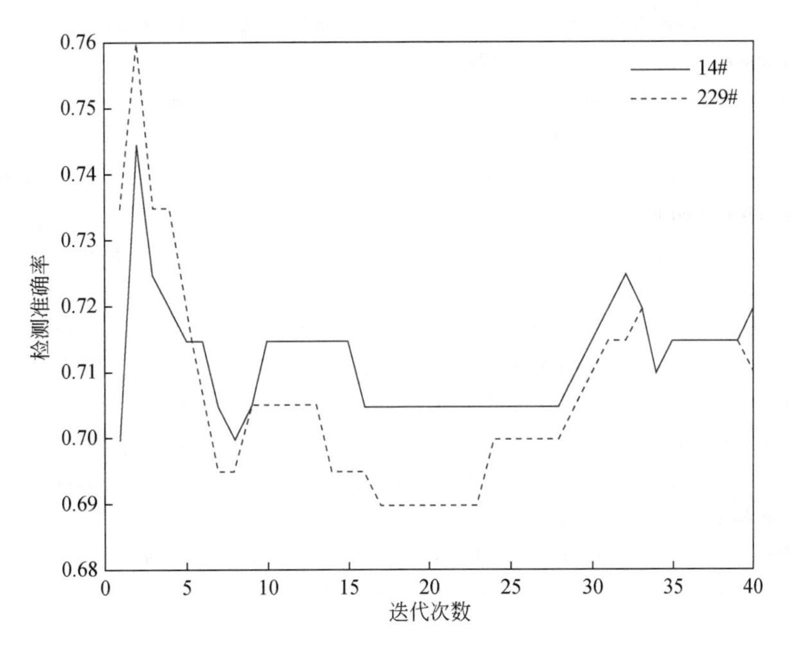

图 6.8 通过使用迁移学习后的目标检测的准确率结果图

6.4 小 结

本章研究主要针对海杂波数据缺乏、采集和标记困难、受各种因素干扰以及历史数据浪费等问题，提出了一种基于迁移学习的海杂波下小目标检测方法。首先介绍了迁移学习的基本概念和典型算法，然后重点介绍了 SVM 分类器与基于实例迁移方法 TrAdaBoost 相结合的迁移方法，并使用该方法在不同域之间数据迁移实现了现目标检测。最后，通过实验验证了将历史数据和不同目标数据迁移时该算法的有效性，实验结果表明小目标探测准确率达到70%以上。但是，本章仅仅做了一种迁移学习的尝试，未来需要构建更好的特征向量，并且使用不同的分类器进行对比，同时针对海杂波数据的特点改进现有迁移算法，相信检测的准确率会有更大的提升。

参考文献

韩敏，杨雪，2016. 改进贝叶斯 A RTMA P 的迁移学习遥感影像分类算法 . 电子学报，44（9）：2248-2253.

吴冬茵，桂林，陈钊，等，2017. 基于深度表示学习和高斯过程迁移学习的情感分析方法 . 中文信息学报，31（1）：169-176.

庄福振，罗平，何清，等，2015. 迁移学习研究进展 . 软件学报，26（1）：26-39.

Dai W，Xue G R，Yang Q，et al.，2007a. Transferring naive bayes classifiers for text classification. AAAI'07 Proceedings of the 22nd National Conference on Artificial Intelligence，Vancouver，Canada，1：540-545.

Dai W，Yang Q，Xue G R，et al.，2007b. Boosting for transfer learning. International Conference on Machine Learning，Corvalis，USA，193-200.

Davis J, Domingos P, 2009. Deep transfer via second-order Markov logic. International Conference on Machine Learning, Montreal, Canada, 6 (14): 217-224.

Huang J, 2006. Correcting sample selection bias by unlabeled data. The 19th International Conference on Neural Information Processing Systems, Cambridge, USA, 601-608.

Huang Z, Pan Z, Lei B, 2017. Transfer learning with deep convolutional neural network for SAR target classification with limited labeled data. Remote Sensing, 9 (9): 907.

Long M, Cao Y, Wang J, et al., 2015. Learning transferable features with deep adaptation networks. International Conference on Machine Learning, Lille, France, 37: 97-105.

Long M, Wang J, Ding G, et al., 2014. Transfer feature learning with joint distribution adaptation. IEEE International Conference on Computer Vision, Sydney, Australia, 2200-2207.

Malmgren-Hansen D, Kusk A, Dall J, et al., 2017. Improving SAR automatic target recognition models with transfer learning from simulated data. IEEE Geoscience and Remote Sensing Letters, 99: 1-5.

Pan S J, Tsang I W, Kwok J T, et al., 2011. Domain adaptation via transfer component analysis. IEEE Transactions on Neural Networks, 22 (2): 199-210.

Wang H Y, Zheng V W, Zhao J, et al., 2010. Indoor localization in multi-floor environments with reduced effort. IEEE International Conference on Pervasive Computing and Communications, Mannheim, Germany, 244-252.

Weiss K, Khoshgoftaar T M, Wang D D, 2016. A survey of transfer learning. Journal of Big Data, 3 (1): 9.

Yao Y, Doretto G, 2010. Boosting for transfer learning with multiple sources. Computer Vision & Pattern Recognition, 238 (6): 1855-1862.

Zhu Y, Chen Y, Lu Z, et al., 2011. Heterogeneous transfer learning for image classification. AAAI Conference on Artificial Intelligence, San Francisco, 1304-1309.

Zhuo H H, Yang Q, 2014. Action-model acquisition for planning via transfer learning. Artificial Intelligence, 212: 80-103.

7 基于多模式极化 SAR 海洋油膜散射机制分析与对比

极化 SAR 系统包含两种基本模式，即全极化系统和双极化系统（吴永辉，2007；张杰等，2016），其中双极化系统由于具有不同的极化通道组合，又分为 HH-VV 模式、VV-VH 模式和 HH-VH 模式，在现实中得到了广泛的应用。本书重点关注“多模式极化 SAR”在海洋油膜散射机理与特性研究中的应用，分析不同模式极化 SAR 下海洋油膜散射特性以及油膜识别性能的差异。此处的多模式极化 SAR 指的是包含全极化和三种双极化在内的多种极化模式的 SAR 数据，而非不同传感器、不同成像模式下的 SAR 数据。

7.1 实验区与数据源介绍

海洋表面的油膜主要源头为突发性溢油事故和天然渗漏等，为了综合探究不同油膜及海水目标之间散射机制和散射特性的差异，本书利用三种不同溢油场景的全极化 SAR 数据进行对比和分析研究，包括油膜的相对厚度信息、油膜与类油膜以及不同种类的油膜。实验中不同场景下油膜的形成机制，对应的数据可视化图像以及不同油膜的样本区域如图 7.1 所示。由左至右分别对应油膜的相对厚度信息图像、油膜与类油膜图像以及不同种类的油膜图像，为了实现相同传感器下不同场景的有效对比，本研究选取的三种溢油场景图像均为 RADARSAT-2 全极化图像。

研究区 1 选取的数据为覆盖墨西哥湾天然渗漏油海域的 C 波段 RADARSAT-2 Fine 模式全极化数据，成像时间为 2010 年 5 月 8 日 12:01 UTC（coordinated universal time），入射角范围为 41.9°（近端）~43.4°（远端）。卫星成像时海域内风向为 167°（接近南风），风速约为 6.5m/s，风场信息获取自 NOAA 国家数据浮标中心#42047 浮标（27°53′48″N 93°35′50″W）（Zhang et al.，2011；Li et al.，2014）。图 7.1 中明显的暗斑区域已被专家解译为经常发生在该区域的天然渗漏油膜（Zhang et al.，2011；Li et al.，2014，2018；Buono et al.，2016），用以探究油膜相对厚度的散射机制差异。矿物油的阻尼率随着油膜的厚度增加而增大，厚油膜的后向散射强度也低于薄油膜；此外在风的作用下，背风面油膜比迎风面更厚，因此背风侧的油水边界更为明显，而迎风侧则是通常产生“羽状”油膜（Wismann et al.，1998；Gade et al.，1998；Alpers and Espedal，2004）。因此，影像中红色方框对应背风侧的厚油膜样本，黄色方框对应迎风侧的薄油膜样本，蓝色方框对应海水样本，绿色方框对应由海面波浪引起的类油膜样本。

研究区 2 选取的数据为覆盖中国南海海域的 C 波段 RADARSAT-2 Fine 模式全极化数据，成像时间为 2009 年 9 月 18 日 10:50 UTC，入射角范围为 32.4°（近端）~33.2°（远端），风速约为 10m/s，图像位于邻近中国海南岛的一个天然渔场附近，图像中的暗特征区域已经被解译为天然生物油膜和自然现象（大气锋）引起的低散射区域（Tian et al.，

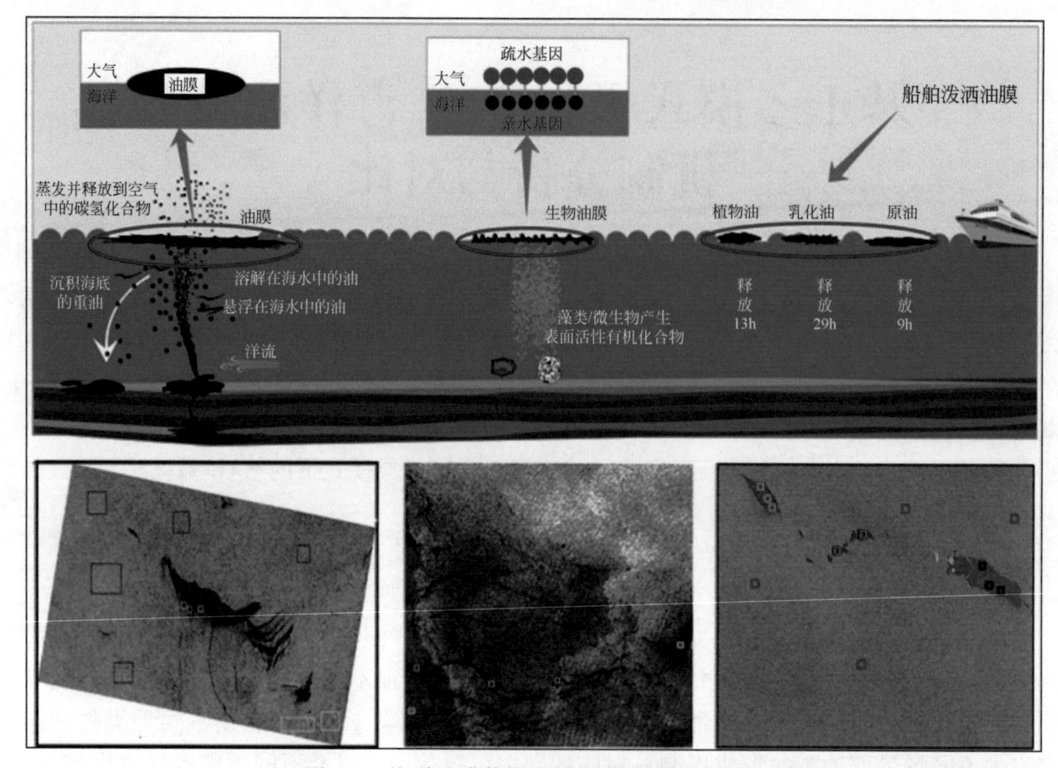

图 7.1　海洋油膜数据及对应形成机理示意图

2010)，用以探究油膜与自然现象引起的类油膜之间的散射机制和特性差异。天然生物油膜有别于传统的矿物油膜，但对其散射特性的研究仍然可作为今后研究的基础和参考。

研究区 3 选取的数据为覆盖挪威北海的 C 波段 RADARSAT-2 Fine 模式全极化数据，成像时间为 2011 年 6 月 8 日 17:27 UTC，影像入射角范围为 34.5°（近端）~36.1°（远端），成像时海域内风速为 1.6 ~ 3.3m/s。图像包含挪威清洁海洋运营公司协会（Norwegian clean seas association for operating companies，NOFO）在北海进行的人为泼洒溢油实验的三种油膜，自左向右分别为植物油、乳化油和原油，用以探究不同种类油膜之间的散射机制和特性差异。其中，植物油因分子的亲水部分由酯基构成，具有类似于天然油膜的表面活性化合物的两亲性结构，体积为 0.4m^3，在过境前 13h 释放；乳化油为原油混合 5% 的 IFO380，体积为 1m^3，在过境前 29h 释放；原油体积为 30m^3，在过境前 9h 释放，卫星过境时原油仍处于扩散状态（Skrunes et al.，2014）。

7.2　多模式极化 SAR 海洋油膜散射机制对比

7.2.1　信噪水平对比

海洋油膜目标，如矿物油膜、生物油膜以及背景海水等，其散射的雷达后向散射信号仅仅是入射总功率的一部分，系统噪声等效 δ_0（noise equivalent sigma zero，NESZ）是 SAR

系统的本底噪声，代表了雷达后向散射截面的信号水平（Minchew et al.，2012；Skrunes et al.，2014）。分辨率单元中存在的噪声类型包括两种，即加性噪声和乘性噪声，其量级主要受到雷达天线功率、天线增益、系统能量损耗和系统环境温度等因素的影响。加性噪声主要由背景环境和操作系统产生的热噪声引起，不依赖于目标表面回波信号的强度；乘性噪声被认为是 SAR 操作系统的时变或非线性引起的，取决于反射信号，对测距精度和图像质量有一定的影响。SAR 图像的溢油检测能力在一定程度上受系统噪声等效 δ_0 的影响，处于 NESZ 基线以下的归一化雷达散射截面（normalized radar cross section，NRCS）数据被认为是受噪声污染破坏。目前，一些 SAR 传感器能够达到较低的本底噪声，如 UAVSAR、星载 SAR 系统的本底噪声相对更高，如 RADARSAT-2 的 NESZ 的区间范围为 -43 ~ -27.5dB（Skrunes et al.，2014）。通常，这些是用于溢油检测服务的数据类型。因此，将 NESZ 作为衡量海上目标后向散射信号检测限制的基准，对于分析目标信号水平是非常重要和必要的。本研究基于三景 RADARSAT-2 全极化 Fine 模式的影像进行信噪水平分析，一方面为了分析比较相同传感器相同模式下的图像在不同入射角条件下的信噪水平差异，另一方面则是为了比较同一图像中不同油膜目标在不同极化通道中的信号水平差异。

7.2.2 双极化 SAR 溢油散射机制

7.2.2.1 HH-VV 双极化 SAR

HH-VV 双极化模式的散射矩阵和散射矢量 k 可表示为（吴永辉，2007；郭睿，2012）

$$\boldsymbol{S}_{\text{HH-VV}}=\begin{bmatrix}\boldsymbol{S}_{\text{HH}} & 0\\ 0 & \boldsymbol{S}_{\text{VV}}\end{bmatrix} \tag{7.1}$$

$$\boldsymbol{k}=[\boldsymbol{S}_{\text{HH}}+\boldsymbol{S}_{\text{VV}} \quad \boldsymbol{S}_{\text{HH}}-\boldsymbol{S}_{\text{VV}}]^{\text{T}}/\sqrt{2} \tag{7.2}$$

双极化相干矩阵的获取与全极化相类似，其元素与全极化协方差矩阵的对应关系为

$$\langle \boldsymbol{T}_{\text{HH-VV}}\rangle=\frac{1}{L}\sum_{i=1}^{L}\boldsymbol{k}\boldsymbol{k}^{\text{H}}=\frac{1}{2}\begin{bmatrix}C_{11}+C_{13}+C_{31}+C_{33} & C_{11}-C_{13}+C_{31}-C_{33}\\ C_{11}+C_{13}-C_{31}-C_{33} & C_{11}-C_{13}-C_{31}+C_{33}\end{bmatrix} \tag{7.3}$$

式中，C_{ij}为第 i 行第 j 列的全极化协方差矩阵元素。

7.2.2.2 VV-VH 双极化 SAR

VV-VH 双极化模式的散射矩阵和散射矢量可表示为（吴永辉，2007；郭睿，2012）

$$\boldsymbol{S}_{\text{VV-VH}}=\begin{bmatrix}0 & \boldsymbol{S}_{\text{VH}}0\\ 0 & \boldsymbol{S}_{\text{VV}}\end{bmatrix} \tag{7.4}$$

$$\boldsymbol{k}=[\boldsymbol{S}_{\text{VV}} \quad (\boldsymbol{S}_{\text{VH}}+\text{i}*\boldsymbol{S}_{\text{VH}})/\sqrt{2}]^{\text{T}} \tag{7.5}$$

相干矩阵及其元素与全极化协方差矩阵的对应关系为

$$\langle \boldsymbol{T}_{\text{VV-VH}}\rangle=\frac{1}{L}\sum_{i=1}^{L}\boldsymbol{k}\boldsymbol{k}^{\text{H}}=\frac{1}{2}\begin{bmatrix}2C_{33} & (1-i)C_{32}\\ (1+i)C_{23} & C_{22}\end{bmatrix} \tag{7.6}$$

7.2.2.3　HH-VH 双极化 SAR

HH-VH 双极化模式的散射矩阵和散射矢量可表示为（吴永辉，2007；郭睿，2012）

$$\boldsymbol{S}_{\mathrm{HH\text{-}VH}}=\begin{bmatrix} \boldsymbol{S}_{\mathrm{HH}} & \boldsymbol{S}_{\mathrm{VH}} \\ 0 & 0 \end{bmatrix} \tag{7.7}$$

$$\boldsymbol{k}=[\boldsymbol{S}_{\mathrm{HH}} \quad (\boldsymbol{S}_{\mathrm{VH}}+\mathrm{i}*\boldsymbol{S}_{\mathrm{VH}})/\sqrt{2}]^{\mathrm{T}} \tag{7.8}$$

相干矩阵及其元素与全极化协方差矩阵的对应关系为

$$\langle \boldsymbol{T}_{\mathrm{HH\text{-}VH}} \rangle=\frac{1}{L}\sum_{i=1}^{L} \boldsymbol{k}\boldsymbol{k}^{\mathrm{H}}=\frac{1}{2}\begin{bmatrix} 2C_{11} & (1-i)C_{12} \\ (1+i)C_{21} & C_{22} \end{bmatrix} \tag{7.9}$$

由于双极化 SAR 系统仅包含部分极化信息，其极化分解方法基于二维矩阵进行特征参数提取，实现过程与全极化模式类似：

$$\boldsymbol{T}_{\mathrm{dual}}=\sum_{i=1}^{2}\lambda_i\,\boldsymbol{u}_i\boldsymbol{u}_i^{\mathrm{H}} \tag{7.10}$$

$$\boldsymbol{u}_i=\mathrm{e}^{\mathrm{j}\varphi_i}[\cos\alpha_i \quad \sin\alpha_i\cos\beta_i e^{\mathrm{j}\delta_i}]^{\mathrm{T}} \tag{7.11}$$

式中，α_i为极化目标散射角；β_i为雷达视线方向角；φ_i和 δ_i分别为目标极化散射的相位角；λ_i为双极化对应的两个非负特征值（满足 $\lambda_1>\lambda_2$）。因此，针对双极化 SAR 系统，考虑到 H/α 平面的极端分布问题，将 H/α 平面的边界进行修正，有效边界关于 $\alpha=45°$对称，定义为（吴永辉，2007；郭睿，2012）

$$\boldsymbol{T}_1=\begin{bmatrix} 1 & 0 \\ 0 & m \end{bmatrix},0\leqslant m\leqslant 1 \tag{7.12}$$

$$\boldsymbol{T}_2=\begin{bmatrix} m & 0 \\ 0 & 1 \end{bmatrix},0\leqslant m\leqslant 1 \tag{7.13}$$

HH-VV 双极化的 H/α 平面基于全极化对应区域进行修正形成 8 个有效区域，见图 7.2，其意义与全极化类似，分别对应不同的散射机制类型，平面将散射熵划分为三个等级，低熵（$H\in[0,\ 0.6]$）、中熵（$H\in(0.6,\ 0.95]$）、高熵（$H\in(0.95,\ 1]$）；针对每个等级熵，进一步将散射角 α 分为三个等级，分别对应表面散射、偶极子散射和多次散射（吴永辉，2007；郭睿，2012）。具体如下所示。

（1）在低熵区域，表面散射和偶极子散射以 $\alpha=40°$为边界进行划分，而偶极子散射和多次散射以 $\alpha=46°$为边界进行划分；因此，区域 6、区域 7 和区域 8 分别对应了低熵多次散射、低熵偶极子散射和低熵表面散射。

（2）在中熵区域，表面散射和偶极子散射以 $\alpha=34°$为边界进行划分，而偶极子散射和多次散射以 $\alpha=46°$为边界进行划分；因此，区域 3、区域 4 和区域 5 分别对应中熵多次散射、中熵偶极子散射和中熵表面散射。

（3）在高熵区域，偶极子散射和多次散射以 $\alpha=46°$为边界进行划分，而偶极子散射和无效区域则以 $\alpha=33.2°$为边界进行划分；因此，区域 1 和区域 2 分别对应高熵多次散射和高熵偶极子散射。

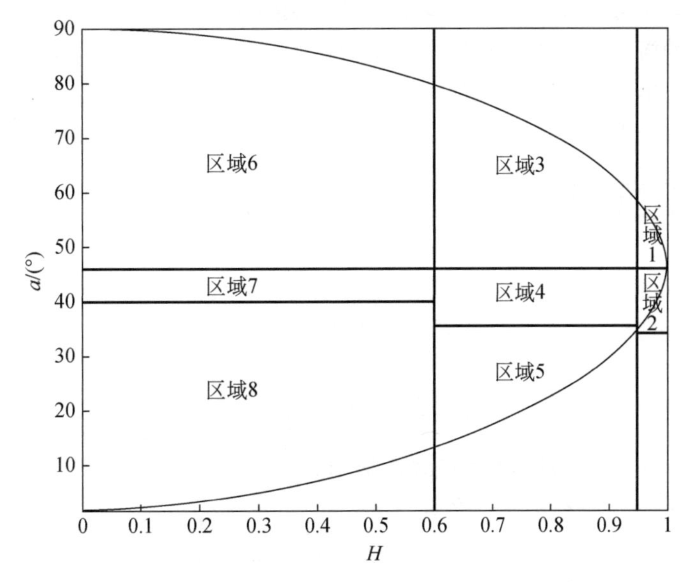

图 7.2 双极化二维 H/α 平面特征空间及划分

7.2.3 全极化 SAR 溢油散射机制

海洋油膜的识别和提取依赖于海洋油膜与背景海水之间的不同散射机制，极化 SAR 系统发射信号并接收与海表相互作用后的回波信号进而捕获目标的极化信息，通过对极化信息的解译和分析能够有效提取海表面散射信号中的重要指标。许多研究致力于使用全极化系统对油膜和海水之间不同的散射机制进行分析和研究，旨在实现全极化数据的溢油检测、识别和分类等应用，为全极化 SAR 系统的溢油检测和提取提供有效信息和理论辅助。极化目标分解方法是基于极化散射矩阵来解译和研究目标物理机制的方法，后经不断的研究和扩展已经广泛应用于目标散射特性的提取。本研究选取 Cloude 目标分解方法来获取目标的特征向量及扩展参数研究，其处理过程可表示为（刘朋，2012；童绳武，2019）

$$\langle \boldsymbol{T}_3 \rangle = \boldsymbol{U}_3 [\Sigma] \boldsymbol{U}_3^{-1} = \sum_{i=1}^{i=3} \lambda_i \boldsymbol{T}_i = \sum_{i=1}^{i=3} \lambda_i \boldsymbol{u}_i \boldsymbol{u}_i^{\mathrm{T}*} \tag{7.14}$$

$$\boldsymbol{U}_3 = [\boldsymbol{u}_1 \quad \boldsymbol{u}_2 \quad \boldsymbol{u}_3] = \begin{bmatrix} \cos\alpha_i \mathrm{e}^{\mathrm{j}\varphi_i} \\ \sin(\alpha_i)\cos(\beta_i)\mathrm{e}^{\mathrm{j}(\delta_i+\varphi_i)} \\ \sin(\alpha_i)\cos(\beta_i)\mathrm{e}^{\mathrm{j}(\gamma_i+\varphi_i)} \end{bmatrix} \tag{7.15}$$

式中，α 为极化目标散射角；β 为雷达视线方向角；δ 和 γ 分别为目标极化散射的相位角，角度范围均为［0，90°］；T_i为散射机制；λ_i为对应的非负特征值（$\lambda_1>\lambda_2>\lambda_3$），代表了$T_i$在所有散射机制中的占比。极化相干矩阵的三个特征值可进一步通过数学运算拓展为极化特征参量来定量的描述目标的散射机制及特性，即经典的 H/α 特征参量，并伴随新的参量不断发展和完善，本节基于如下极化参量构建的 H/α 平面对油膜和周围背景海水的散射特性进行分析（刘朋，2012；Minchew et al.，2012；Skrunes et al.，2014；童绳武，2019）。

极化散射熵 H 表示主导目标区域散射机制的随机性程度，范围为［0，1］，两个端点值分别代表了两种极化状态的极端情况，H 为 0 时，矩阵仅有一个非零特征值，此时为完全极化状态，具有唯一且确定的散射过程；H 为 1 时，矩阵的三个特征值相等，目标散射呈现完全随机噪声，此时对应完全非极化状态。如果熵值很低，系统可能被看作弱去极化，主导散射机制可被看作是具体可辨认的等价点散射，即选择最大的特征值对应的特征向量，因此另外两个次向量组件可能会被忽视。定义如下（刘朋，2012；Minchew et al.，2012）：

$$H = -\sum_{i=1}^{3} P_i \log_3 P_i \tag{7.16}$$

$$P_i = \frac{\lambda_i}{\lambda_1 + \lambda_2 + \lambda_3} \tag{7.17}$$

平均散射角 α 是用来描述目标的潜在散射机制，能够提供散射过程中目标的各向同性，通常结合极化熵 H 进行分析，可定义为

$$\alpha = p_1\alpha_1 + p_2\alpha_2 + p_3\alpha_3 \tag{7.18}$$

H/α 平面被广泛应用于目标散射特性分析研究，平面将散射熵划分为三个等级，低熵（$H\in[0,\ 0.5]$）、中熵（$H\in(0.5,\ 0.9]$）、高熵（$H\in(0.9,\ 1]$）；针对每个等级熵，进一步将散射角 α 分为三个等级，分别对应表面散射、偶极子散射和偶次散射。

H/α 平面被两条边界曲线划分为有效内部区域，曲线边界表示为

$$\boldsymbol{T}_1 = \begin{bmatrix} 1 & 0 & 0 \\ 0 & m & 0 \\ 0 & 0 & m \end{bmatrix}, 0 \leqslant m \leqslant 1 \tag{7.19}$$

$$\boldsymbol{T}_2 = \begin{cases} \begin{bmatrix} 0 & 0 & 0 \\ 0 & 1 & 0 \\ 0 & 0 & 2m \end{bmatrix}, 0 \leqslant m \leqslant 0.5 \\ \begin{bmatrix} 2m-1 & 0 & 0 \\ 0 & 1 & 0 \\ 0 & 0 & 1 \end{bmatrix}, 0.5 \leqslant m \leqslant 1 \end{cases} \tag{7.20}$$

平面基于上述参数等级和边界条件划分共形成 8 个有效散射区域，分别对应了不同的物理散射机制。如图 7.3 所示，具体如下（刘朋，2012；郭睿，2012；李仲森，2007；Ozigis et al.，2018）。

（1）有效区域 1 对应高熵多次散射。在高熵范围区域（$H\in(0.9,\ 1]$）亦可以区分偶次散射机制，该机制通常应用于林业，或存在于具有良好发育枝干和植被冠层。

（2）有效区域 2 对应高熵植被散射。在高熵范围的区域（$H\in(0.9,\ 1]$），散射角为 45°时，这可能由大量各向异性针状粒子产生的单次散射或低损耗对称粒子产生的多次散射，通常反映了森林冠层散射及某些具有随机高各向异性散射元的植被表面散射。

（3）有效区域 3 对应中熵多次散射。通常来自中熵（$H\in(0.5,\ 0.9]$）二面角散射为主导机制的目标。如在林业应用中，冠层作用增加了散射过程的熵。

（4）有效区域 4 对应中熵植被散射。通常来自于主导机制为中等熵的偶极子类型的目

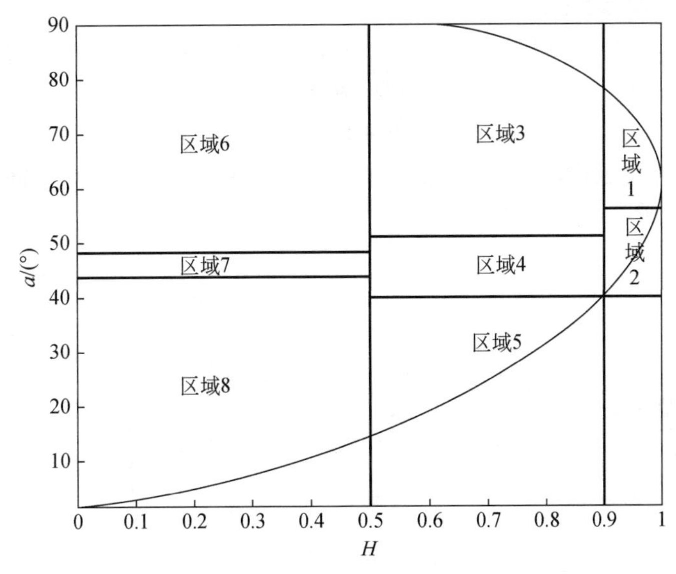

图 7.3　全极化二维 H/α 平面特征空间及划分

标，包括了具有各向异性散射体的植被表面散射，定向角的中心统计分布增加了熵值。

（5）有效区域 5 对应中熵表面散射。通常发生于中熵（$H\in(0.5,\ 0.9]$）散射机制目标，反映了由于地表粗糙度变化和树冠传输效应产生的熵值增加。因此，随着表面粗糙度和相关长度的变化，扁椭球形散射体组成的表面会增大熵值。

（6）有效区域 6 对应低熵多次散射。通常反映低熵双次和偶次散射，如由孤立介电体和金属二面角提供的散射。

（7）有效区域 7 对应低熵偶极子散射。通常反映内部存在强烈的相关机制，同极化通道之间的振幅有很大的不平衡，这使得孤立的偶极子散射出现。

（8）有效区域 8 对应低熵表面散射。通常发生于熵值低于 0.5、散射角低于 42.5°的低熵散射机制目标，此外还包括不能在同极化通道之间发生 180°相位反转的几何和物理光学表面、Bragg 散射和镜面散射现象。

7.3　多模式极化 SAR 海洋油膜散射机制对比结果

7.3.1　信噪水平结果

图 7.4 为三组实验中各个极化通道的 NRCS 与 NESZ 相对信号水平结果。对于研究区域 1，选取的样本分别为海水区、厚油膜区和薄油膜区。在 VV 通道中，大部分海水样本数据高于 NESZ 基线，小部分数据跨越并低于 NESZ 基线，厚油膜样本数据均跨越了 NESZ 基线，超过 50% 的样本低于基线值，数据范围在基线下 7.4dB 到基线上 6.6dB，主要分布在低于海水样本的后向散射数据范围。薄油样本数据介于海水与厚油膜之间，50%～70%

的数据位于 NESZ 基线之上，高入射角的样本相对较高，因为高入射角的样本选取于较小的油带边界，油水混合较为充分。相比于 VV 极化通道，HH 极化通道的所有样本的后向散射下降得更快，所有样本均较 VV 通道对应样本下降约 5dB，因此 HH 通道的数据更接近于本底噪声。而在交叉极化通道中，各类样本数据绝大部分处于 NESZ 之下，均受到噪声污染，且数据分布范围重叠明显无法分辨。此外，VV 极化通道中不同厚度油膜和海水的差异最大，HH 通道次之，VH 通道最小。

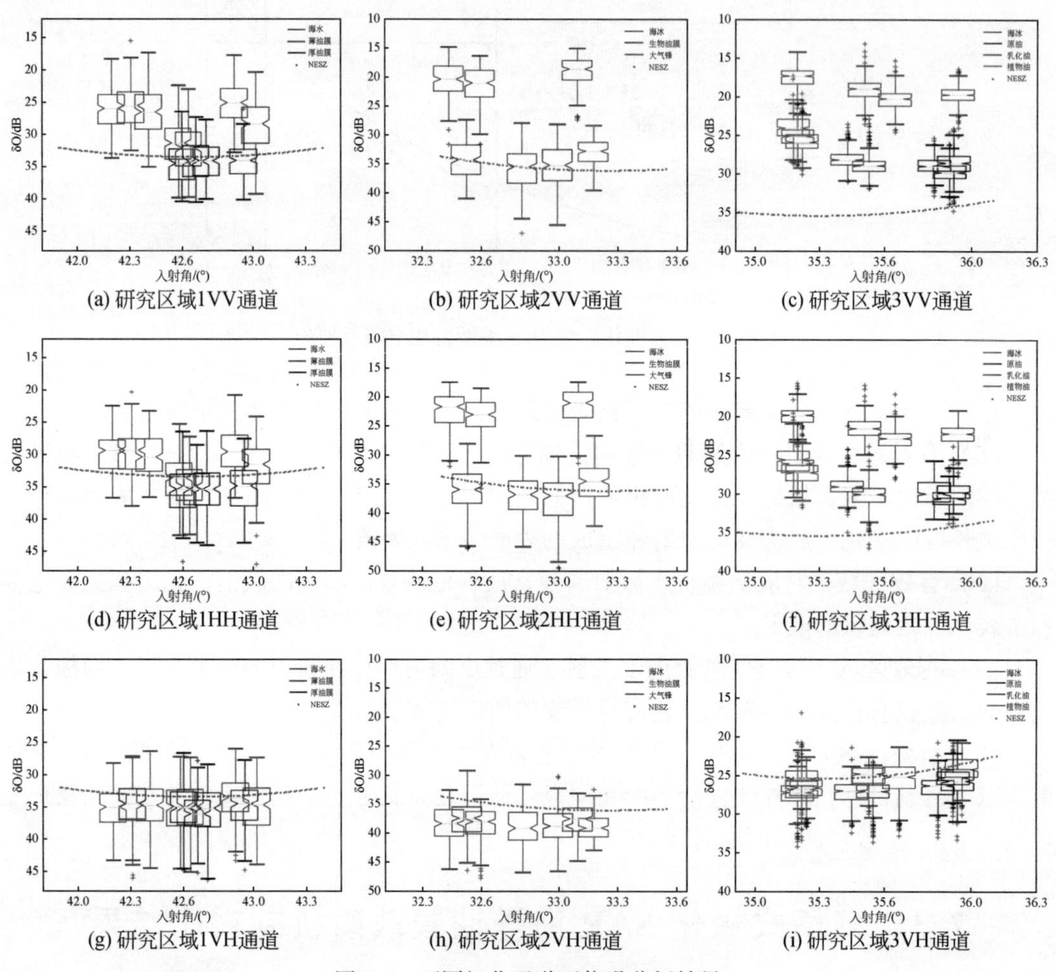

(a) 研究区域1VV通道　(b) 研究区域2VV通道　(c) 研究区域3VV通道

(d) 研究区域1HH通道　(e) 研究区域2HH通道　(f) 研究区域3HH通道

(g) 研究区域1VH通道　(h) 研究区域2VH通道　(i) 研究区域3VH通道

图 7.4　不同极化通道下信噪分析结果

对于研究区域 2，选取的样本为海水、生物油膜和自然现象引起的暗区域。在 VV 通道中，海洋样本数据整体高于 NESZ 基线 1.9～7.2dB，生物油膜样本数据均跨越了 NESZ 基线，50%～75% 的数据位于 NESZ 基线之上，大部分油膜样本数据分布在低于海水样本的后向散射数据范围。自然现象暗区域数据仅有少量数据跨越 NESZ 基线，超过 75% 的数据样本高于基线 2.4dB，远低于海水样本的数据，但高于生物油膜数据。HH 通道的所有样本数据整体低于 VV 通道 1.3～5.2dB，自然现象暗区域样本数据仍然高于生物油膜数据。在 VH 通道中，所有数据样本均受到本地噪声污染，在 NESZ 基线以下波动分布。与研究区域 1 类似，VV 极化通道中油水差异最大，HH 极化通道略低与 VV 极化通道，VH 通道中目标差异最小。

对于研究区域 3，选取的样本为海水、原油、乳化油和植物油。在 VV 通道中，四类样本数据均高于 NESZ 基线，且整体高于 HH 通道为 1.2 ~2.3 dB。HH 通道的信号与 VV 通道类似，除个别异常值，整体均高于 NESZ 基线。在 VH 通道中，所有数据样本均受到本地噪声污染，50%~75% 的数据均在 NESZ 基线以下波动分布。这说明共极化通道信号基本不受本地噪声的污染，而交叉极化通道受到噪声污染较为严重。与上述两个研究区域类似，VV 通道中各类目标之间差异最大，HH 通道次之，VH 通道最小。

综上所述，同极化通道比交叉极化通道具有更高的信噪比，目标之间区分明显，且 VV 通道高于 HH 通道，整体呈现 VH < HH < VV。在不同厚度油膜之间，厚油膜 < 薄油膜 < 海水；在油膜与类油膜之间，油膜 < 类油膜 < 海水；在不同油种之间，原油 < 乳化油 < 植物油 < 海水。此外，研究区域 1 的图像的 NESZ 基线高于另外两个研究区图像，这导致更多的样本因低于 NESZ 基线而受到本地噪声的污染，这可能是由于研究区域 1 具有更大的入射角。

7.3.2 多模式极化 SAR 海洋油膜散射机制对比结果

7.3.2.1 多模式极化 SAR 下油膜相对厚度的 H/α 对比结果

H/α 方法描述了目标的随机性和对应散射机制，极化参数具有旋转不变性，参数结果如图 7.5 所示。对于研究区域 1 中不同厚度油膜与背景海水的 H/α 平面的散射机制识别分析，在全极化系统下，海水整体的熵值低于油膜，为 0.4 ~0.7，平均散射角小于 30°，主要分布在 H/α 平面的区域 5 和区域 8，表明海洋表面主要以中熵表面散射特性为主，且伴随着低熵的 Bragg 表面散射，一方面是由于海洋表面的粗糙程度较高，另一方面是由于本研究区域的 NESZ 基线较高而使得信号受到噪声影响增加了随机性，此外当接近高入射角（45°）时，尤其是在掠射角时，海表会呈现多路径二面角特征，增加了海洋表面散射机制的随机性（Li et al., 2014）。另外，石油自海底以相对缓慢和恒定的速度渗漏并释放到海面，经过长期积累形成一定厚度的油层，在图像数据获取时盛行东南风，背风面的油层相对较厚具有明显的边界，而迎风面的油层相对较薄与海水混合较为充分（Wismann et al., 1998）。因此，厚油膜的熵值显著增大，在 H/α 平面上主要分布在区域 1 和区域 3，分别对应于高熵多次散射机制和中熵多次散射，这说明油膜的存在改变了海表面的散射机制。通常油膜在海洋和大气之间会形成一定厚度的表层结构，海水-油膜和油膜-大气之间的两个粗糙界面将介质划分为三个介质层：大气、油膜和海水，在油膜的中间层可能会发生多次散射且同时包含多种散射机制而呈现较高的随机性（Li et al., 2014）。薄油膜的熵值介于海水和厚油膜之间，为 0.8 ~0.9，平均散射角范围为 45° ~55°。在 H/α 平面上主要分布在区域 4 和区域 5，分别对应中熵偶极子散射和中熵表面散射。

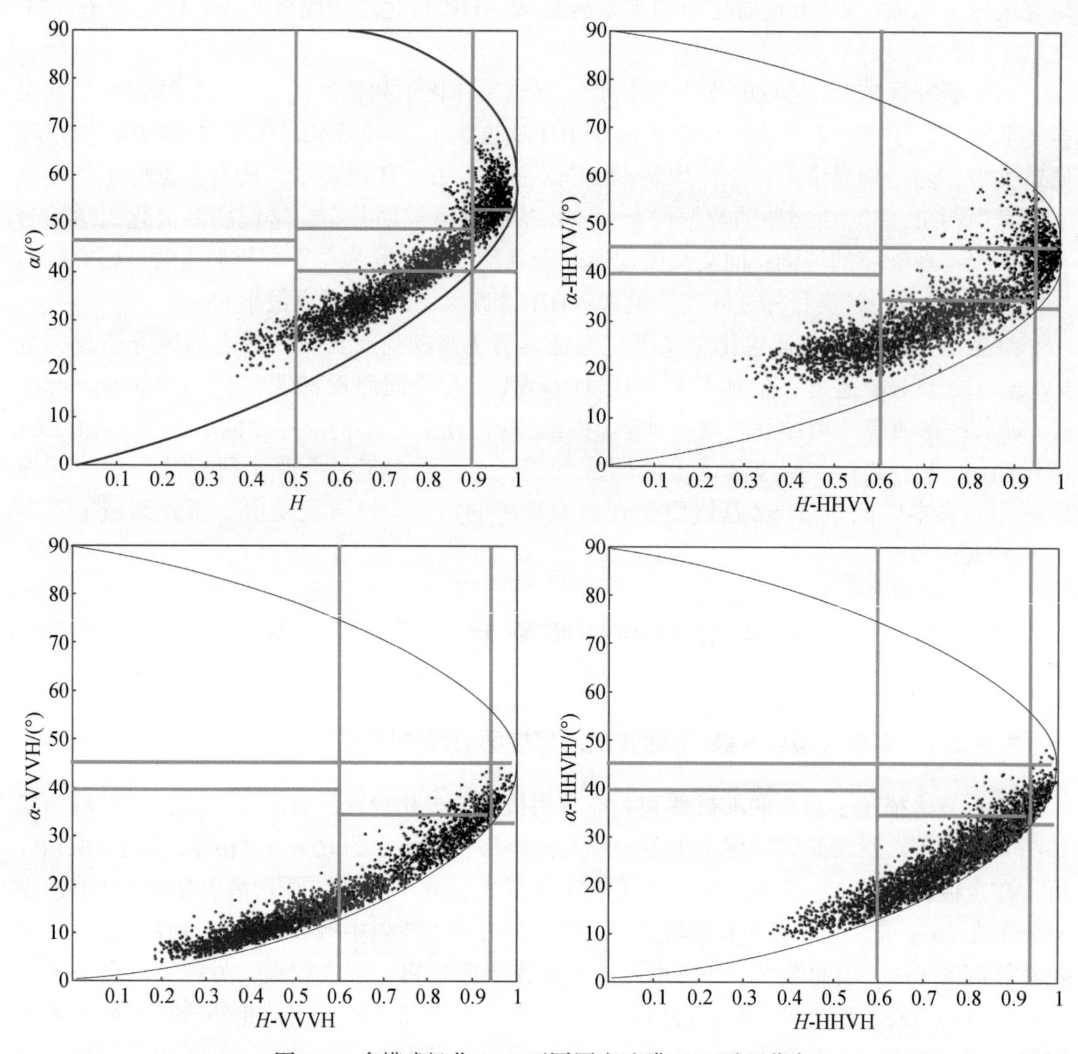

图 7.5　多模式极化 SAR 不同厚度油膜 H/α 平面分布

为探究不同双极化模式的散射机制识别性能，选取相同 H/α 平面划分区域对不同厚度油膜的样本分布进行对比和分析。对于 HH-VV 模式双极化，海水样本主要分布于低熵表面散射区域，少量样本分布于中熵表面散射区域；厚油膜处于高熵多次散射和偶极子散射，少量样本分布于中熵多次散射；薄油膜介于厚油膜和海水之间，主要分布于中熵表面散射和中熵偶极子散射，与其他两类目标有叠混现象；HH-VV 模式中各类目标基本能够保持和全极化信息类似的有效区域和分布结果，但是油膜和海水目标之间在一定程度上混叠高于全极化，目标样本分布相对发散。VV-VH 模式和 HH-VH 模式双极化的目标样本数据分布相类似，VV-VH 模式中低熵表面散射机制的海水样本分布相对集中，但分布于中熵表面散射和偶极子散射的油膜样本较分散。HH-VH 模式中厚油膜、薄油膜和海水之间混叠相对严重，较难区分不同目标之间的有效界限。两个模式在 H 参数上分布范围跨度较大，但在 α 参数分布上不能区分低、中、高熵的三种散射机制。

极化熵能够表征目标区域的随机性程度，为进一步探究不同双极化模式溢油检测信息与全极化信息的差异程度，分别构建不同双极化模式与全极化数据的极化熵对应散点分布对比结果。如图 7.6 所示，三种双极化模式与全极化信息均存在一定的差异，其中，HH-VV 模式与全极化模式最为接近，但是各类目标之间聚类分布与全极化相差略大，部分数据分布略低于全极化模式相对应的数据；VV-VH 模式数据的散点结果明显低于全极化数据，各类目标聚类效果与 HH-VV 模式类似，但处于高熵区域的油膜目标相对发散；HH-VH 模式数据与全极化数据相比，各类目标样本分布较为发散，混叠较为严重。综上所述，在全极化模式下，不同厚度油膜目标主要散射机制区分明显；HH-VV 极化模式更为接近全极化信息，能够较好的保留相类似的信息，VV-VH 模式次之，HH-VH 模式略差。

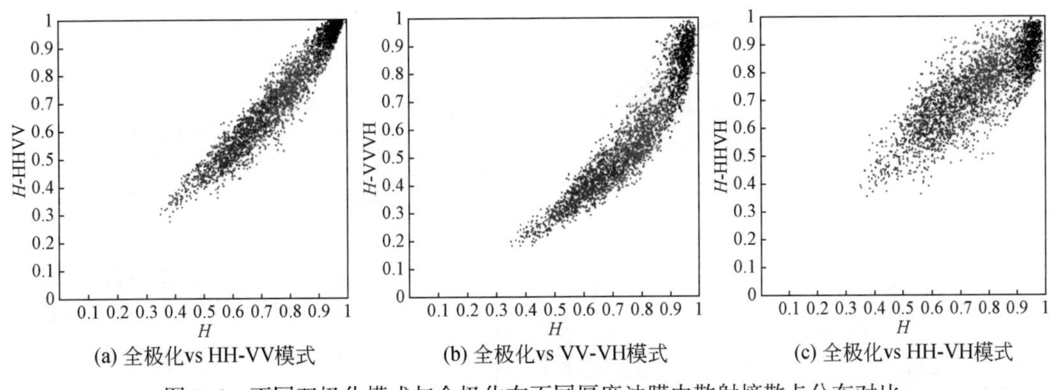

(a) 全极化vs HH-VV模式　(b) 全极化vs VV-VH模式　(c) 全极化vs HH-VH模式

图 7.6　不同双极化模式与全极化在不同厚度油膜中散射熵散点分布对比

7.3.2.2　多模式极化 SAR 下油膜和类油膜的 H/α 对比结果

对于研究区域 2 中油膜与自然现象引起的类油膜暗区域的 H/α 平面的散射机制识别分析可知，在全极化系统下，海水的熵值较低，为 0.2 ~ 0.4，平均散射角均小于 20°，在 H/α 平面上集中分布在区域 8，这说明海洋表面以 Bragg 表面散射为主导散射机制。由于实验地点选择在渔场附近，且数据采集时间为 9 月，养殖区内生物多样性活动频繁，表面活性有机物质浓度相对增高，逐渐积累的有机物质最终形成了具有一定黏度的生物油膜，油膜的存在增加了区域内极化散射的随机性，因此生物油膜的熵值较高，为 0.8 ~ 0.95，平均散射角范围 45° ~ 55°，在 H/α 平面上主要分布在区域 1 和区域 2，分别对应于高熵多次散射机制和高熵偶极子散射机制。大气锋面引起的海表面呈现与油膜类似的暗特征区域，熵值低于生物油膜，但略高于海水背景，与研究区域 1 左下区域的粗糙海域的熵值较接近，主要分布在区域 5，对应于中熵表面散射机制，少部分分布于区域 8，对应低熵表面散射机制。这说明自然现象引起的暗区域并没有改变海水的介电常数，散射机制与海水相同，但表面的随机性增大，极化空间中的信息有助于将其与海洋油膜进行区分。

对于 HH-VV 模式双极化 SAR 系统，海水样本整体分布于低熵表面散射；油膜主要分布于高熵偶极子散射区域和中熵偶极子散射区域，少量样本分布于中熵多次散射和高熵多次散射区域；由大气锋面引起的暗区域样本分布于低熵表面散射和中熵表面散射。HH-VV

模式中油膜、自然现象暗区域及海水目标基本呈现类似于全极化信息的分布结果，但是散射机制识别能力略低于全极化，各类目标样本分布相对发散，呈现了更强的随机性，目标之间在一定程度上存在混叠现象。VV-VH 模式双极化 SAR 和 HH-VH 模式双极化 SAR 的目标样本数据分布和形状相似，VV-VH 模式中样本分布较 HH-VH 模式相对更集中，HH-VH 模式中目标之间相对分散。两个模式在 α 参数分布上不能区分低、中、高熵对应的三种散射机制，如图 7.7 所示。

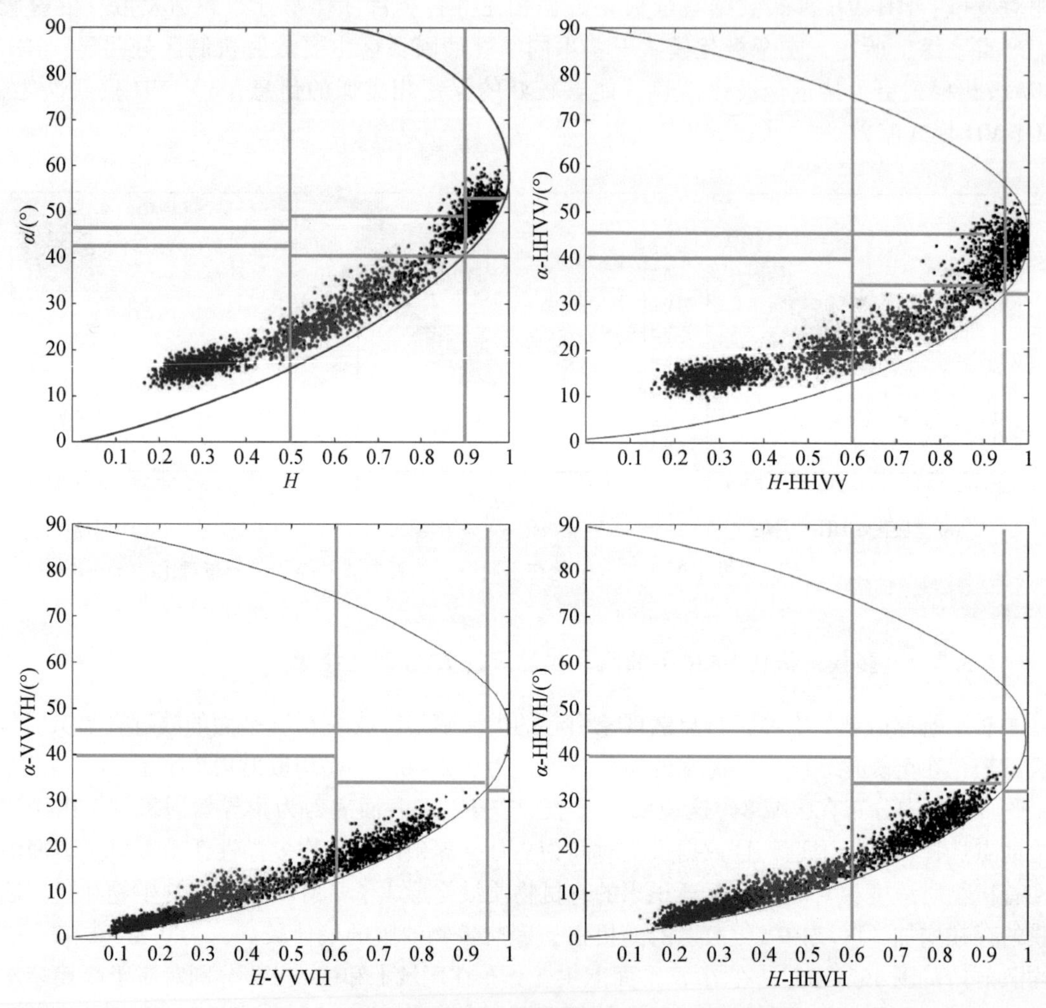

图 7.7　多模式极化 SAR 油膜与类油膜 H/α 平面分布

根据不同双极化模式与全极化数据的极化熵对应散点分布对比结果所示。HH-VV 模式与全极化模式最为接近，整体分布呈现线性结果，各类目标之间聚类效果较好，但是油膜目标局部数据略高于全极化模式对应的数据，说明随机性要高于全极化；VV-VH 模式下各类目标的散射熵数据明显低于全极化数据，各类目标聚类效果与 HH-VV 模式类似，但处于中熵和高熵区域的油膜与类油膜目标相对发散；HH-VH 模式数据与全极化数据相比，各类目标样本分布较为发散，聚类效果较差。因此，本研究区域中油膜和自然现象引起的暗区域的数据分布结果也呈现出：HH-VV 极化模式更为接近全极化信息，能够较好地保留相类似的信息，VV-VH 模式次之，优于 HH-VH 模式，如图 7.8 所示。

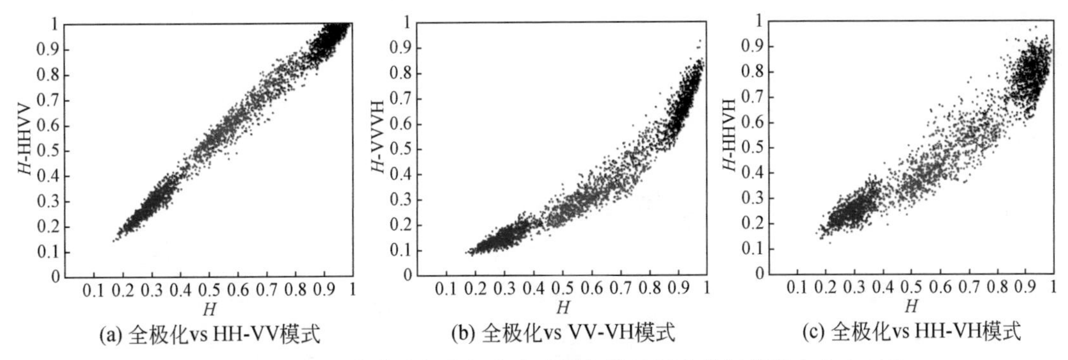

(a) 全极化vs HH-VV模式　(b) 全极化vs VV-VH模式　(c) 全极化vs HH-VH模式

图 7.8　不同双极化模式与全极化在油膜与类油膜中散射熵散点分布对比

7.3.2.3　多模式极化 SAR 下不同种类油膜的 H/α 对比结果

对于研究区域三种不同模式极化 SAR 下不同种类油膜的 H/α 研究。在全极化系统下，不同种类油膜之间的散射特性表现一定的差异性，海水的熵值为 0.15～0.3，平均散射角小于 20°。在 H/α 平面上集中分布在区域 8，对应了低熵表面散射。植物油的分布与海水相似，但略高于海水，熵值为 0.3～0.5，平均散射角范围为 10°～30°。在 H/α 平面上主要分布在区域 8，少部分分布在区域 5，分别对应于低熵表面散射机制和中熵表面射机制，这说明植物油的主要机制是表面散射，与海水表面差异较小。乳化油熵值的主要范围在 0.5～0.8，散射角主要分布在 20°～40°，在 H/α 平面上集中分布在区域 5，少部分分布在区域 8，分别对应于中熵表面散射和低熵表面散射。原油熵值的主要范围在 0.75～0.95，散射角主要分布在 30°～50°，高于海水、植物油和乳化油，在 H/α 平面上集中分布在区域 4，少部分分布在区域 2 和区域 5，分别对应于中熵植被散射、高熵植被散射和中熵表面散射。这说明原油和乳化油的散射机制相对复杂，植物油膜和海水的散射机制相对单一，且原油与植物油之间的差异要大于乳化油与植物油之间的差异。

对于不同双极化模式，整体呈现与上述研究区域相类似的结果。在 HH-VV 模式双极化系统中，海水样本整体分布于低熵表面散射；植物油主要分布于低熵表面散射，少量样本分布于中熵表面散射，此外植物油膜与海水的散射角基本相等，因此在相同的散射机制区域内呈现相同散射角水平；乳化油分布于中熵表面散射和低熵表面散射；原油主要分布于中熵表面散射，少量分布于中熵偶极子散射。HH-VV 模式中不同种类油膜和海水目标基本呈现类似于全极化信息的分布结果，但是散射机制识别能力略低于全极化，目标之间呈现一定的叠混现象。VV-VH 模式和 HH-VH 模式的目标样本数据分布和形状相似，不同油膜目标均分布于表面散射，VV-VH 模式中样本分布略优于 HH-VH 模式，样本分布聚类效果明显，如图 7.9 所示。

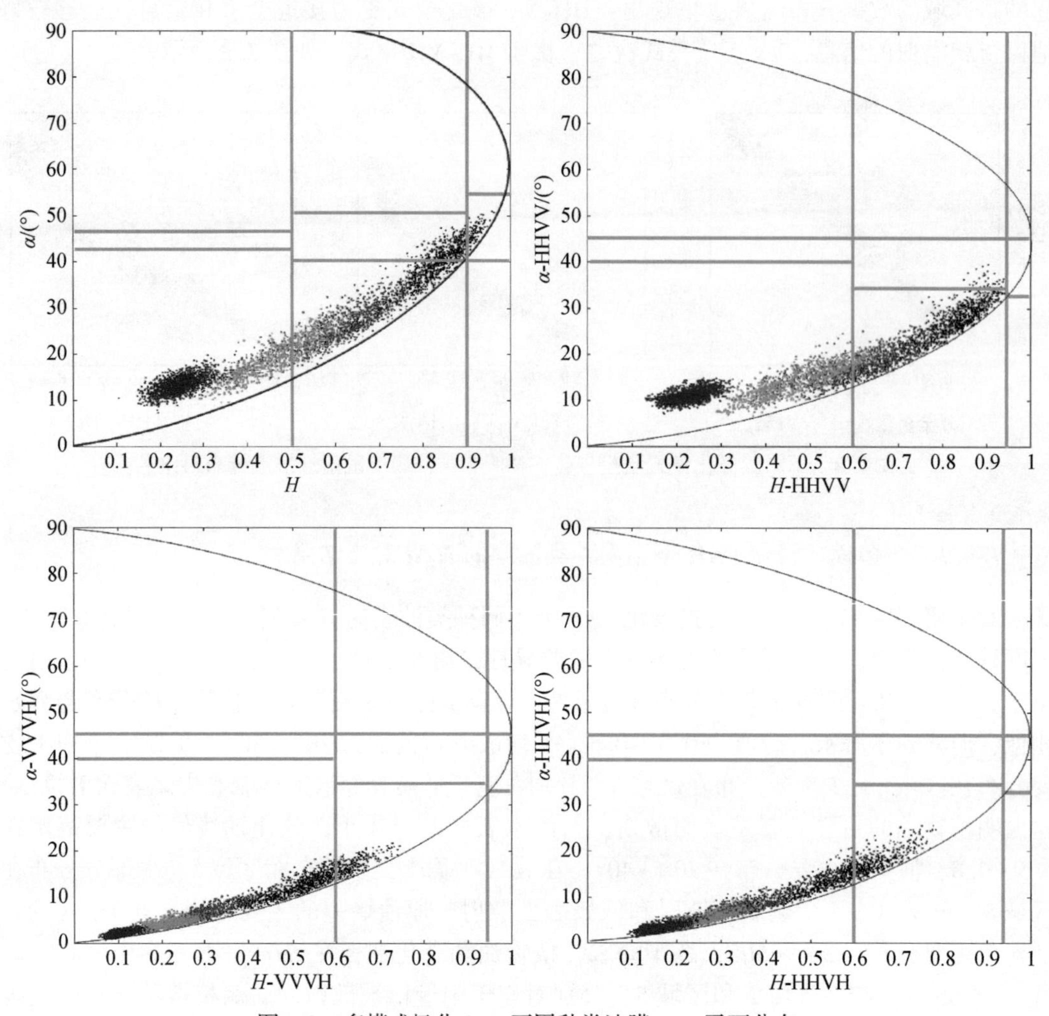

图 7.9　多模式极化 SAR 不同种类油膜 H/α 平面分布

根据不同双极化模式与全极化数据的极化熵对应散点分布对比结果所示。HH-VV 模式与全极化模式最为接近，整体分布接近线性结果，但是各类目标随着熵值增加而呈现较大的分散性，说明随着随机性的增高而与全极化信息的拟合降低；VV-VH 模式下各类目标的散射熵数据明显低于全极化数据，各类目标聚类效果与 HH-VV 模式类似，高熵区域的目标分布相对发散；HH-VH 模式数据与全极化数据相比，各类目标样本分布较为发散，聚类效果较差。因此，本研究区域中不同种类油膜的数据分布结果显示：HH-VV 极化模式更为接近全极化信息，但是各类目标分布较为分散，VV-VH 模式和 HH-VH 模式相类似，但 VV-VH 模式中各类目标聚类更为集中，混叠现象较轻，优于 HH-VH 模式，三种模式下的分类目标均随着极化熵增加而分散更为明显，如图 7.10 所示。

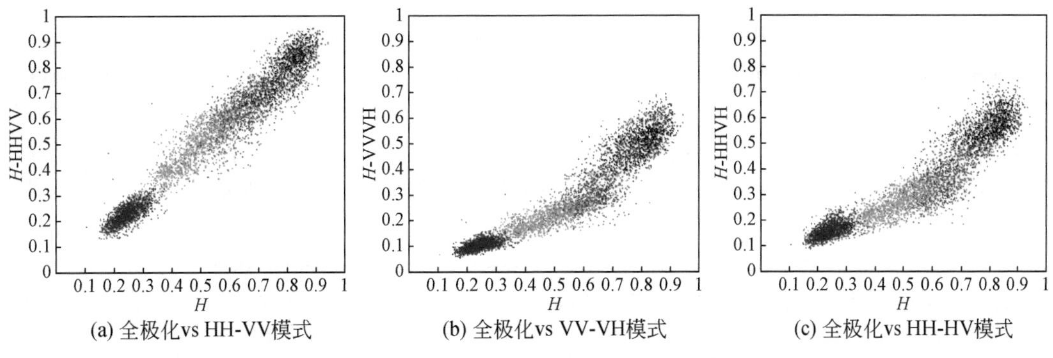

(a) 全极化vs HH-VV模式 (b) 全极化vs VV-VH模式 (c) 全极化vs HH-HV模式

图 7.10 不同双极化模式与全极化在不同种类油膜中散射熵散点分布对比

7.4 小 结

本章基于相同传感器下多模式极化 SAR 图像开展溢油散射机制及特性分析，综合讨论并评估了多模式极化 SAR 的溢油识别性能，分析结果表明。

（1）在相同的传感器条件下，低入射角条件的图像比高入射角条件的图像呈现更高的信噪比结果，高入射角的图像海水表现出比低入射角海水更高的随机性和复杂性；对比不同通道之间的后向散射强度，VH<HH<VV，交叉极化通道受本底噪声影响更大；油水对比度方面，VH<HH<VV，因此 VV 通道更适用溢油检测，HH 通道次之。在油膜相对厚度的后向散射强度信息差异中，厚油膜<薄油膜<海水；在油膜与类油膜之间，油膜<类油膜<海水；在不同油种之间，原油<乳化油<植物油<海水。

（2）全极化 SAR 溢油检测与散射机制分类性能整体优于双极化 SAR 模式，能够更好地区分溢油散射机制；在多种双极化 SAR 模式中，HH-VV 模式表现最优，其溢油散射机理与全极化 SAR 相类似但识别性能稍差，整体优于其他两种双极化模式，在无法获取全极化信息时可作为全极化系统的替代方案。此外，VV-VH 模式整体优于 HH-VH 模式。

参 考 文 献

郭睿，2012. 极化 SAR 处理中若干问题的研究．西安：西安电子科技大学．

李仲森，2013. 极化雷达成像基础与应用．北京：电子工业出版社．

刘朋，2012. SAR 海面溢油检测与识别方法研究．青岛：中国海洋大学．

童绳武，2019. 利用自相似性参数和随机森林的极化 SAR 海面溢油检测的研究．武汉：中国地质大学．

吴永辉，2007. 极化 SAR 图像分类技术研究．长沙：国防科学技术大学．

张杰，张晰，范陈清，等，2016. 极化 SAR 在海洋探测中的应用与探讨．雷达学报，5（6）：596-606.

Alpers W，Espedal H，2004. Oils and surfactants. Synthetic Aperture Radar Marine Users Manual，263-275.

Buono A，Nunziata F，Migliaccio M，et al.，2016. Polarimetric analysis of compact-polarimetry SAR architectures for sea oil slick observation. IEEE Transactions on Geoscience and Remote Sensing，54（10）：5862-5874.

Gade M，Alpers W，Hühnerfuss H，et al.，1998. Imaging of biogenic and anthropogenic ocean surface films by the multifrequency/multipolarization SIR- C/X- SAR. Journal of Geophysical Research：Oceans，103（9）：

18851-18866.

Li G, Li Y, Liu B, et al., 2018. Analysis of scattering properties of continuous slow- release slicks on the sea surface based on polarimetric synthetic aperture radar. ISPRS international journal of geo- information, 7 (7): 237.

Li H, Perrie W, He Y, et al., 2014. Analysis of the polarimetric SAR scattering properties of oil- covered waters. IEEE Journal of Selected Topics in Applied Earth Observations and Remote Sensing, 8 (8): 3751-3759.

Minchew B, Jones C E, Holt B, 2012. Polarimetric analysis of backscatter from the Deepwater Horizon oil spill using L- Band synthetic aperture radar. IEEE Transactions on Geoscience and Remote Sensing, 50 (10): 3812-3830.

Skrunes S, Brekke C, Eltoft T, 2014. Characterization of marine surface slicks by Radarsat- 2 multipolarization features. IEEE Transactions on Geoscience and Remote Sensing, 52 (9): 5302-5319.

Tian W, Shao Y, Yuan J, et al., 2010. An experiment for oil spill recognition using RADARSAT-2 image. 2010 IEEE International Geoscience and Remote Sensing Symposium, Honolulu, USA, 2761-2764.

Ozigis M S, Kaduk J, Jarvis C, 2018. Synergistic application of Sentinel 1 and Sentinel 2 derivatives for terrestrial oil spill impact mapping. Proceedings of the Active and Passive Microwave Remote Sensing for Environmental Monitoring II, Berlin, Germany, 10788: 107880R.

Wismann V, Gade M, Alpers W, et al., 1998. Radar signatures of marine mineral oil spills measured by an airborne multi-frequency radar. International Journal of Remote Sensing, 19 (18): 3607-3623.

Zhang B, Perrie W, Li X, et al., 2011. Mapping sea surface oil slicks using RADARSAT- 2 quad- polarization SAR image. Geophysical Research Letters, 38 (10): 602.

8　基于多时相双极化 SAR 溢油检测与分析研究

双极化 SAR 系统能够捕获宽幅影像下海洋溢油目标的部分极化信息，是承接单极化系统和全极化系统的重要平衡环节和研究内容，是长时间序列下海洋溢油检测与跟踪的重要基础。然而，针对长时间序列宽幅影像进行目标解译和提取中会伴随着较高的运算量，因此，构建时间序列下局部感兴趣区域提取方法能够有效降低时空维度的运算量；在此基础上，有效结合极化信息和纹理信息进行目标解译和提取能够提高双极化 SAR 系统的信息丰度。此外，评估不同复杂度边界条件下的优势特征信息，并构建兼顾不同复杂度边界的溢油检测算法对溢油的空间分布和时间序列动态变化检测具有重要意义。

本章研究基于油膜和类油膜在多时相图像中发生频率特点，提出一种基于多时相潜在暗区域频率的感兴趣区域提取方法，并在此基础上对双极化 SAR 在不同油水复杂度边界图像中的优势特征进行对比和分析，进而提出一种兼顾不同复杂度边界优势特征的溢油检测方法，技术路线如图 8.1 所示。

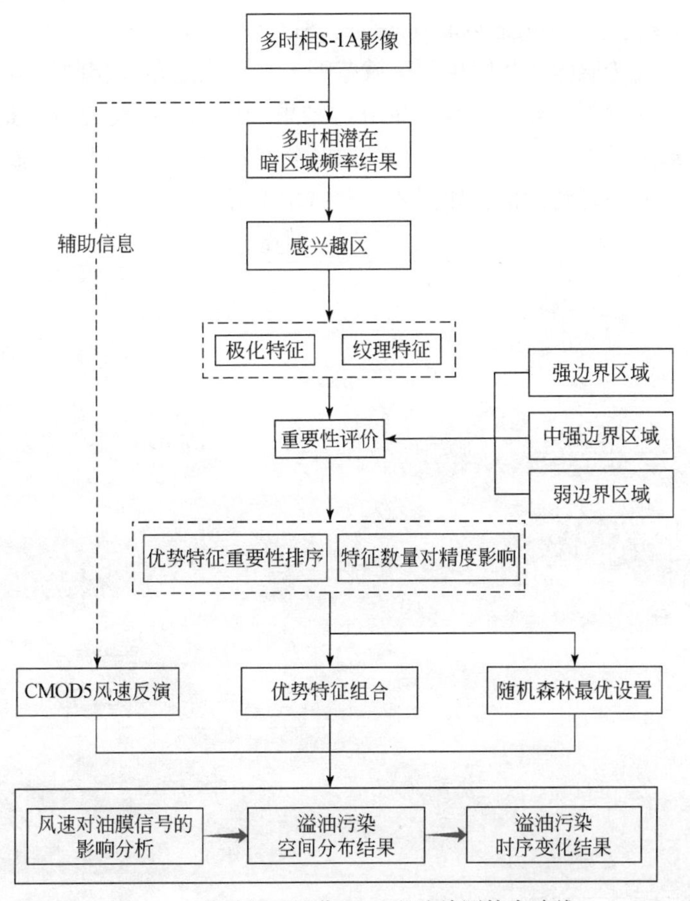

图 8.1　多时相双极化 SAR 溢油检测技术路线

8.1　实验区与数据源介绍

里海（caspian sea）位于欧亚大陆交汇处，是世界上最大的内陆水体，也是连接东西方水上交通和贸易的战略枢纽，阿塞拜疆、哈萨克斯坦、俄罗斯、土库曼斯坦和伊朗与之接壤并共享其自然遗产（周明和翟化胜，2020）。2018 年 8 月 12 日里海五国共同签署了《里海法律地位公约》，自此确定并宣布了里海“非海非湖”的法律地位（周明和翟化胜，2020）。里海蕴含丰富的石油矿产资源，总储存量约为 2500×10^8 桶以上，仅次于中东地区（Bayramov and Buchroithner，2015；Bayramov et al.，2018a，2018b；Mityagina and Lavrova，2015；Marina and Olga，2016）。里海在 20 世纪 40 年代后期开发了主要陆架油田——石油岩（oil rocks），是石油污染最严重的区域之一（Marina and Olga，2016）。

Sentinel-1A 卫星是欧空局“哥白尼计划”（Copernicus）的重要组成，于 2014 年 4 月 3 日启动运行，工作于 C 波段，采用右侧视对地观测方式，具有 4 种成像模式数据。用户可通过传感器时间范围、产品类型、极化方式、传感器模式、相对轨道数及感兴趣区域范围等需求在欧空局的数据分发中心查询并下载（欧阳伦曦等，2017）。依据本书的研究背景、目的和数据源获取，本研究以 Sentinel-1A 数据的重访周期（12 天）为步长选取自 2017 年 2 月至 2018 年 1 月共 29 景覆盖里海区域 Sentinel-1A 影像，数据均为 IW 模式的标准 Level-1 单视复数数据（single look complex，SLC）数据，VV-VH 极化组合模式，以保证数据图像满足相同传感器、相同探测区域范围、相同入射角和相同轨道信息等条件，排除了不同轨道、入射角等差异对后续图像分类结果的影响。需要说明的是数据中以 12 为步长的个别数据缺失是出于数据分发中心获取及公布缺失原因，但并不影响整体研究。研究区域和数据时间序列可视化信息如图 8.2 和图 8.3 所示。

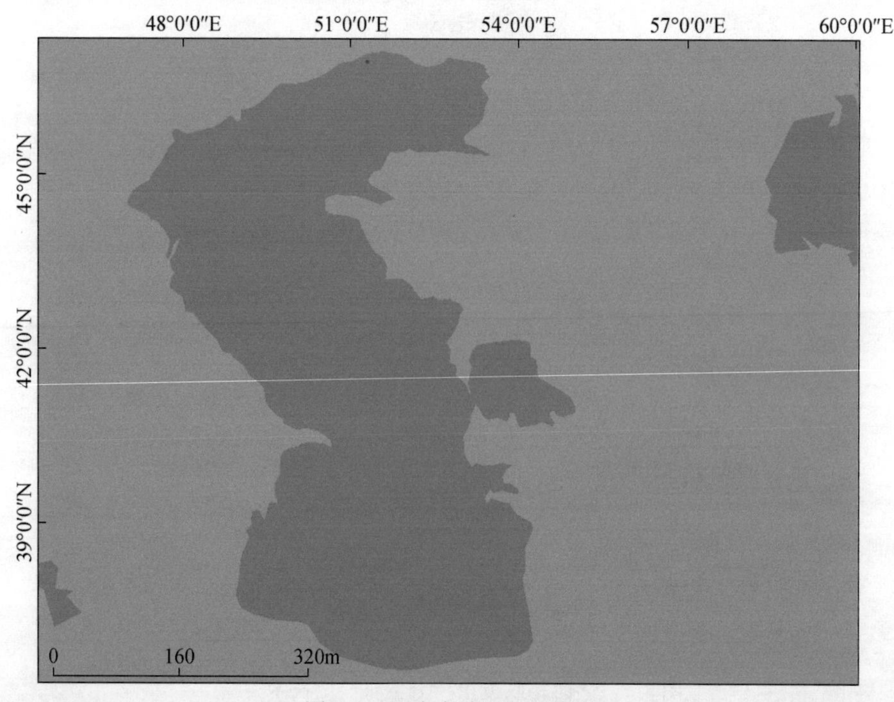

图 8.2　里海实验区地理位置

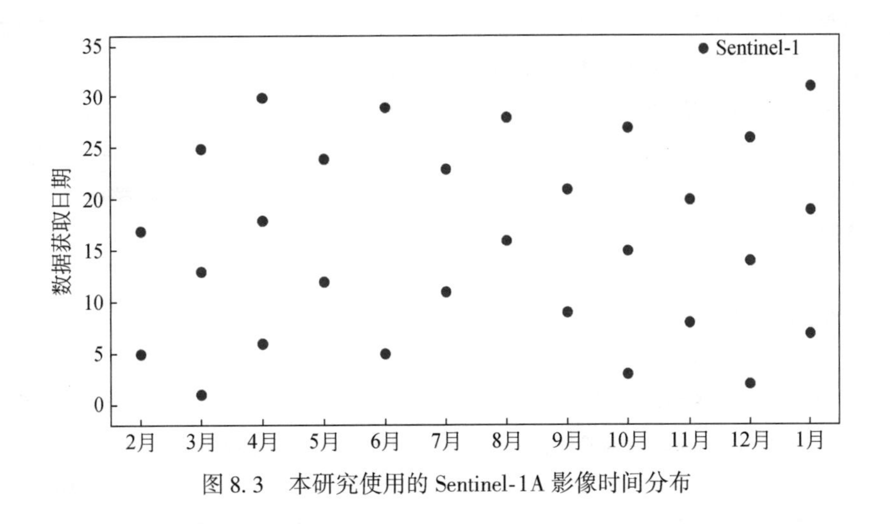

图 8.3　本研究使用的 Sentinel-1A 影像时间分布

8.2　基于多时相感兴趣区边界优势特征的溢油检测算法

在宽幅影像中提取感兴趣区域能够有效降低运算量，而海洋环境非常复杂，传统的视觉显著性检测往往对影像中高亮度、边界差异强的目标更为敏感，如海陆边界、岛屿、船舶等；但是，对于 SAR 图像溢油检测来说，具有“暗斑”特征的溢油区域才是用户更为关注的区域，而具有明亮特征的岛屿、船舶等目标均视为杂波信息。此外，许多海表面自然现象引起的“类油膜”也呈现类似的暗斑特征而影响溢油的解译、识别和检测，如海面低风速区、局部风应力引起的大气锋面、背风岬角、海洋内波、船舶尾迹、雨团、落潮海滩以及上升流等（刘朋，2012）。因此，结合 SAR 图像中溢油目标的自身特点和成像机理来构建 SAR 图像溢油感兴趣区域提取算法至关重要。

不同目标存在会影响 SAR 图像像素的空间分布，如图 8.4 所示，不同的符号标志代表 SAR 图像中不同强度的像素，蓝色表示海水像素，灰色为固有相干斑噪声，黑色代表暗特征像素，如油膜和类油膜。理想纯净海面为统一、均匀分布，仅海水和噪声像素存在，像素空间分布如图 8.4（a）所示。当理想的纯净海面仅有溢油发生时，图像像素的空间分布则有局部明显低强度的聚类，如图 8.4（b）所示。实际情况下，图像会因为包含多种

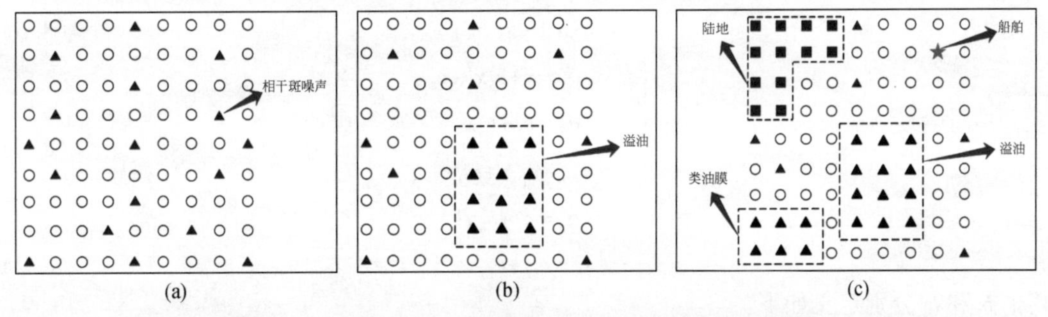

图 8.4　海表面均匀区域和非均匀区域可视化对比结果图

（a）理想纯净海面；（b）仅有溢油发生的理想纯净海面；（c）实际情况下溢油发生的海面

目标而呈现复杂的空间分布，溢油和类溢油现象均会表现为低后向散射强度，图像中同时存在几个低强度的聚类，如图 8.4（c）所示（Shu et al.，2010）。

基于 SAR 影像进行溢油检测与分析研究时，本章以覆盖里海石油岩区域的 Sentinel-1A 影像为数据源，提出一种适用于多时相双极化 SAR 图像的简单、快速定位连续性溢油的感兴趣区算法，基于潜在暗区域频率结果剔除低概率的类溢油区域，将整幅大范围影像缩小至局部范围，降低图像处理计算量。

8.2.1 风场信息反演

基于 C 波段星载 SAR 图像的海面风场反演通常基于半经验地球物理模型函数（geophysical model functions，GMF）进行，是利用雷达对海探测的基本原理建模的常用方法，主要包括 CMOD4、CMOD-IFR2 和 CMOD5 等系列模型，是目前广泛应用于 C 波段风速反演的基本模型（张康宇，2019；Hersbach et al.，2007）。CMOD4 和 CMOD-IFR2 模型分别基于 ERS 散射计及欧洲中期天气预报中心数值模拟风场数据和 ERS、ECMWF 数值模拟风场数据、NOAA 浮标数据开发的模型，但是在高风速条件下会出现低估现象（Stoffelen and Anderson，1997；Quilfen et al.，1998）。随后，Hersbach 等（2007）针对存在的问题进一步改进并开发了 CMOD5 模型，克服了 CMOD4 在高风速条件下的局限性，后经过欧空局实施部署逐渐被广泛应用，一些研究基于大量 SAR 图像结果对比不同模型和实测数据的精度，有效证明 CMOD5 的精度要优于 CMOD4 和 CMOD-IFR2（Hersbach et al.，2007；张康宇，2019；Nezhad et al.，2019），其定义如下（Hersbach et al.，2007；张康宇，2019）。

$$\sigma^0 = b_0 \left[1+b_1\cos\varphi+b_2\cos2\varphi\right]^n \tag{8.1}$$

b_0、b_1和 b_2是入射角和风速之间的函数，假设 $x=(\theta-40)/25$，则 b_0定义为

$$b_0 = 10^{a_0+a_1 v} f(a_2 v, s_0)^{\gamma} \tag{8.2}$$

其中，

$$f(s,s_0)=\begin{cases}(s/s_0)^a g(s_0), & s<s_0\\ g(s), & s\geqslant s_0\end{cases} \tag{8.3}$$

$$g(s)=\frac{1}{1+\exp(-s)} \tag{8.4}$$

$$\alpha = S_0(1-g(S_0)) \tag{8.5}$$

$$\begin{cases}a_0=c_1+c_2x+c_3x^2+c_4x^3\\ a_1=c_5+c_6x\\ \gamma=c_9+c_{10}x+c_{11}x^2\\ a_2=c_7+c_8x\end{cases} \tag{8.6}$$

$$s_0=c_{12}+c_{13}x \tag{8.7}$$

其中 b_1和 b_2分别定义如下：

$$\begin{cases} b_1 = \dfrac{c_{14}(1+x)-c_{15}v(0.5+x-\tanh(4(x+c_{16}+c_{17}v)))}{1+\exp(0.34(v-c_{18}))} \\ b_2 = (-d_1 v_2)\exp(-v_2) \end{cases} \tag{8.8}$$

$$v2 = \begin{cases} a+b\ (y-1)^n, & y<y_0 \\ y, & y \geqslant y_0 \end{cases} \tag{8.9}$$

$$y = \frac{v+v_0}{v_0} \tag{8.10}$$

$$\begin{cases} a = y_0 - (y_0-1)/n \\ b = 1/(n\ (y_0-1)^{n-1}) \end{cases} \tag{8.11}$$

$$v_0 = c_{21}+c_{22}x+c_{23}x^2 \tag{8.12}$$

$$\begin{cases} d_1 = c_{24}+c_{25}x+c_{26}x^2 \\ d_2 = c_{27}+c_{28}x \end{cases} \tag{8.13}$$

式中，σ^0为后向散射系数；v 为海面风速（10m 高度）；θ 为雷达入射角；φ 为相对风向；$c_1 \sim c_{28}$对应的值如图 8.5 所示。

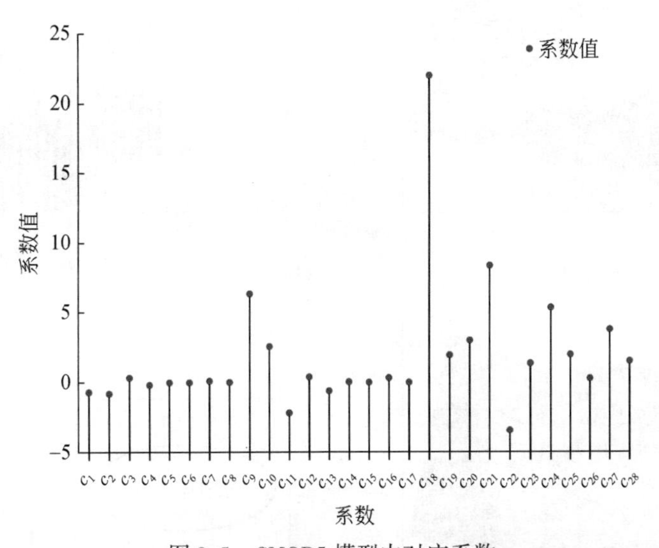

图 8.5　CMOD5 模型中对应系数

8.2.2　基于潜在暗区域的感兴趣区提取方法

在 SAR 溢油检测研究中，暗斑特征区域往往更受关注，除此之外的其他目标信息都相当于虚警信息。而对于多时相 SAR 图像，时间维度扩展造成的大量计算对溢油检测效率造成了巨大的压力。因此，提取感兴趣区域能够有效降低时空维度的运算量，并且能够排除虚警干扰进而锁定感兴趣的特定地物目标，对于后续处理、计算进而实现溢油检测具有一定的研究意义和价值。

8.2.2.1　潜在暗区域提取

人类对宽幅影像中的感兴趣区域的锁定依赖于目标对视觉的显著性表现，在实际应用中，SAR 图像往往包含更多的目标而呈现多层次的强度结构，陆地、船舶等目标具有较高后向散射强度，相比于海水和油膜更能吸引人类的视觉和自主选择（Shu et al.，2010；景慧昀，2014；崔璨，2018）。因此，本书根据溢油和类溢油的在时间序列上发生频率特征提出一种基于潜在暗区域频率的感兴趣区域提取方法。重点关注后向散射强度较低的暗区域，而将高后向散射强度的明亮区域作为背景区域，基于 Otsu 阈值分割算法寻找最佳阈值 t 将图像分为两类：潜在暗区域像素和背景像素，分别用 1 和 0 表示。在本研究中，随机选取不同季度影像进行统计，统一选取 t 为 -29dB 作为后向散射强度阈值，目的是批量提取多景影像，此外能够有效避免由于成像条件引起的溢油识别失效现象，如高风速情况，如图 8.6 所示。

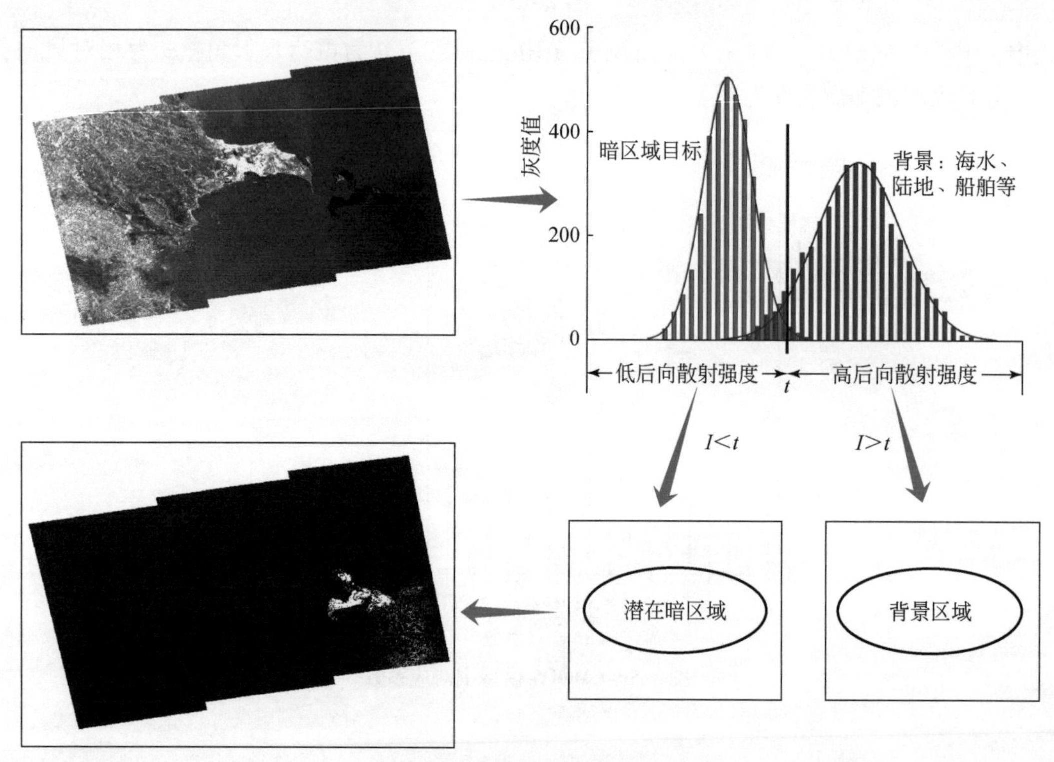

图 8.6　潜在暗区域提取示意图

8.2.2.2　潜在暗区域频率结果提取

提取的潜在暗区域不仅包括海上溢油目标，还包括由自然现象引起的暗斑区域，如低风区、背风岬角、海洋内波等。综合潜在暗区域的特点可知。

（1）油膜引起的暗斑区域是渗漏油在时间序列下连续溢出产生，时间重复性是其最具鉴别性的特征，因此在局部区域内发生的频率较高。

（2）自然现象引起的暗斑区域因受到风、大气等自然因素的影响而产生，该现象出现通常具有较强的随机性，因此在时间序列图像中出现在同一区域的频率远低于溢油发生频率。

然后，综合多时相 SAR 图像的潜在暗区域结果构建潜在暗区域频率结果：

$$P(i,j)=\frac{\sum_{n=1}^{N}p_n(i,j)}{N} \tag{8.14}$$

其中，N 表示多时相图像数据个数，本书中为 29 景。$P_n(i,\ j)$ 表示第 n 个图像中像素 $(i,\ j)$ 是否为潜在暗区域，用 0 或者 1 表示。最后，根据潜在暗区域频率结果，提取高频区域作为最终感兴趣区，在此处我们选择 0.5 作为感兴趣区提取阈值，即 0.5 以下视作发生概率较低的自然现象引起的随机暗区域，选取横纵向最大距离为范围临界。

8.2.3　不同边界优势特征分析与对比

基于潜在暗区域概率结果提取的感兴趣区作为最终计算区域，降低了后续处理和分析在空间维度的计算量。在针对感兴趣区域内目标进行特征提取和分类时，单纯依靠后向散射强度仅能对地物进行初步划分，且容易受到遗留的少部分干扰目标的影响；而在极化信息获取方面，双极化系统的脉冲重复频率低于全极化系统，仅能获取部分极化信息（Li et al., 2014），因此为了扩大信息丰度，本书综合利用图像的双极化特征和纹理特征进行溢油目标的信息挖掘、特征提取和目标分类。

8.2.3.1　特征参数提取

与全极化数据的类似，针对双极化 SAR 的极化分解和极化特征提取是基于由二维协方差矩阵或相干矩阵进行计算。因此，本书基于 Sentinel-1A 卫星 VV-VH 双极化数据生成的二维协方差矩阵提取特征参数，在基于双极化特征参量提取之上，将全极化特征参数引申至双极化系统，并综合了图像的纹理信息，详情见表 8.1。

表 8.1　本研究采用的双极化特征和纹理特征参数

特征参数	定义	维度
矩阵对角元素	$\sigma_{Vj}=10\times\lg\ (DN^2+B)/A)$，$j\in(H,\ V)$	2
特征值	$C_2=\sum_i^3\lambda_i u_i u_2^{\mathrm{T}*}$	2
极化比	$\mathrm{PR}=C_{22}/C_{11}$	1
极化散射角	$\alpha=P_1\alpha_1+P_2\alpha_2+P_3\alpha_3$	1
极化熵	$H=\sum_{i=1}^2-P_i\log_3 P_i$	1
各向异性	$A=\ (\lambda_2-\lambda_3)/(\lambda_2+\lambda_3)$	1

续表

特征参数	定义	维度
H_A 组合	$(1-H) \times (1-A)$	1
	$H \times A$	1
	$H \times (1-A)$	1
	$(1-H) \times A$	1
相似性参数	$rrrs = \sum_{i=1}^{3} \lambda_i^2 / (\sum_{i=1}^{3} \lambda_i)^2$	1
几何强度	$V = (\det C)^{1/2}$	1
中值	$\mathrm{Mean} = \sum\sum P(i, j)/MN$	1
最大值	$\mathrm{Max} = \sum\sum \max(p(i, j))$	1
方差	$\mathrm{Var} = \sum\sum (i-u)^2 P(i, j)$	1
对比度	$\mathrm{Con} = \sum\sum (i-j)^2 P(i, j)$	1
二阶矩	$\mathrm{ASM} = \sum\sum p(i, j)^2$	1
二阶熵	$\mathrm{Entropy} = -\sum\sum p(i, j) \lg p(i, j)$	1
同质性	$\mathrm{Hom} = \sum\sum p(i, j)/1 + (i-j)^2$	1
差异性	$\mathrm{Dis} = \sum\sum \lvert i-j \rvert P(i, j)$	1
自相关	$\mathrm{Corr} = [\sum\sum (i, j) P(i, j) - \mu_x \mu_y]/\sigma_x \sigma_y$	1
总计	—	23

（1）双极化特征

双极化 SAR 系统，构建的极化协方差矩阵定义为（吴永辉，2007；郭睿，2012）

$$\langle \boldsymbol{C}_2 \rangle = \begin{bmatrix} \boldsymbol{C}_{11} & \boldsymbol{C}_{12} \\ \boldsymbol{C}_{21} & \boldsymbol{C}_{22} \end{bmatrix} = \sum_{i=1}^{i=2} \boldsymbol{\lambda}_i \boldsymbol{u}_i \boldsymbol{u}_i^{\mathrm{T}*} \tag{8.15}$$

其中，C_{ij}，i，$j \in (1, 2)$ 对应散射矩阵的元素，λ_i 对应散射矩阵的特征值。本研究基于极化分解方法提取对角元素后向散射强度，$H/A/\alpha$ 参数，特征值，H-A 组合参数，以及由全极化引申至双极化数据的自相似性参数和几何强度参数作为极化特征集合。其中，不同极化组合的后向散射强度信息，由于定标输出的后向散射系数没有量纲，且数量级较小，为方便后续计算和分析，通常将其进行运算获得量纲输出。

（2）纹理特征

纹理是用于图像中感兴趣目标检测的重要属性，其概念和定义最初源自纺织品表面性质的表述，以此来描述纺织品组成成分的排列情况，是一种与区域大小和形状关联的区域特征，如航天图片获取的地质岩石条纹、医学应用中的组织纹理等（Misra and Balaji，2017）。图像的纹理分析是对图像像元灰度等级的空间分布模式的描述，因此可以通过纹理模式是否发生改变来判定不同目标。灰度共生矩阵是一种广泛应用的纹理统计分析方法，表示为图像中两个距离为 d 的像素同时出现的联合概率分布。

$$P_{ij}=\frac{p(i,j,d,\theta)}{\sum_{i}\sum_{j}p(i,j,d,\theta)} \tag{8.16}$$

式中，p 为 θ 方向上间隔 d 像元距离的成对像素灰度值分别为 i 和 j 的像元（i，j）出现的概率。

8.2.3.2 随机森林分类算法与实现

1. 随机森林算法原理

随机森林（random forest）算法是由美国科学院院士 Leo Breiman 于 2001 年提出的一种结合 Bagging 集成、分类、回归决策树和随机选取特征理念的分类器，是一个被广泛认可的集成多个分类与回归树的监督学习方法（Breiman，2001；王敬哲，2019），Fremandez-Delgado 基于 121 个数据集对不同权重抽样方法、随机森林算法、回归算法和决策森林算法进行比较和梳理，指出随机森林算法的内容主要包括两部分：树的生长部分和投票部分（Breiman，2001；王敬哲，2019）；其中，对于树的生长部分，随机森林算法是由较多的元树形分类器组合和生长而成，具体形式为｛（x，Θ_i），$i=1$，2，3，…｝，（x，Θ_i）对应元树形分类器 CART 决策树，遵循两个随机性规则：随机选取训练子集和特征子集。对于样本大小为 N 的训练集数据，通过自助（bootstrap）方法在原始样本数据中以随机且有放回的抽取方式提取 n 个训练子集，并对应生成决策树，而未被抽取样本被用于内部测试来评估模型的性能，称为 OBB（out of bag）袋外数据，其精度称为 OBB 袋外错误率，错误率越小则说明模型的识别能力越强，反之亦然（Liaw and Wiener，2002；Belgiu and Dragut，2016；王敬哲，2019）。每棵树的分裂节点依据随机选择的特征子集的最小 Gini 系数进行选择，最终构成整个随机森林。对于投票部分，随机森林算法对构架中每棵树的预判结果进行众数投票法，统计所有标签获取的票数并将投票最高的类别作为输出标签，进而获取整幅待分类图像的最终分类结果。原理结构如图 8.7 所示。

2. 特征变量重要性评估

随机森林模型基于 OOB 误差的分析对输入的特征参数进行重要性评估和排序，如果特征对不同类别的训练样本数据具有较好的区分能力，则具有较高的重要性得分，被认为是对分类结果具有较高贡献度的优质参数；反之，则认为对分类结果具有较低贡献度的次要参数，适当的剔除低次要参数可以提高算法分类精度和运行效率。随机森林算法通常基于两类遴选方法对输入的特征参数进行筛选并对其重要性进行定量评估：平均下降不纯度 MDI（mean decrease impurity）和平均下降精度 MDA（mean decrease accuracy）（Breiman，2001；王敬哲，2019）。MDI 旨在训练每一棵树时对每个特征进行不纯度排序并计算每个特征能够减少树的加权不纯度的量，对于随机森林的每个特征的不纯度减少量进行加权平均得到平均下降不纯度并进行排序，不纯度在分类中通常是 Gini 不纯度、信息熵或者信息增益（王敬哲，2019）。MDA 旨在测量每个特征值对模型准确度的影响程度，将变量的准确度差异的平均值作为该变量的原始重要性指标，因此，若将该特征置换为增加了噪声的特征，袋外数据的准确度发生较大改变，则说明该特征在模型和分类中呈现较高的重要贡

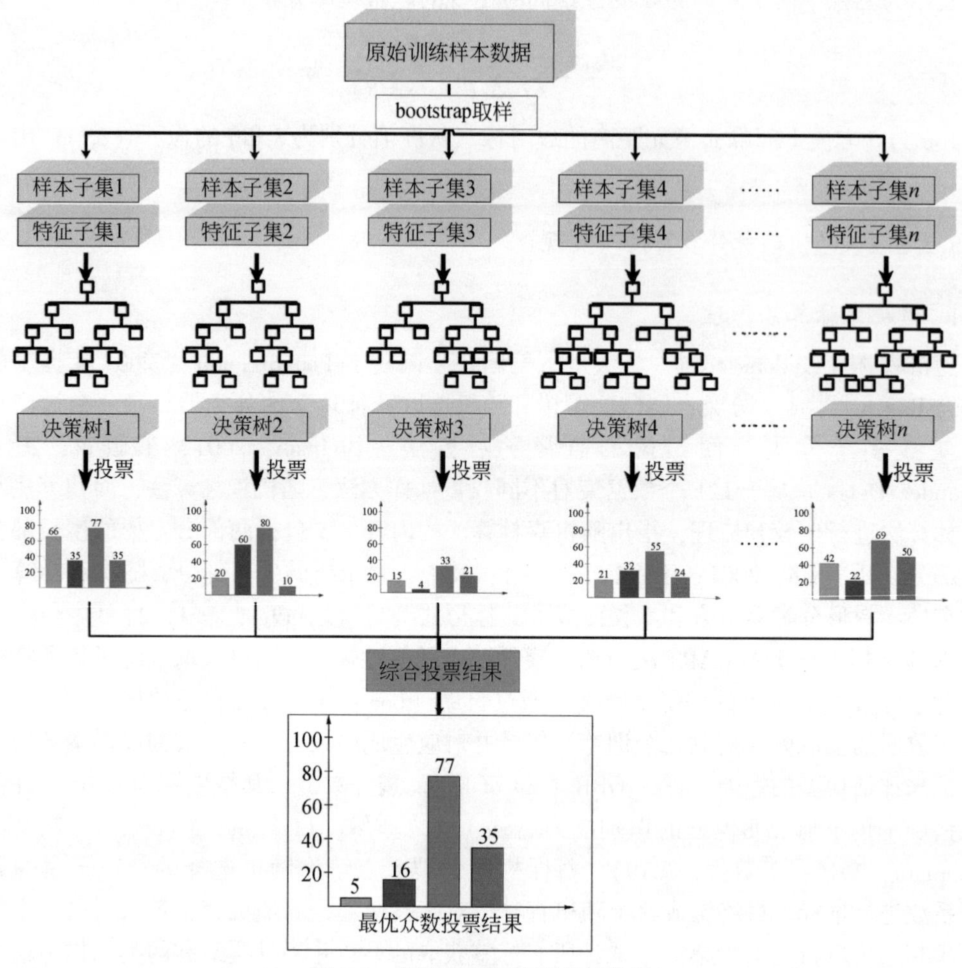

图 8.7　随机森林算法原理结构图

献，反之亦然（Breiman，2001；王敬哲，2019）。本研究采用 MDA 指标对输入变量的重要性进行评估和排序，最终获取优势特征组合。

3. 随机森林算法分类的输入特征参数筛选

分类算法的有效性表现在算法的精度和算法的效率上。随着遥感数据信息的深层挖掘，不同类型特征的交互式使用，越来越多的特征参数被提出并输入使用。但是在实际应用中，输入特征数目较多会导致随机森林算法运算量的倍数增长，而且由于特征在不同的分类问题中的贡献程度不同，引入过多贡献度较低的次要变量反而会削弱分类算法的有效性（王敬哲，2019）。因此，科学合理的分析和定量评估特征参数的重要性对特征筛选、构建有效特征集合、提高分类算法的精度具有重要意义。图像的分类结果和特征的重要性排序是针对图像总体的输出结果，为进一步探究特征在不同油水边界复杂度图像的贡献度，提取通用优势特征集合并分析特征变化对分类精度的影响，本研究基于不同油水复杂度边界图像的参数重要性结果遴选出通用性优势特征参数，流程如图 8.8 所示。

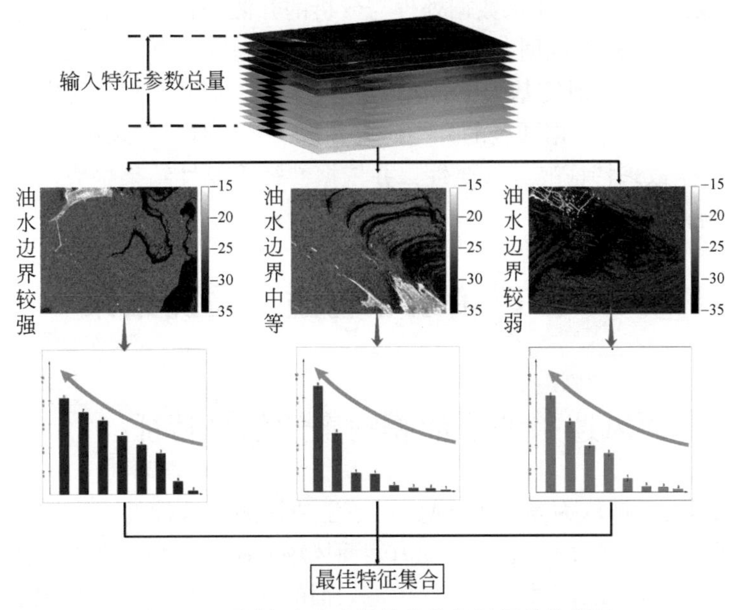

图 8.8　不同复杂度边界的优势特征评估流程图

随机森林算法和特征重要性评估是基于 EnMAP-BOX 平台完成的，EnMAP-BOX 平台由柏林洪堡大学与亥姆霍兹波茨坦地球科学研究中心（helmholtz center potsdam-GFZ）基于

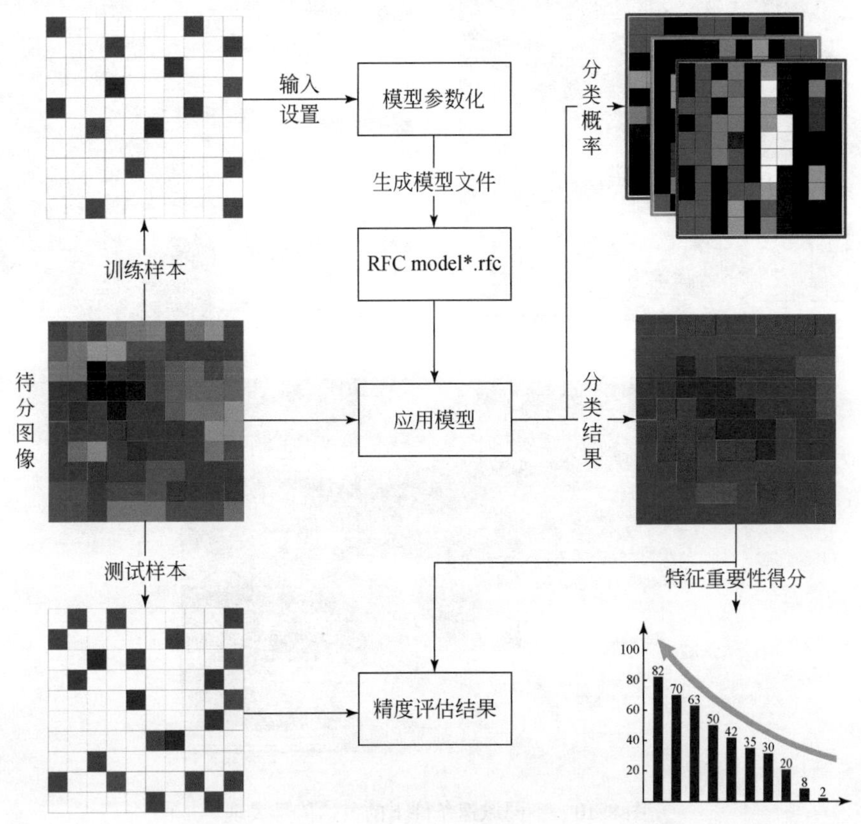

图 8.9　EnMAP-BOX 平台随机森林模块实现流程

IDL 平台合同开发的一个用于遥感数据处理与分析的开源平台，同时集成了可调参数的支持向量机、随机森林等分类或回归处理模块（Guanter et al.，2015；van Der Linden et al.，2015；王敬哲，2019）。本研究基于 EnMAP-BOX 平台的随机森林模块实现对里海中部区域的 Sentinel-1A 时间序列数据开展的分类研究，如图 8.9 所示，采用 MDA 方法评估随机森林算法输入极化-纹理特征变量重要性，并依据特征重要性结果探究不同特征组合输入对分类结果的影响。

8.3 多时相双极化溢油检测结果

8.3.1 不同海面风速条件下油膜的雷达信号特征

近海表面风速通常被认为是影响 SAR 图像溢油检测有效性的主导因素，雷达信号对大气具有穿透性，但是大气现象通过改变海表面风场调制了毛细波和短重力波组分的分布从而间接影响雷达图像中的信号特征，导致海表面的回波信号在雷达图像上呈现不均匀性分布（Marina and Olga，2016）。因此在不同的风速条件下，油膜的雷达信号特征和溢油识别的能力会呈现不同的表现，如图 8.10 所示。

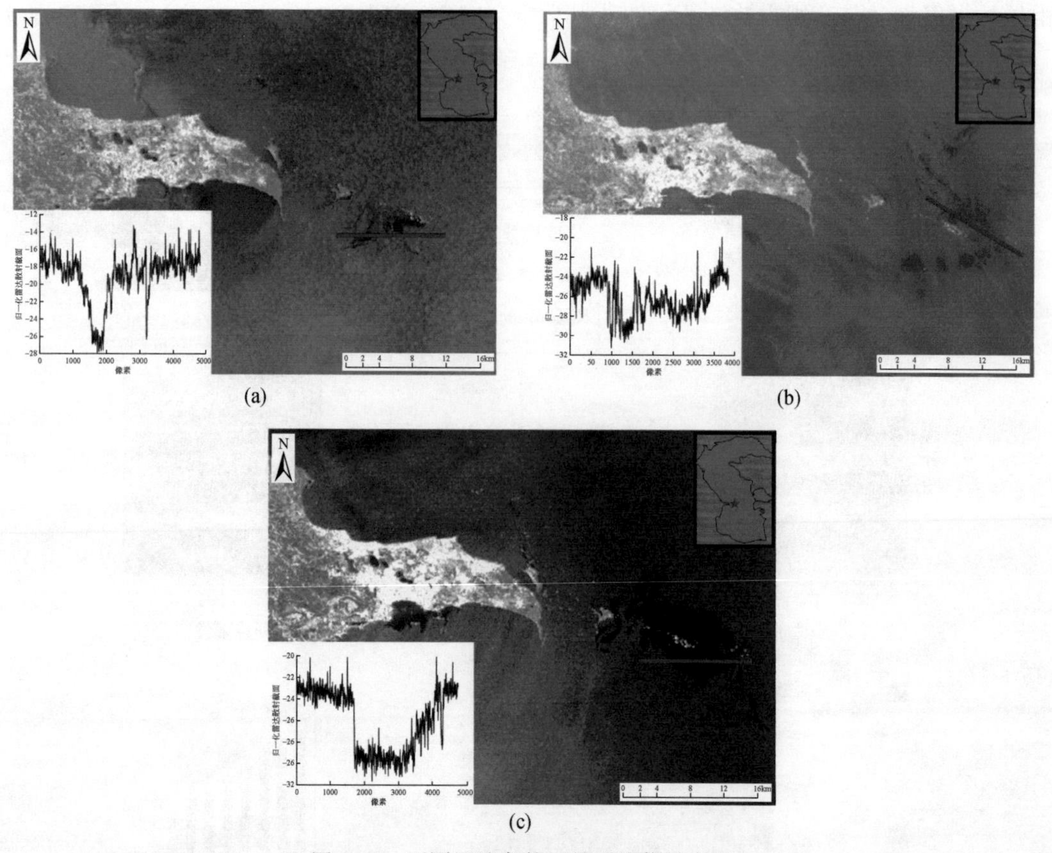

图 8.10 不同风速条件下的雷达信号表现

（a）高风速；（b）低风速；（c）中等风速

当风速过高时，由于风浪强烈的作用下海表面的粗糙程度过高，打碎的海表面的油膜也会大大削减对海表面毛细波和短重力波的阻尼能力，溢油区域会因为无法抑制海表面产生的短重力波和毛细波从而在雷达图像上无法被识别（Mityagina and Lavrova，2015；Marina and Olga，2016；Bayramov et al.，2018a；Bayramov et al.，2018b）。如图 8.10（a）所示，风速为 12.9m/s，边界层对流过程情况下海洋表面在 SAR 影像上呈现复杂的现象，海表面的 NRCS 波动范围较大，-20～-13dB。由获取的里海中部雷达影像可见中部石油岩附近仅有一个较小、较细的低后向散射区域，在溢油检测过程中出现低估现象。当海面处于低风速条件下，低风速区域的海洋表面无法产生足够的毛细波和短重力波，在微波信号作用下产生的后向散射回波能量较低，在 SAR 图像上呈现较大面积的与油膜无关的暗特征区域，增加了溢油检测的“虚警”概率。如图 8.10（b）所示，低风区域的风速约为 1.3m/s，溢油区域的 NRCS 较背景海水降低 2～6dB，低风区形成的暗特征区域面积较大，归一化雷达散射截面的值与溢油区域相似，但边界处模糊且 NRCS 略高于溢油区域。因此，在低风速条件下基于 SAR 图像检测的溢油区域污染的面积会由于虚警信息的存在而被高估。当海面处于中等风速条件下，海面形成足够的毛细波和短重力波，呈现稳定的 Bragg 散射机制，油膜的存在有效抑制了海表面的粗糙度，在 SAR 图像上呈现较为清晰和完整的后向散射信号特征，是溢油检测的有效条件。如图 8.10（c）所示，油膜边界清晰，与背景海水具有较强的对比度，油膜对海表 NRCS 的衰减范围为 2～12dB。

8.3.2　感兴趣区提取结果与分析

本研究选取 29 景 Sentinel-1A 覆盖里海石油岩区域的重访周期图像进行潜在暗区域提取，数据具有相同轨道、入射角、NESZ 等观测条件，基于 29 景数据提取的潜在暗区域合成的暗区域频率结果如图 8.11 所示，由频率结果可知，石油岩附近的暗区域频率值最高；此外，在图像中的近岸海域和右侧图像边界区域均有暗区域，但密度相对较低；其中右下角区域密度略高于近岸背风岬角区域，一方面是由于该区域的低风区发生频率要高于其他地区，因此造成右下角区域略高于近岸的暗区域，另一方面是在高入射角的远距端区域的后向散射能量相对较低，因此呈现暗区域特性；剔除低频区域，最终锁定感兴趣区域。

为进一步评价感兴趣区域对油膜区域的提取结果的有效性，将每景影像通过上述感兴趣提取的油膜区域结果与人机交互解译结果作对比，其中，有 22 景影像均被检测出所有的油膜区域，而 7 景影像仅检测出部分油膜，提取的油膜面积的精度和漏检率结果如表 8.2 所示，其中 6 景影像检测率均高于 85%，仅有 9 月 21 日的影像由于面积最大在感兴趣区域内的面积占比较低，检测率为 74.3%。综上所述，基于多时相潜在暗区域的溢油感兴趣区域提取方法能有效提取溢油区域，年内影像中绝大部分均为提取，仅有个别图像存在漏检现象。

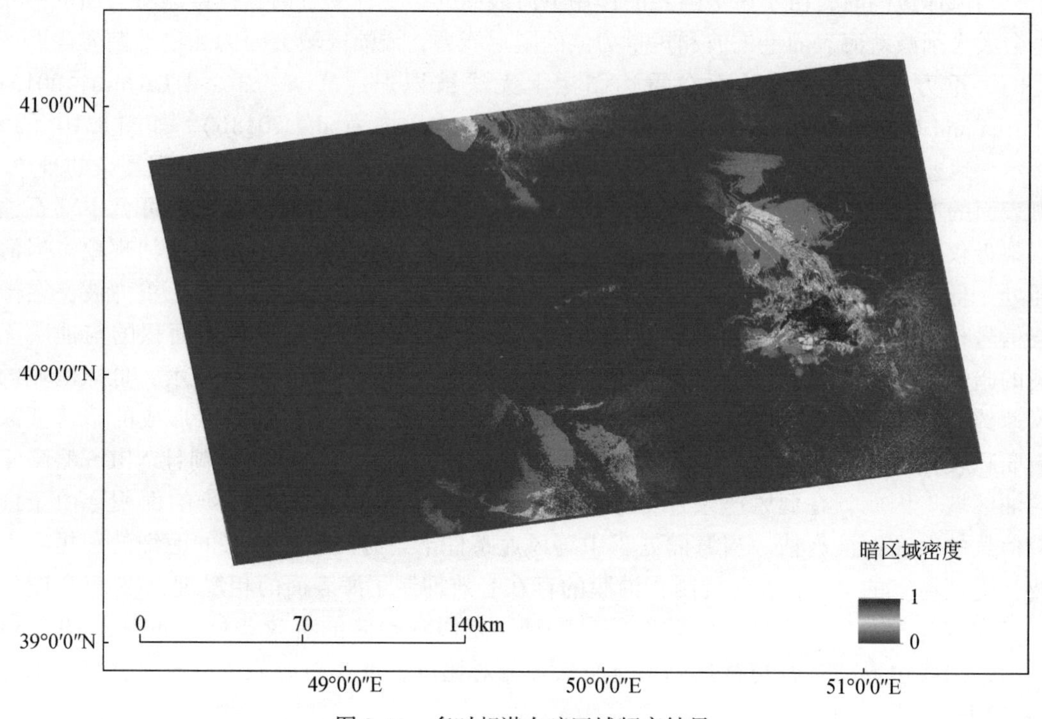

图 8.11　多时相潜在暗区域频率结果

表 8.2　感兴趣区域漏检率　　（单位：%）

影像日期	检测率	漏检率
4 月 30 日	93.4	6.6
6 月 29 日	89.6	10.4
7 月 23 日	86.8	13.2
8 月 16 日	87.0	13.0
9 月 9 日	88.9	11.1
9 月 21 日	74.3	25.7
1 月 19 日	85.7	14.3

8.3.3　不同边界优势特征对比结果

8.3.3.1　特征参数筛选及重要性分析

本研究选取溢油图像中三种不同边界条件的影像进行特征的重要性评估，定性的将其分为三种油水边界复杂度图像：强边界图像选取油水边界明显且海水背景噪声相对较低的区域；中等边界图像选取油水区域较为明显但边界略模糊的区域，如油斑末端区域；弱边界图像选取油水边界模糊且伴有较多细小油带的区域，如细小溢油条带边缘。基于三种边界复杂度图像的特征重要性排序进行对比，目的是寻找差异性情况下始终具有较高重要性、稳定性和通用性的优势特征参数，结果如图 8.12 所示。整体而言，在三种油水边界复杂度图像中，前六位特征参数均相同，分别为 λ_1、Variance、Mean、λ_2、C_{22}和 U。说明排名前六的特征在不同复杂度图像分类结果中具有稳定的贡献度，是能够兼顾不同油水边界复杂度的优势特征。针对不同油水边界复杂度图像结果可知，三类图像中的特征参数均呈现梯队分布。强边界图像中排名前十的特征参数可分为三个梯队，第一梯队为前三位特征组成，包括 λ_1、Variance、Mean，其重要性明显高于其他特征，第四位到第七位为第二梯队；后续特征为贡献度较低的第三梯队。中等边界图像中排名前十的特征参数可分为四个梯队，第一梯队为前两位具有较高显著性重要得分的特征，包括 λ_1、Variance；第二梯队以第三位和第四位特征组成，明显低于第一梯队，包括 C_{22}、Mean；第三梯队以第五位到第七位特征组成，后续贡献度较低的特征为第四梯队。弱边界图像中特征参数可分为三个梯队，前四位特征的重要性明显高于后续特征，包括 Mean、λ_1、Variance、λ_2；第五位到第七位为第二梯队；后续特征为贡献度较低的第三梯队。

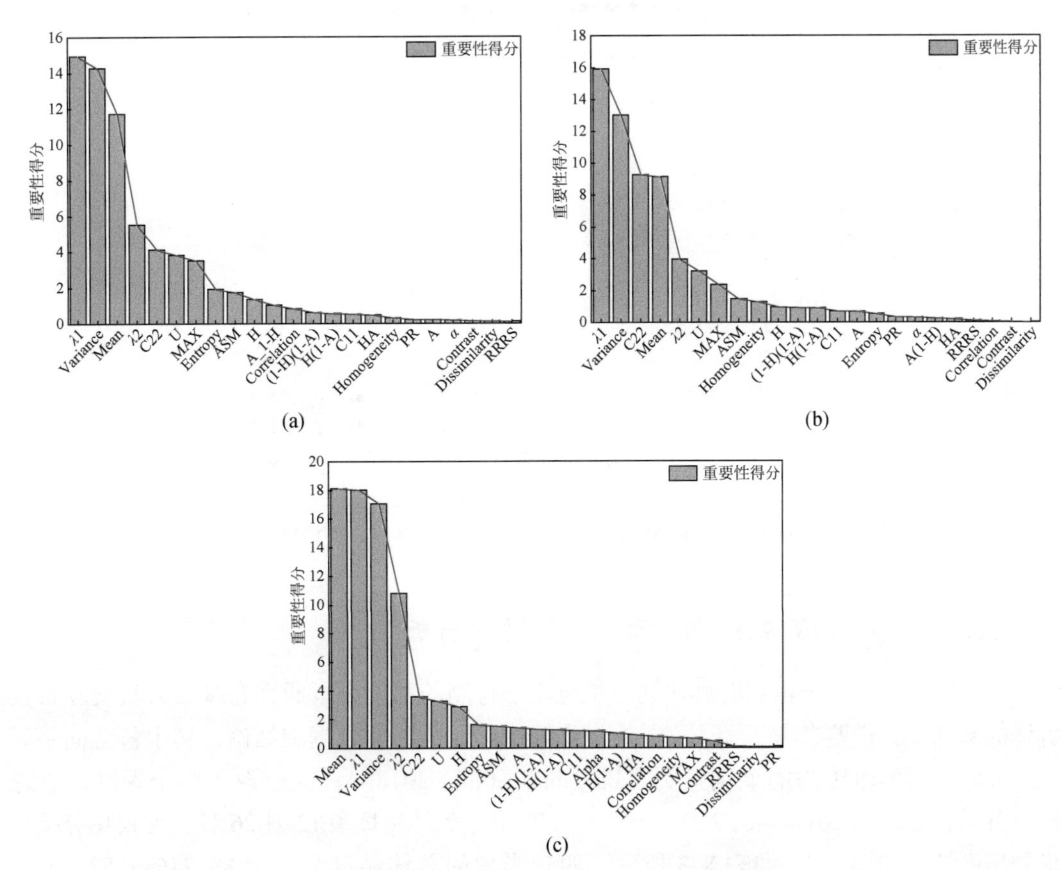

图 8.12 不同边界复杂度图像的特征重要性排序

（a）强边界条件；（b）中等边界条件；（c）弱边界条件

为探究不同数量的特征变量输入对分类精度的影响，剔除低贡献度特征进而筛选出能够达到最高精度的最佳特征组合。本研究以 1 为步长进行 23 组不同的特征集合输入的分类实验，选取每组特征集合的标准如下。

（1）当同一排序位置有重复特征存在时，选取三类边界条件下重复特征作为该排序位置的最终特征，未参选的特征则顺次至下一次遴选。

（2）当同一排序位置没有重复特征时，选取弱边界在该排序的特征作为最终特征，以此来顾及最复杂的油水边界情况。

不同输入数量的图像分类精度结果如图 8.13 所示，本研究重点关注油膜的提取，因此结合总体精度和油膜精度结果来分析输入特征数量对分类精度的影响。由结果可知分类精度随着输入特征数量的变化而呈现不同表现，分类精度随着特征数量的增加呈现上升趋势，输入特征数量为 6 时，特征参数在不同的边界具有稳定的贡献度，精度开始呈现平缓趋势。在输入特征数量为 12 时油膜精度达到最高，之后随着数量的增加油膜的精度则呈现不稳定的变化，这是由于增加的特征对其他目标的识别贡献要高于油膜。因此，综合整体精度和油膜精度，最终选取 12 个特征作为最终的特征集合进行后续研究。

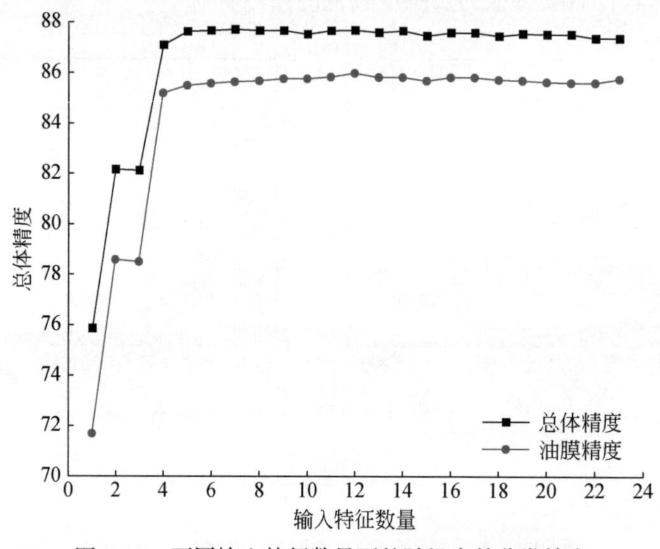

图 8.13　不同输入特征数量下的随机森林分类精度

8.3.3.2　基于随机森林溢油检测的精度评估和分析

为了验证本研究方法在时间序列下里海溢油检测的精度，本研究在基于人机交互目视解译的基础上，借鉴参考了前人文献在里海同一研究范围的数据和结论，其中包含同一研究区域同一时间范围内的个别案例（Bayramov et al.，2018b）。共选取了四个季度的影像进行分类，分别为 2017 年的 2 月 5 日、5 月 24 日、9 月 9 日和 12 月 26 日，可视化分类结果和精度结果如图 8.14 和表 8.3 所示。四景影像的总体精度分别为 89.74%、87.80%、93.36% 和 92.07%，Kappa 系数分别为 0.8225、0.8052、0.8900 和 0.8810。其中，生产者精度（producer's accuracy，PA）对应关联目标的漏检率，PA 值越高，漏检率越低；用户精度（user's accuracy，UA）对应关联目标的误分率，即虚警水平，UA 值越高，虚警率越低；结果表明本研究方法的分类结果良好，仅在 5 月 24 日影像中油膜的 PA 和海水的

UA较低，这是由于该影像获取时海面情况复杂，高风速区域的海水呈现异常明亮现象造成部分石油岩区域与海水区域的混淆和误分类。本研究重点关注海上油膜的提取，油膜的整体分类精度较好，油膜的平均PA约为84.4%，平均UA约为96.2%，仅在复杂海况下PA结果略低，在石油岩附近的溢油量最大。本研究基于随机森林算法建立的兼顾不同复杂边界下优势特征的溢油检测方法的分类结果较好，可以用以进行后续相关研究。

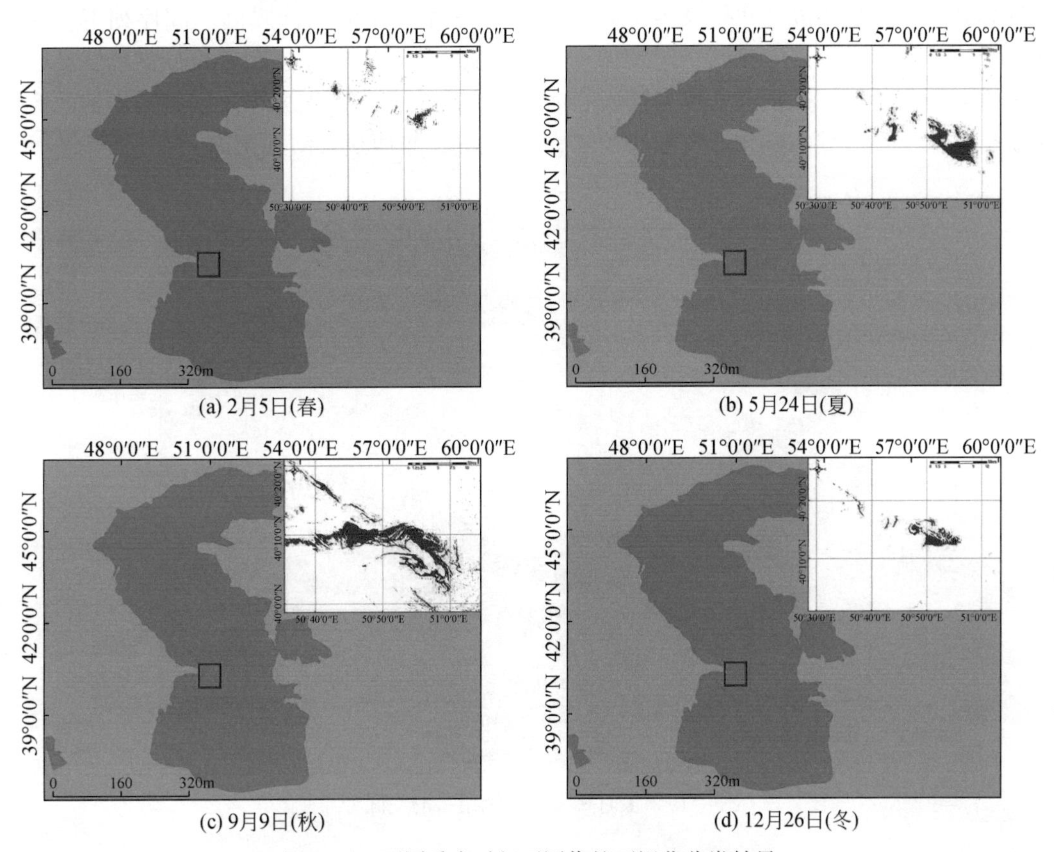

(a) 2月5日(春) (b) 5月24日(夏)

(c) 9月9日(秋) (d) 12月26日(冬)

图8.14 不同季度时相下图像的可视化分类结果

表8.3 不同季度时相下图像的分类精度结果

目标类别	2月5日（春）		5月24日（夏）		9月9日（秋）		12月26日（冬）	
	PA/%	UA/%	PA/%	UA/%	PA/%	UA/%	PA/%	UA/%
油膜	86.79	93.87	77.53	98.04	94.64	94.40	83.97	98.83
石油岩	85.82	84.70	96.70	88.28	89.45	92.84	95.28	97.51
海水	92.33	89.93	90.23	80.39	94.53	87.14	97.11	82.44
Kappa	0.8225		0.8052		0.8900		0.8810	
OA/%	89.74		87.80		93.36		92.07	

8.3.4　多时相双极化 SAR 溢油空间分布和时序变化结果

为了进一步量化里海中部地区海面油膜的空间分布和年内时序变化，基于本研究的方法对 Sentinel-1A 在里海中部区域的年内时序影像进行溢油提取，影像均为具有相同区域、入射角和轨道信息等成像几何条件下获取，图 8.15 描述了海面油膜的时间序列下空间分布情况，结果表明里海中部两个污染最为严重的地区为油岩产油区和 Chilov 岛屿，其中油岩区域溢油量最大，这是由于里海油岩产油地区海底天然碳氢化合物渗漏是其溢油的主要来源，整体溢油区域的南北最大溢油距离为 64.7km，东西最大溢油距离为 51.5km。

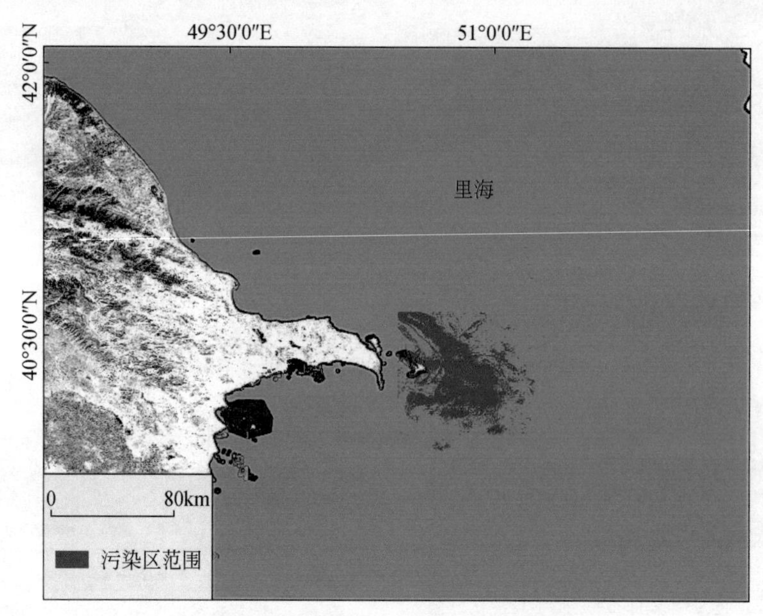

图 8.15　多时相溢油检测结果的空间分布

图 8.16 为里海中部年内月平均溢油面积统计，总体而言溢油面积多分布在 200 ~ 500km²范围；4 ~ 9 月油斑面积相对较大，均高于 300km²，其中，6 月的平均溢油面积达到最高，超过了 800km²，而 5 月明显低于其他月，这是由于获取的数据均处于大气过程较强条件下，影像获取时海表面平均风速分别为 17.5m/s 和 12.5m/s。寒冷期的月平均溢油面积均小于 200km²，平均风速约为 7.5m/s。此外，基于年内变化这一时间尺度，本研究基于年际内月平均结果分析里海中部溢油的时序变化，结果表明研究期间内里海中部的溢油面积呈现季节性变化，整体表现为“春夏升高，秋冬降低”的趋势；为了进一步探究本书结果的有效性，综合前人基于多源遥感影像的溢油分布信息在同一研究区域获取的历史数据结果（Marina and Olga，2016）与本研究提取结果进行对比，结果表明溢油面积年内变化趋势整体呈现良好的一致性，春、夏两季的溢油面积月平均值高于秋、冬两季。春、夏季节期间平均风速相对较低，有利于海洋油膜的检测与提取，因此春、夏季节的油膜面积月平均值相对较高，仅个别数据由于获取时大气影响而呈现差异；而在寒冷期月份溢油量较低，这是由于寒冷月份时期大气过程相对较为复杂，平均风速较高，因此油膜面积的月

平均值相对较低。

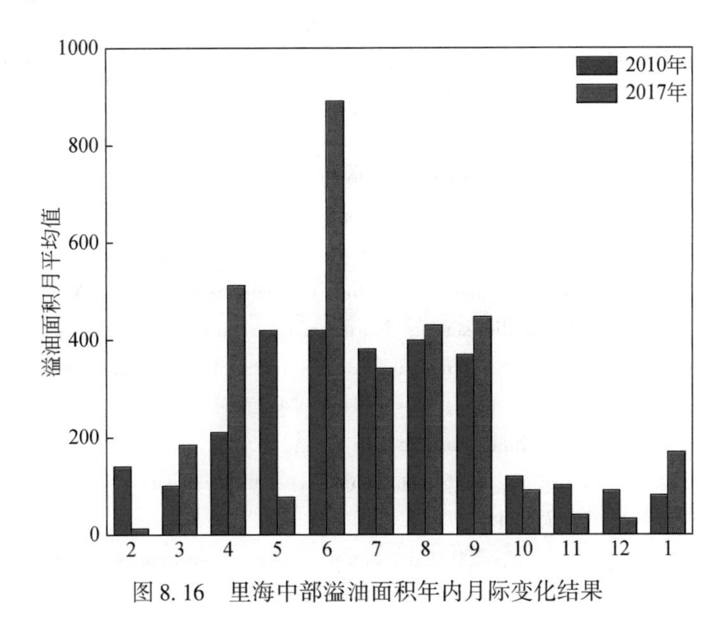

图 8.16　里海中部溢油面积年内月际变化结果

8.4　小　　结

本章针对双极化 SAR 溢油检测研究提出了一种适用于多时相溢油感兴趣区域的提取方法，通过 SAR 溢油检测机理分析潜在暗区域的出现特点，基于时间维度下潜在暗区域的频率结果实现溢油区域锁定，有效剔除随机出现的海洋现象引起的类溢油区域。此外，基于不同边界复杂度条件下极化-纹理特征集合的重要性得分结果，分析不同复杂度边界条件下溢油检测的优势特征参数，结果表明 λ_1、Variance、Mean、λ_2、C_{22} 和 U 在不同复杂度条件下均具有较高的鲁棒性和重要性得分；在此基础上，基于随机森林模块构建兼顾不同油水边界复杂度优势特征的溢油检测方法，对里海中部溢油的年内时空变化进行分析，结果表明里海中部石油岩为溢油高频区域，在空间信息上，南北最大溢油距离为 64.7km，东西最大溢油距离为 51.5km；在时间序列上，年内变化呈现“春夏升高，秋冬降低”的趋势，在 4～9 月呈现较高的溢油量。

参 考 文 献

崔璨，2018. 基于多源遥感信息的海上搜寻目标探测技术研究. 大连：大连海事大学.
景慧昀，2014. 视觉显著性检测关键技术研究. 哈尔滨：哈尔滨工业大学.
刘朋，2012. SAR 海面溢油检测与识别方法研究. 青岛：中国海洋大学.
欧阳伦曦，李新情，惠凤鸣，等，2017. 哨兵卫星 Sentinel-1A 数据特性及应用潜力分析. 极地研究，29 (2)：286-295.
王敬哲，2019. 内陆干旱区尾闾湖湿地识别及其景观结构动态变化. 乌鲁木齐：新疆大学.
吴永辉，2007. 极化 SAR 图像分类技术研究. 长沙：国防科学技术大学.
张康宇，2019. 基于 C 波段 SAR 的海面风场反演方法与近海风能资源评估. 杭州：浙江大学.

周明，翟化胜，2020.《里海法律地位公约》达成原因及影响研究．国际关系研究，(2)：47-69.

Bayramov E，Buchroithner M，2015. Detection of oil spill frequency and leak sources around the Oil Rocks Settlement，Chilov and Pirallahi Islands in the Caspian Sea using multi-temporal envisat radar satellite images 2009-2010. Environmental Earth Sciences，73（7）：3611-3621.

Bayramov E，Knee K，Kada M，et al.，2018a. Using multiple satellite observations to quantitatively assess and model oil pollution and predict risks and consequences to shoreline from oil platforms in the Caspian Sea. Human and Ecological Risk Assessment：An International Journal，24（6）：1501-1514.

Bayramov E，Kada M，Buchroithner M F，2018b. Monitoring oil spill hotspots，contamination probability modelling and assessment of coastal impacts in the Caspian Sea using SENTINEL-1，LANDSAT-8，RADARSAT，ENVISAT and ERS satellite sensors. Journal of Operational Oceanography，11（1）：27-43.

Belgiu M，Dragut L，2016. Random forest in remote sensing：a review of applications and future directions. ISPRS Journal of Photogrammetry & Remote Sensing，114（114）：24-31.

Breiman L，2001. Random Forests. Machine Learning，45（1）：5-32.

Guanter L，Kaufmann H，Segl K，et al.，2015. The EnMAP spaceborne imaging spectroscopy mission for earth observation. Remote Sensing，7（7）：8830-8857.

Hersbach H，Stoffelen A，De Haan S，2007. An improved C-band scatterometer ocean geophysical model function：CMOD5. Journal of Geophysical Research：Oceans，112（3）：6.

Li H，Perrie W，He Y，et al.，2014. Analysis of the polarimetric SAR scattering properties of oil-covered waters. IEEE Journal of Selected Topics in Applied Earth Observations and Remote Sensing，8（8）：3751-3759.

Liaw A，Wiener M，2002. Classification and regression by randomForest. R news，2（3）：18-22.

Marina M，Olga L，2016. Satellite survey of inner seas：oil pollution in the Black and Caspian Seas. Remote Sensing，8（10）：875.

Misra A，Balaji R，2017. Simple approaches to oil spill detection using Sentinel application platform（SNAP）-ocean application tools and texture analysis：a comparative study. Journal of The Indian Society of Remote Sensing，45（6）：1065-1075.

Mityagina M I，Lavrova O Y，2015. Multi-sensor satellite survey of surface oil pollution in the Caspian Sea. Remote Sensing of the Ocean，Sea Ice，Coastal Waters，and Large Water Regions，Toulouse，France，96380Q.

Nezhad M M，Groppi D，Marzialetti P，et al.，2019. Wind energy potential analysis using Sentinel-1 satellite：a review and a case study on Mediterranean islands. Renewable and Sustainable Energy Reviews，109：499-513.

Ozigis M S，Kaduk J，Jarvis C，2018. Synergistic application of Sentinel 1 and Sentinel 2 derivatives for terrestrial oil spill impact mapping. Proceedings of the Active and Passive Microwave Remote Sensing for Environmental Monitoring II，Berlin，Germany，10788：107880R.

Quilfen Y，Chapron B，Elfouhaily T，et al.，1998. Observation of tropical cyclones by high-resolution scatterometry. Journal of Geophysical Research：Oceans，103（4）：7767-7786.

Shu Y，Li J，Yousif H，et al.，2010. Dark-spot detection from SAR intensity imagery with spatial density thresholding for oil-spill monitoring. Remote Sensing of Environment，114（9）：2026-2035.

Stoffelen A，Anderson D，1997. Scatterometer data interpretation：Estimation and validation of the transfer function CMOD4. Journal of Geophysical Research：Oceans，102（3）：5767-5780.

Tian W，Shao Y，Yuan J，et al.，2010. An experiment for oil spill recognition using RADARSAT-2 image. 2010 IEEE International Geoscience and Remote Sensing Symposium，Honolulu，USA，2761-2764.

van Der Linden S, Rabe A, Held M, et al., 2015. The EnMAP- Box- A toolbox and application programming interface for EnMAP data processing. Remote Sensing, 7 (9): 11249-11266.

Wismann V, Gade M, Alpers W, et al., 1998. Radar signatures of marine mineral oil spills measured by an airborne multi-frequency radar. International Journal of Remote Sensing, 19 (18): 3607-3623.

Zhang B, Perrie W, Li X, et al., 2011. Mapping sea surface oil slicks using RADARSAT-2 quad- polarization SAR image. Geophysical Research Letters, 38 (10): 602.

9 基于全极化 SAR 海洋溢油检测与分析研究

基于极化 SAR 图像进行海洋油膜分析与检测研究的主要内容是极化特征参数的提取，也是承接基于油膜与类油膜、海水之间散射特性差异进而实现溢油识别与分类的核心环节。因此，构建和提取有效的极化特征参数，能够增强油膜和海水、类油膜的对比度，扩展极化特征空间，进而实现油膜的有效识别和分类。尽管，目前有许多研究提出的不同类型的极化特征参数已经成功应用于溢油检测研究，但是提取优质的极化特征参数，在扩展极化特征空间的基础上进一步抑制虚警信号、凸显油膜信号，仍然是溢油检测研究的热点问题。

本章基于第 7 章对油膜与类油膜和海水之间散射机制和特性差异的分析结果，提出一种全极化 SAR 系统下改进的组合极化特征参数来提高海洋油膜与类油膜、海水的区分能力，并进一步利用三种定量评估测度对比分析了改进的组合极化特征参数和四种类型特征参数的溢油识别能力。整体的技术路线如图 9. 1 所示。

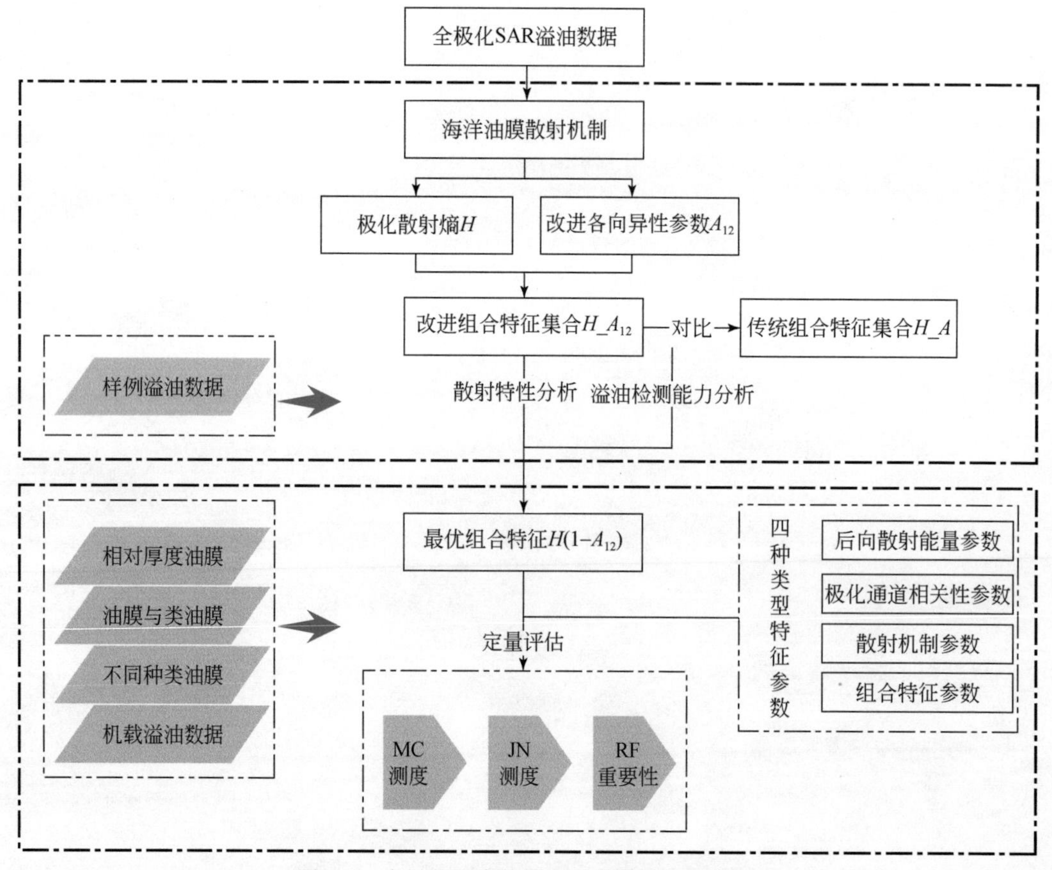

图 9. 1 全极化组合特征溢油检测技术路线图

9.1 实验区与数据源介绍

本节内容在承接第7章的研究内容基础上采用四景不同研究区域的全极化 SAR 数据进行极化特征参数的溢油检测能力的对比研究。

研究区域1数据选取 RADARSAT-2 Fine 模式全极化数据，如图9.2所示，图像数据覆盖墨西哥湾天然渗漏油海域，图像包含了典型缓释油膜：天然油渗漏引起的油膜，用以探究对海面油膜相对厚度信息的区分和检测能力，数据详情及样本区域见章节7.1（Zhang et al.，2011；Li et al.，2014；Buono et al.，2016；Guo et al.，2017）。

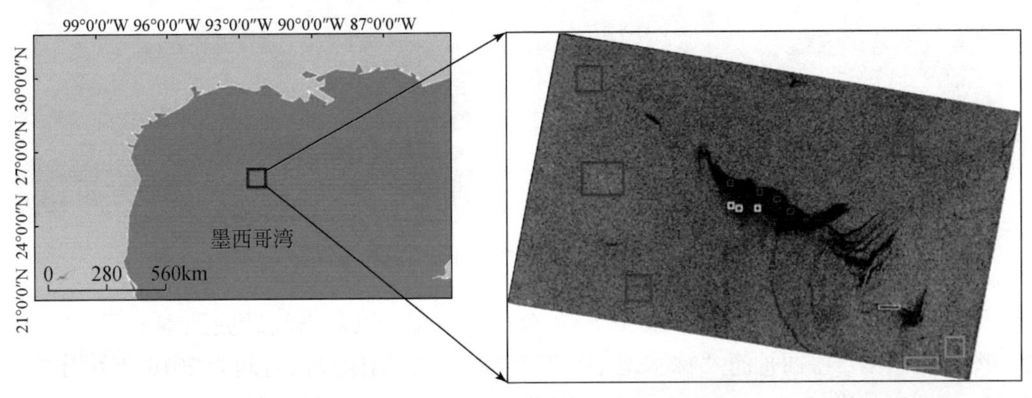

图9.2 墨西哥湾天然渗漏油图像地理位置

研究区域2数据选取 RADARSAT-2 Fine 模式全极化数据，如图9.3所示，图像数据覆盖中国南海局部海域，图9.3中包含天然生物油膜、由大气锋引起的类油膜区域，用以探究对海面油膜和自然现象引起的类油膜的区分和检测能力，数据详情及样本区域见章节7.1（Tian et al.，2010）。

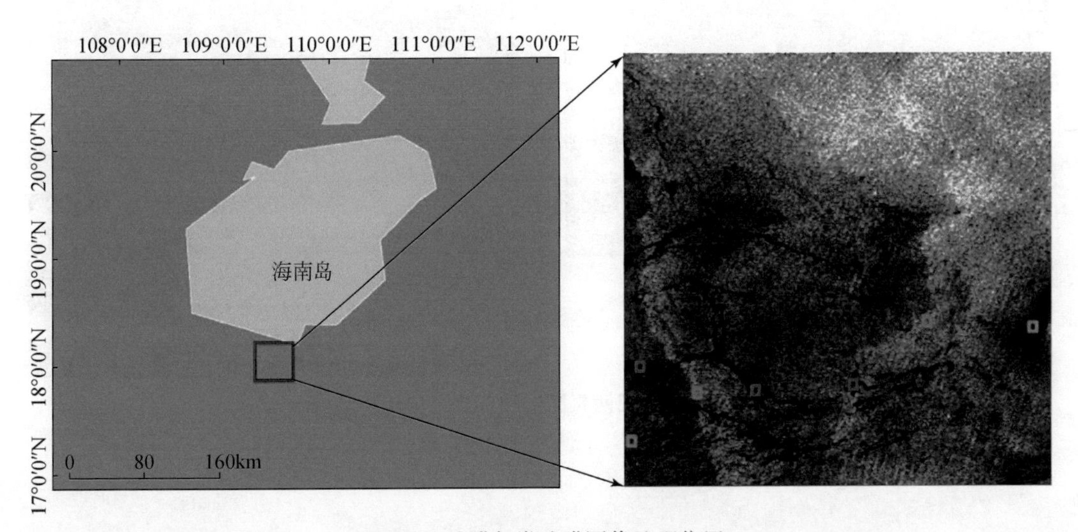

图9.3 油膜与类油膜图像地理位置

研究区域3选取RADARSAT-2 Fine模式全极化数据，如图9.4所示，图9.4中数据覆盖挪威北海海域进行的人为泼洒溢油来模拟的船舶溢油实验，图9.4中包括三种油膜：原油、乳化油和植物油，用以探究海面不同种类油膜的区分和检测能力，数据详情及样本区域见章节7.1（Skrunes et al.，2014）。

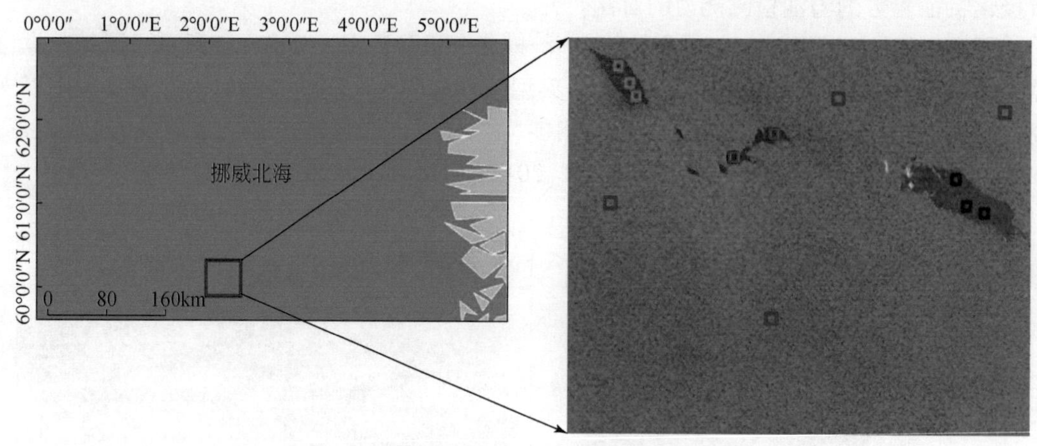

图9.4　挪威北海不同种类油膜图像地理位置

研究区域4选取L波段机载UAVSAR全极化数据，以此来辅助验证本节研究的普适性，图像数据覆盖墨西哥湾“深水地平线”溢油区域，图像成像时间为2010年6月22日19:25（UTC）如图9.5所示，图9.5中有两片明显的暗斑区域已被解译为油膜，油膜中部的亮点为“Helo”号油污处理船舶在进行分散剂喷洒工作（刘朋，2012）。图9.5中红色为厚油膜样本区域，黄色为薄油膜样本区域，蓝色为海水样本，由于墨西哥湾溢油量巨大，范围广泛，本节中厚油膜和薄油膜仅代表本数据中溢油区域的相对量。

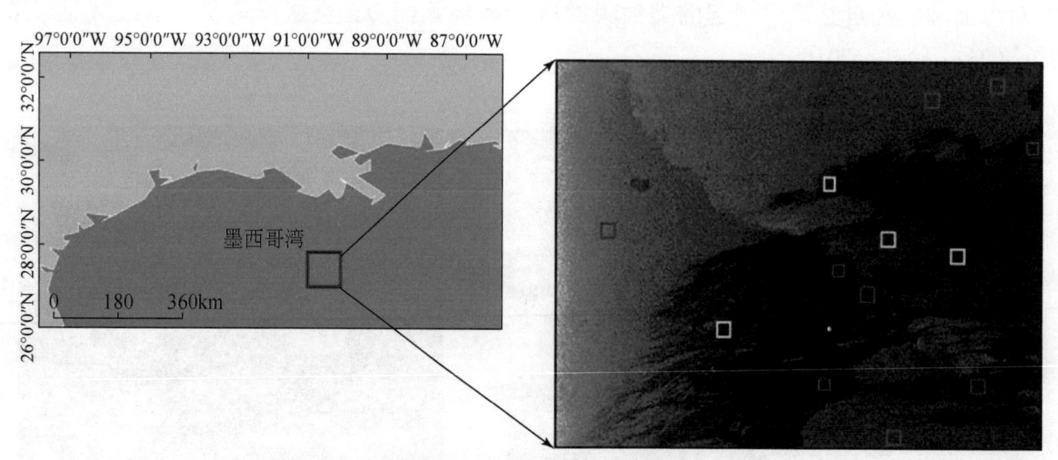

图9.5　机载墨西哥湾溢油事故图像地理位置

9.2　极化特征参数提取

9.2.1　理论基础

极化 SAR 系统能够同时发射和接收不同极化通道的目标回波信号脉冲，以散射矩阵的形式记录不同极化通道组合回波的振幅和相位差信息，提高了地物目标识别的能力。海洋油膜区域和周围背景海水具有不同的散射机制和特性，在极化特征空间中呈现一定的差异性，因此能够达到溢油检测和分类的目的。Cloude 和 Pottier（1997）根据特征值和特征向量构建了 H/α 平面以此来对 SAR 图像进行分类，是后续参数提取和散射特性分析的基础。近年来，随着极化数据的广泛应用和拓展，许多研究也针对传统参数进行拓展和改进，Zhang 等（2011）将土壤湿度估计的一致性系数拓展到溢油检测中，并发现溢油和背景海水一致性系数分别为正负值。组合极化参数能够兼顾不同组成参数的特性，通过数学变换增强不同目标之间的可分离性，已经有效应用在溢油检测中（李仲森，2013）。刘朋（2012）基于极化相干系数、熵、各向异性和散射角提出新的组合特征参数，结合 Otsu 阈值分割法实现溢油的有效提取。基于极化散射熵 H 和各向异性 A 的组合参数已经被广泛应用于溢油检测与分析，以此扩展极化参数系统来提高不同散射类型的区分能力（李仲森，2013）。Schuler 和 Lee（2006）基于 H 和 A 构建的 H_A 组合特征进行溢油检测分析，根据参数的几种数学组合探究能够增加溢油检测概率的参数，包括 HA、$H(1-A)$、$A(1-H)$、$(1-H)(1-A)$。Cai 和 Zou 分别基于极化散射熵 H 和各向异性 A 的组合特征谱分析比较溢油特征，进一步验证了 H_A 组合特征的有效性（Zou et al.，2016；Cai et al.，2016）。此外，一些研究引入改进的特征参数对极化特征空间进行拓展，Skrunes 等（2014，2016）利用相干矩阵的两个最大特征值改进传统各向异性的定义来获取改进的各向异性参数 A_{12}，有别于由两个最小特征值定义的传统各向异性参数 A，后经不同溢油检测研究证明了 A_{12} 的有效性和鲁棒性（Espeseth et al.，2017；Tong et al.，2019；Li et al.，2019），其定义为

$$A_{12}=\frac{\lambda_1-\lambda_2}{\lambda_1+\lambda_2} \tag{9.1}$$

综合极化散射熵 H 和改进的各向异性 A_{12} 对油膜和海水的区分能力，同时考虑组合的扩展能力，本书基于前期 H_A 极化组合参数进行改进并提出 $H\text{-}A_{12}$ 组合的方法，生成一组新的组合极化特征参数和特征空间 H_A_{12} 组合，定义为

$$H\_A_{12}=\begin{cases} H*A_{12} \\ H*(1-A_{12}) \\ A_{12}*(1-H) \\ (1-H)*(1-A_{12}) \end{cases} \tag{9.2}$$

在溢油检测中，油膜作为用户主要感兴趣目标，而其他非油膜目标均可视作虚警目标。因此，在溢油检测应用中，有效的极化特征参数，既能有效抑制海杂波及类油膜信息同时又能够提高油膜信息的能力。综合溢油和海水的极化特性以及在 H 和 A_{12} 的理论特征

表现可知，$H(1-A_{12})$ 表征了随机散射过程，凸显出高熵和较低改进各向异性值的区域目标，随机性高的目标呈现较高的 $H(1-A_{12})$ 值，如海面油膜；而随机性较低的目标则具有较低的熵值和较高的改进各向异性值，在改进的组合特征 $H(1-A_{12})$ 参数中会因为数学乘积的作用而呈现更低的特征强度值，进而能够有效抑制随机性低的虚警杂波信息，如背景海水、弱阻尼效应的类油膜等。因此，$H(1-A_{12})$ 在理论机制上更符合溢油检测的应用目的和需求，以研究区域 1 为例，$H(1-A_{12})$ 组合参数构建的三维可视化结果如图 9.6 所示。基于研究区域 1 中不同目标数据随机选取样本，构建组合极化特征参数 $H(1-A_{12})$ 和两个单项参数极化熵 H 和改进的各向异性 A_{12} 的二维空间散点分布结果如图 9.7 所示，对于相

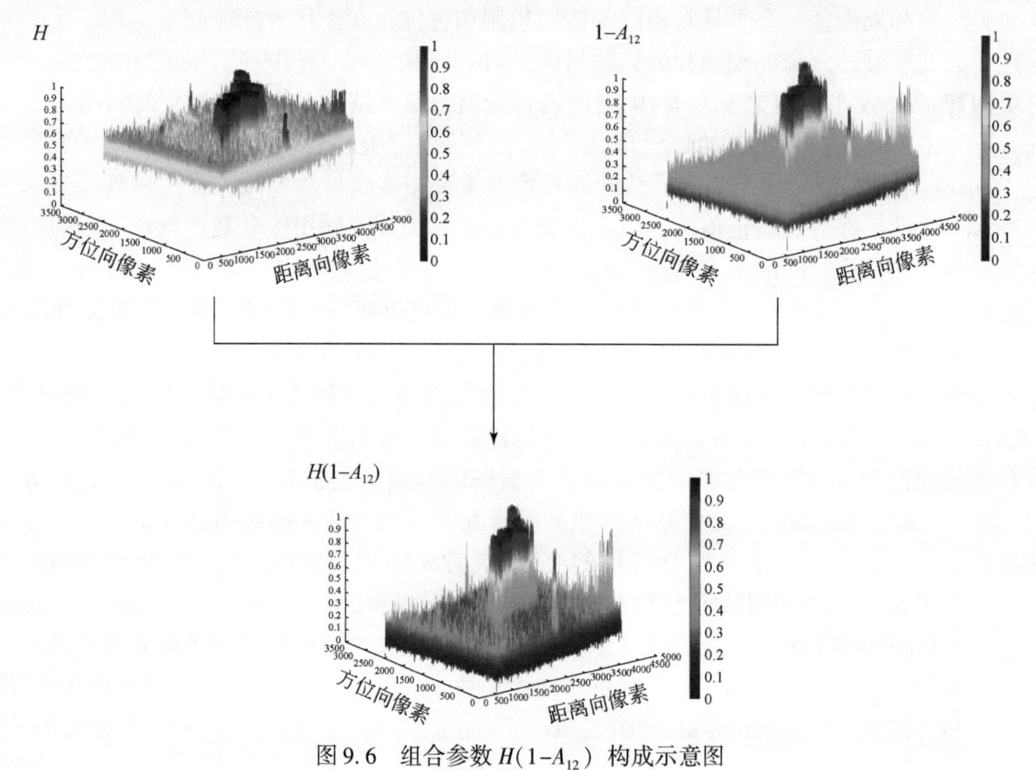

图 9.6　组合参数 $H(1-A_{12})$ 构成示意图

图 9.7　组合参数和单组分对应散点图

同目标信号，$H(1-A_{12})$ 能够比 H 和 A_{12} 具有跨度更大的量化值，进而促使不同目标之间的对比度更高，这归因于两个子项参数之间数学乘积形式的作用。

9.2.2　组合特征溢油检测能力对比

为进一步验证提出的改进组合参数 $H(1-A_{12})$ 优势以及在实际应用表现是否与理论一致，同时探究提出的改进参数组合 H_A_{12} 其他参数相对于传统 H_A 组合的优势。以研究区域 1 为例，以油膜相对厚度信息为研究目标，分别通过定性和定量分析来比较两组参数对厚油膜、薄油膜和海水的区分能力，定性分析基于两组参数的可视化结果和直方图分布结果，定量分析方法基于各个参数中不同目标区域之间的重叠区域面积占比。

图 9.8 为 H_A 组合和 H_A_{12} 组合参数的可视化结果，除（1-H）（1-A）以外，H_A_{12} 组合参数整体优于 H_A 组合参数结果，可作为后者在溢油检测应用中的替代方案；其中，$H(1-A_{12})$ 参数结果最优，油膜与背景海水之间对比度最强，且海水背景均匀，说明参数在提高油膜目标信号强度的基础上对海水杂波的抑制效果较好。此外，本书使用 ArcGIS 10.2 中的“创建随机点”功能对各类目标的样本区域分别随机选取 4000 个样本点。图 9.9 为两组参数一维特征空间下三类样本的直方图及分布结果，为保证参数的原始信息和数据特征，参数未经过归一化处理。由结果可知，除 HA 参数油水之间具有较高程度的重叠以外，其他参数的油水之间均具有一定的分离度，其中厚油膜和海水之间几乎没有重叠，而薄油膜与厚油膜和海水之间均存在一定的重叠现象，这表明在该数据范围内会不可避免地造成油膜和海水的误分类。综合比较两组数据的统计分布，除（1-H）（1-A）以外，H_A_{12} 组合参数均比 H_A 组合参数呈现更高的油-水对比度，$H(1-A_{12})$ 在所有 8 个组合参数中表现最优，具有最大的油水分离度。

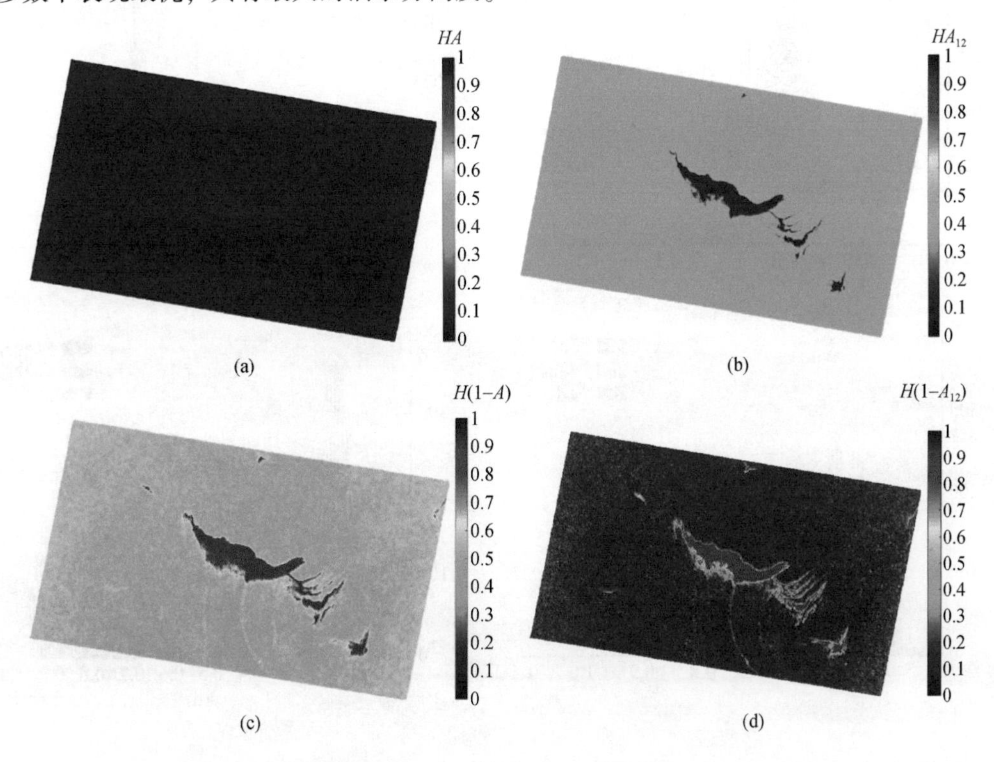

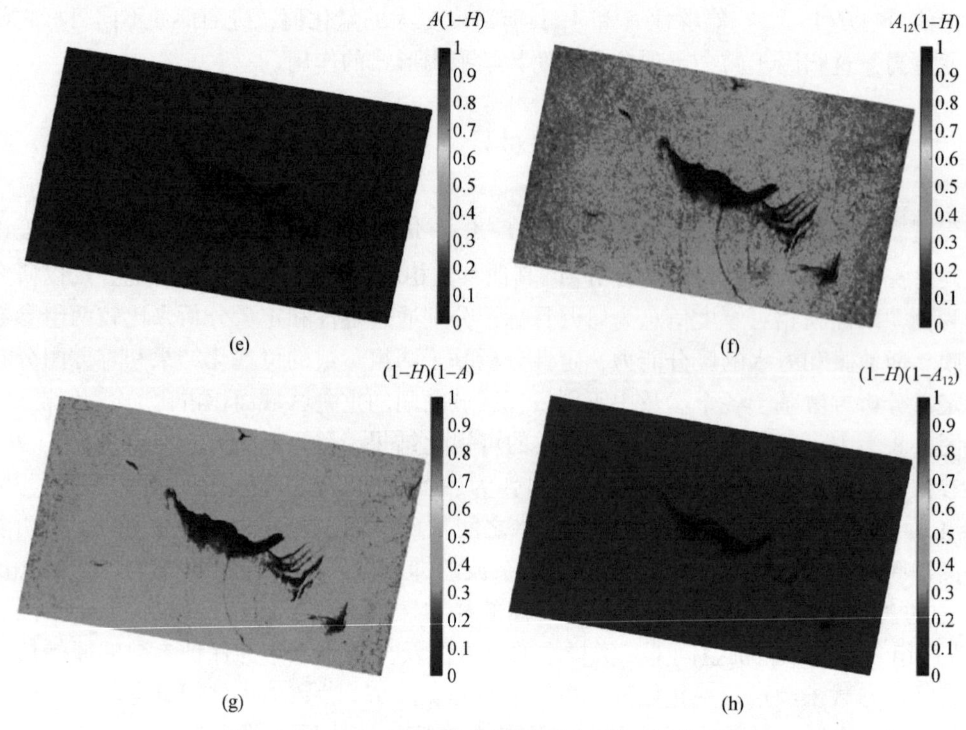

图 9.8　H_A 和 H_A_{12}组合极化特征参数可视化图像

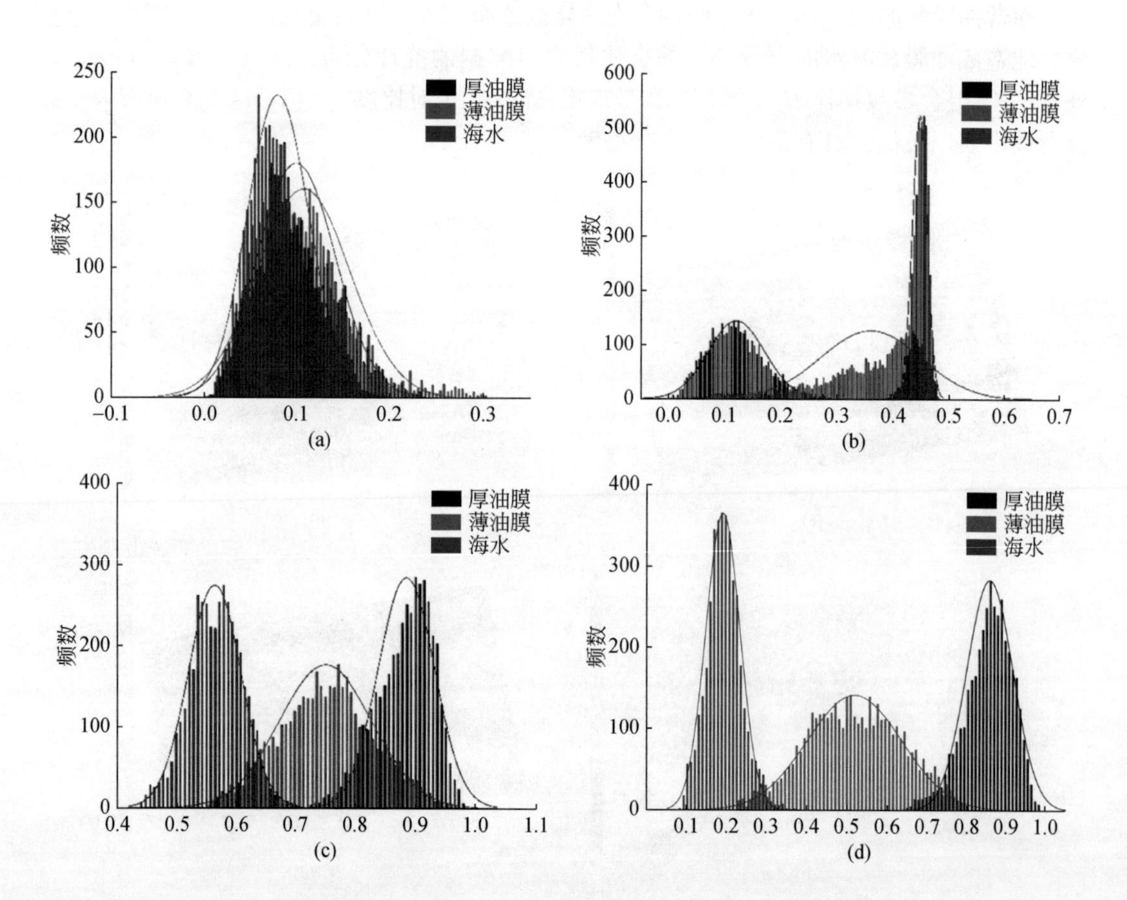

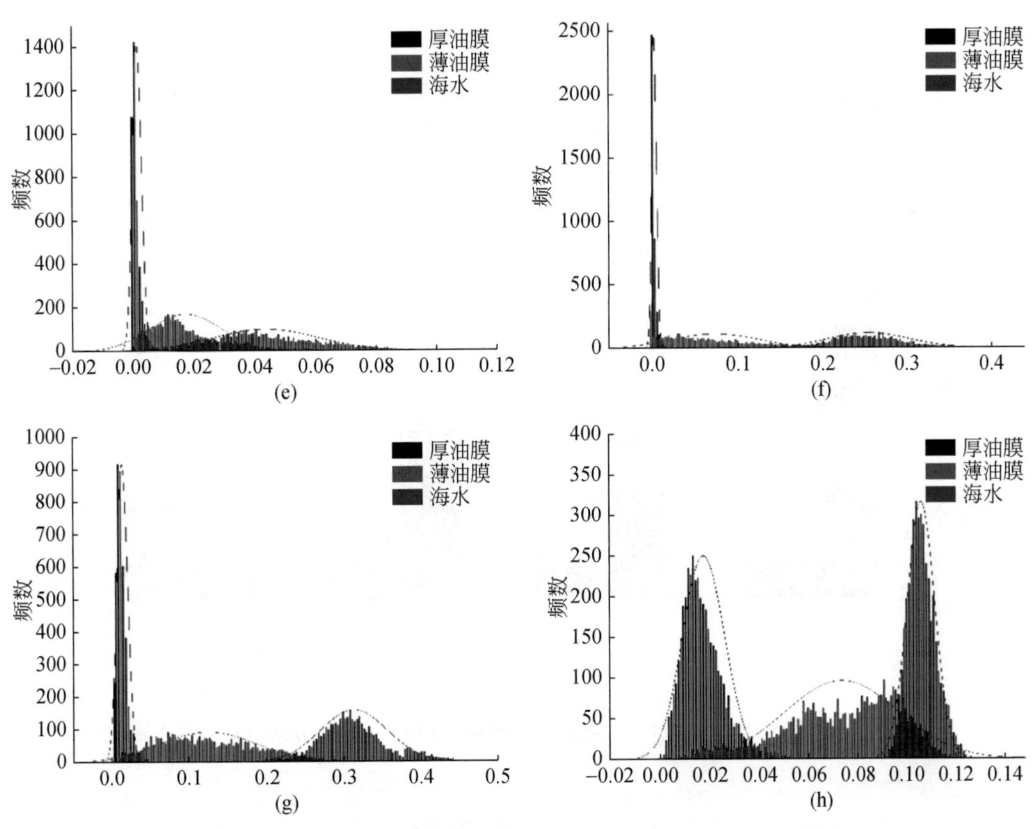

图 9.9　不同组合参数下目标样本直方图及其分布

(a) HA；(b) HA_{12}；(c) $H(1-A)$；(d) $H(1-A_{12})$；(e) $A(1-H)$；(f) $A_{12}(1-H)$；(g) $(1-H)(1-A)$；(h) $(1-H)(1-A_{12})$

图 9.10 为基于两组特征空间下目标样本直方图分布获取的目标重叠区域面积占比结果，两个区域直方图分布的重叠覆盖区域表现了该特征空间下两个区域的交叉混合现象，重叠度越高则意味着两个目标区域的区分能力越弱，重叠度越低则意味着两个区域的区分能力较强。本节选取的三类目标样本数据分布在同一坐标尺度下的总面积相等，均为 4000 个单位，因此计算并对比所有一维特征空间下重叠区域占总面积的百分比结果可以直观地显示各特征参数的目标区分能力。由直方图分布的重叠面积占比结果可知，除（1_H）(1-A) 以外，H_A_{12} 组合参数下的目标重叠区域占比均低于 H_A 组合参数，其中 HA 形式的参数下各类目标数据呈现较大程度的交叉重叠，目标之间很难区分；目标之间重叠面积占比最低的两个参数为 $H(1-A_{12})$、$(1-H)(1-A)$，均低于 10%，其中薄油膜与海水重叠面积占比的最小值为 7.037%，对应出现在 $H(1-A_{12})$，厚油膜与薄油膜重叠面积占比的最小结果为 7.428%，出现在 $(1-H)(1-A)$ 参数，仅比 $H(1-A_{12})$ 低 0.6%。

综上所述，$H(1-A_{12})$ 在两组参数中表现最优，兼具样本峰值最大分离度和较低的重叠区域面积占比，拓展了溢油检测的极化特征空间。此外，H_A_{12} 组合参数整体优于 H_A 组合，可作为后者在溢油检测应用中的替代方案。

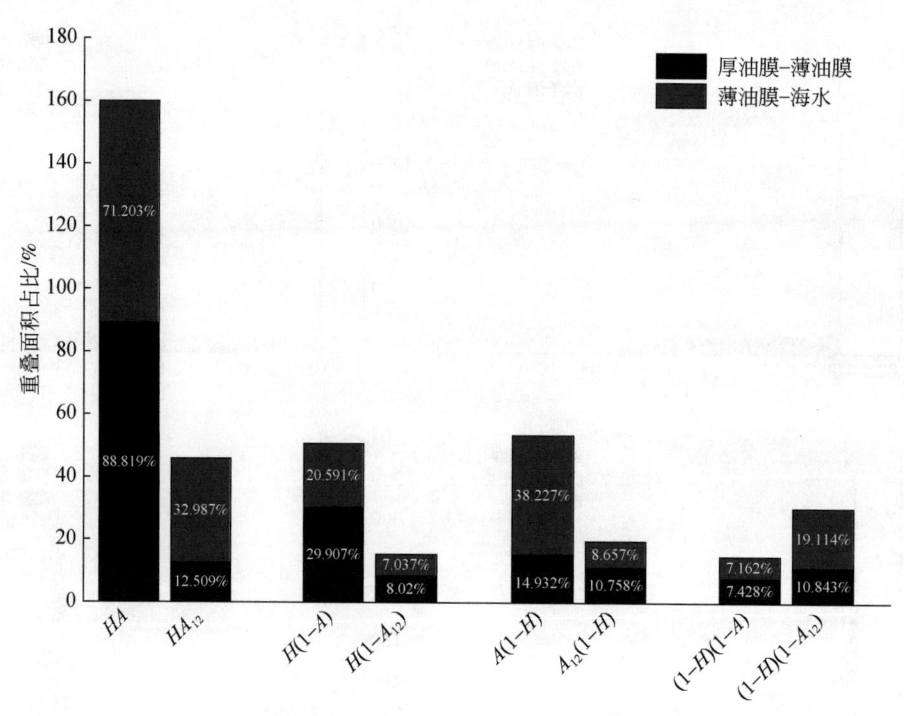

图 9.10　一维特征参数下各类样本分布的重叠面积占比

9.3　组合特征参数溢油检测分析

9.3.1　溢油散射特性分析

基于极化特征参数进行溢油检测的研究逐渐增多，新参数不断被提出和应用。前期研究已经根据参数的定义和溢油检测原理将其总结并分类（童绳武，2019），本书进一步细化为四类：基于后向散射能量定义的极化特征参数、基于各极化通道之间相关性定义的极化特征参数、基于散射机制定义的极化特征参数以及基于参数组合定义的极化特征参数。

（1）基于后向散射能量定义的极化特征参数。海表面主要以布拉格散射机制为主，具有足够的毛细波和短重力波从而具有较强的后向散射能量，而油膜的存在对海表面的毛细波和短重力波具有一定的阻尼作用，进而造成二者之间后向散射强度差异，因此通过定量二者散射能量差异而发展的极化参数在理论上能够有效进行溢油检测。如表面散射分数（Singha and Ressel，2016）、几何强度参数（Skrunes et al.，2014）和同极化比率（Minchew et al.，2012；Skrunes et al.，2014；Espeseth et al.，2017）等。

（2）基于各极化通道之间相关性定义的极化特征参数。不同目标的差异反映在通道之间的相关性呈现差异，如油膜覆盖的海表面区域同极化通道之间的相关性较低，而海表的同极化通道之间相关性较高，因此，基于通道之间相关性差异可实现溢油目标的检测与提取。基于通道之间相关性提取的极化特征参数主要包括同极化相关系数量级 ρ_co（Wang et al.，2010；Skrunes et al.，2014，2016）、同极化叉积的实部 r_co（Skrunes et al.，2014）、一致性系数 μ（Zhang et al.，2011；Skrunes et al.，2014）。

（3）基于散射机制定义的极化特征参数。海洋表面的主导散射机制是Bragg表面散射，而油膜的存在导致海表面呈现复杂的散射机制。依据油膜和海表散射机制差异而提出的极化特征主要包括：Cloude分解方法得到的极化参数 $H/A/\alpha$、改进的各向异性 A_{12}（Skrunes et al.，2014）、最大特征值的 α 角（Minchew et al.，2012；Migliaccio et al.，2015）、由特征值计算的基准高度PH（Cloude and Pottier，1997；Nunziata et al.，2011；李仲森，2013；Skrunes et al.，2014）。

（4）基于参数组合定义的极化特征参数。许多研究将多种参数进行数学变换得出新的组合参数，同时兼顾几种参数的溢油检测能力，以此扩展油膜和海水之间对比度来提高目标之间的区分能力。如 H_A 参数组合（Schuler and Lee，2006；李仲森，2013；Zou et al.，2016），刘朋（2012）基于极化熵、散射角、改进的各向异性和同极化相关系数量级构成新的组合参数。需要说明的是，组合极化参数是基于几种特征参数的组合结果，其散射机制也可能更接近于其中的某个组分参数特征。

为了进一步评估和检验本书提出的参数——$H(1-A_{12})$ 在溢油检测中的优势性和鲁棒性，本书基于四组不同溢油场景下的极化SAR数据的实验对提出的组合特征参数 $H(1-A_{12})$ 和四种类型的极化特征参数进行定量的分析与比较，分别涵盖了油膜相对厚度、油膜与类油膜以及不同种类油膜信息的识别，此外还选取L波段机载数据进行辅助验证本书提出参数的鲁棒性和适用性。本书选取的三种广泛用于溢油检测的定量评估方法包括：Michelson对比测度（Peli，1990；Skrunes et al.，2014）、Jeffreys-Matusita距离（Dabboor et al.，2014；Song et al.，2017；Tong et al.，2019）和随机森林分类模块中对输入特征参数的重要性评估（Breiman，2001；王敬哲，2019），本书用于比较的四种不同类型极化特征参数的定义如表9.1所示。

表9.1　不同类型极化特征参数概述

类型	特征	定义
能量	τ（Singha，2016）	$\tau=\langle \| S_{HH}+S_{VV} \| \rangle^2/\text{span}$
	PR：（Minchew et al.，2012；Skrunes et al.，2014；Espeseth et al.，2017）	$PR=\langle \| S_{HH} \| \rangle^2/\langle \| S_{VV} \| \rangle^2$
相关性	ρ_co（Wang et al.，2010；Skrunes et al.，2014，2018）	$\rho\_co=\|\langle \| S_{HH}S_{VV}^* \| \rangle\| / \| \sqrt{\langle \| S_{HH} \|\rangle^2 \langle \| S_{VV} \|\rangle^2} \|$
	r_co（Skrunes et al.，2014）	$r\_co=\| Re(\| \langle S_{HH}S_{VV}^* \rangle) \|$
散射机制	A_{12}：（Skrunes et al.，2014）	$A_{12}=(\lambda_1-\lambda_2)/(\lambda_1+\lambda_2)$
	H：（Minchew et al.，2012；Migliaccio et al.，2015）	$H=\sum_{i=1}^{3}-P_i\log_3 P_i$
组合参数	F：（刘朋，2012）	$F_{wang}=[(1-H)+(1-\alpha)+A_{12}+\rho\_co]/4$
	$H(1-A_{12})$	$H(1-A_{12})$

9.3.2　溢油检测能力对比

在图像处理中，能够明显感知的对比度是图像的基本感知属性，在早期研究中，对比敏感度的研究一直是视觉感知研究的主导内容。目前，已经发展并改进了多种对比度评估方法应用于数字图像处理，其中，Michelson 对比是测试目标对比度的通用指标之一，已被用于定量的评价各类极化参数空间下海洋油膜和海水之间对比度，定义为（Peli，1990；Skrunes et al.，2014）：

$$\mathrm{MC}=\frac{I_{\max}-I_{\min}}{I_{\max}+I_{\min}} \tag{9.3}$$

式中，$I_{\max}$和$I_{\min}$分别为被比较的两类目标样本之间最大和最小的特征参数强度均值，MC 取值范围为［0，1］。

Jeffreys-Matusita 距离，是一种广泛应用于目标识别和特征筛选的统计区分准则，具有计算简便、维度运算灵活等优势。这种区分准则能够成对计算类别之间的区分度进而在可用特征空间中评估选择类别样本的质量（Dabboor et al.，2014）。在高维特征空间运算时，J-M 区分准则作为一个常见的统计指数来筛选出一组具有类别之间高区分度的适合的特征子集，已经在 SAR 溢油检测中得到了广泛的使用（Singha and Ressel，2016；Song et al.，2017；Nunziata et al.，2018；Tong et al.，2019）。J-M 距离作为类间可分性的函数能够提供更为可靠的判据，表现得更像是正确分类的概率（Dabboor et al.，2014）。

N 类目标中的任意两个类别向量 x_i 和 x_j 的概率密度为 $p_i(x)$ 和 $p_j(x)$，J-M 距离代表了两类样本密度函数之间的平均分配度。如果 $p_k(x)$，$k=i$，j，呈正态分布，J-M 距离可以简化计算为（Dabboor et al.，2014；Padma and Sanjeevi，2014）：

$$\mathrm{J\text{-}M}_{i,j}=2(1-\mathrm{e}^{-D}) \tag{9.4}$$

其中，D_{ij}代表了 x_i 和 x_j 两个类别谱向量之间的 Bhattacharyya 距离，可由类别样本的平均向量和协方差矩阵获取，定义如下：

$$D_{ij}=\frac{1}{8}(m_i-m_j)^T\left[\frac{\sum_i+\sum_j}{2}\right]^{-1}(m_i-m_j)+\frac{1}{2}\ln\left(\frac{\left|\frac{\sum_i+\sum_j}{2}\right|}{\sqrt{\left|\sum_i\right|\left|\sum_j\right|}}\right) \tag{9.5}$$

由于 $\mathrm{e}^{-D}\in(0,1)$，则 J-M 取值范围为 0~2，对于较大的相似类，J-M 距离逐渐接近下限值 0，而对于较大可分离类，J-M 距离逐渐接近上限值 2。D 项公式中的第一项与类均值之间的标准化距离的平方相类似，J-M 定义中的指数因子可将其抵消，该因子提供了一个呈指数递减的权重来增加类别之间的分离。由于指数固有特性的贡献，J-M 距离测度随着分离度的增加呈现饱和行为，克服了变换散度的局限性（Padma and Sanjeevi，2014；Dabboor et al.，2014；Song et al.，2017；Tong et al.，2019）。

图像的分类结果和特征的重要性排序是针对图像总体输出的定量评估，特征的贡献程度随着分类问题的不同而呈现差异，良好的特征参数能够在不同的分类问题中保持优势性和鲁棒性。因此，定性和定量的分析和评估特征参数在不同的溢油场景中的重要性对筛选优势极化特征、构建有效的溢油检测算法等都具有重要意义。随机森林算法能够对随机抽取样本进行反复训练最终通过内嵌遴选方法对输入的特征进行重要性评估，理论及步骤详见 8.2.3。本书选取随机森林分类算法及其内嵌的 MDA 方法作为重要性评估准则，首先测量每个特征值对模型准确度的影响程度，将变量的准确度差异的平均值作为该变量的原始重要性指标，进而定量评价四种类型特征对对应分类结果的贡献度。

9.4 特征参数对不同油膜检测能力对比结果

9.4.1 特征参数对不同油膜检测的 MC 测度结果

本书选取的四类特征参数对不同油膜目标检测的 MC 测度评估结果如图 9.11 所示，结果分别展示了四类特征参数在油膜相对厚度、油膜与自然现象暗区域、不同种类油膜之间的排序结果。

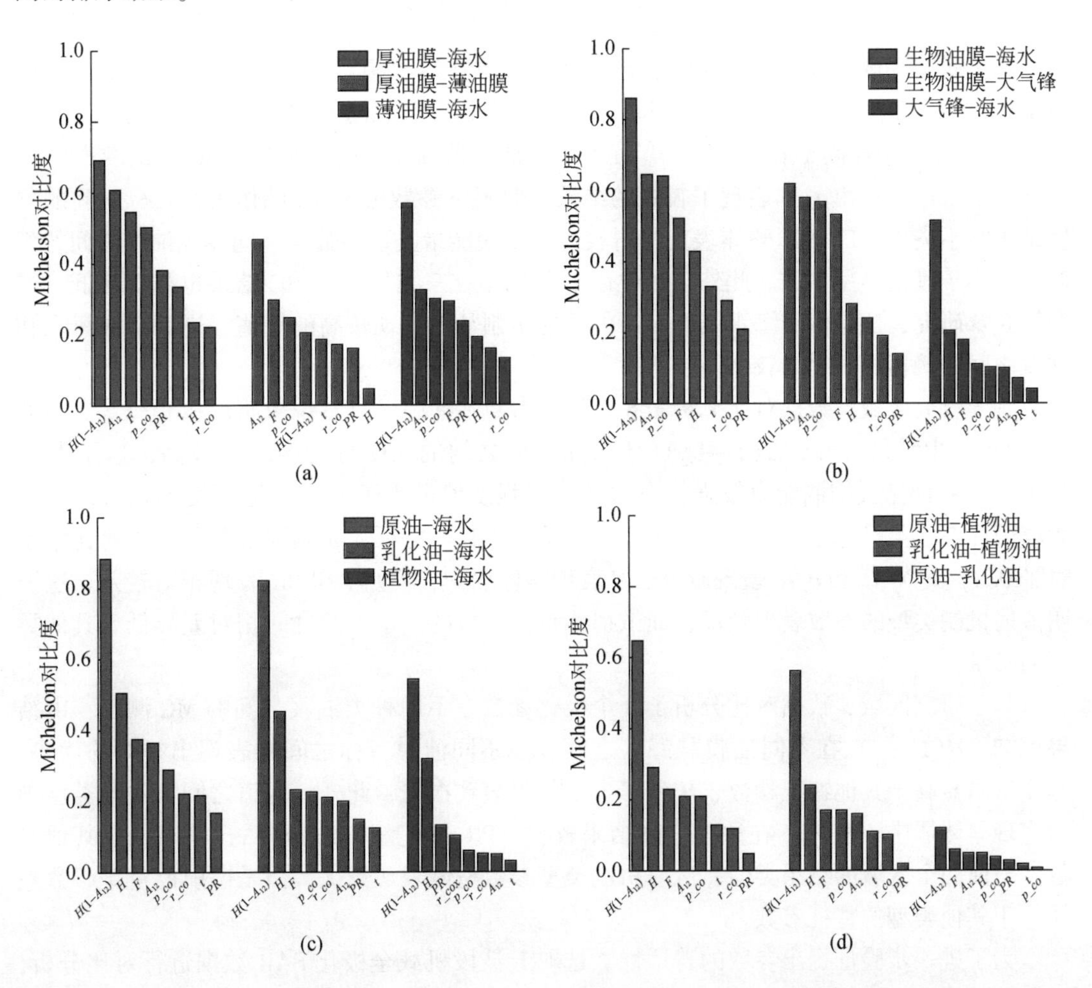

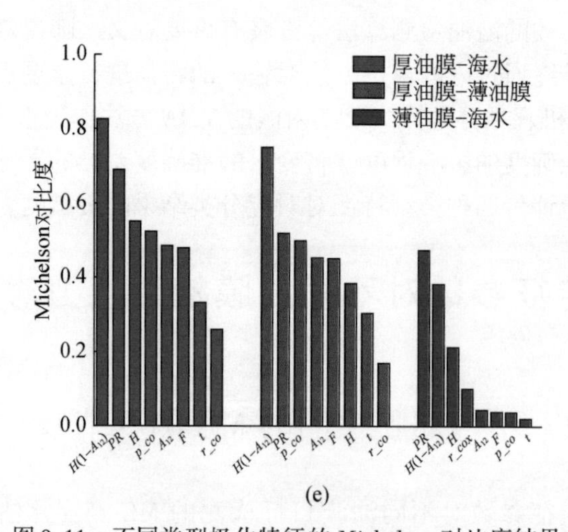

图 9.11　不同类型极化特征的 Michelson 对比度结果

（a）油膜相对厚度；（b）油膜与自然现象暗区；（c）不同种类油膜与海水；（d）不同种类油膜之间；（e）油膜相对厚度（机载数据）

基于研究区域 1 数据对比分析了 8 个极化参数在油膜相对厚度信息之间的 MC 测度，由结果可知，$H(1-A_{12})$ 在厚油膜和海水、薄油膜和海水之间的 MC 结果均最高，分别为 0.69 和 0.56，明显高于后续参数，但是在厚油膜和薄油膜之间的结果略低于 A_{12}、F 和 ρ_co，此外，A_{12}、F 和 ρ_co 表现了较好的结果，但 r_co 参数由于 log 的作用在目标之间的测度结果并不突出。PR 和 t 整体表现相对较低，说明能量类型参数在不同厚度油膜之间的相对差异小于其他类型参数。此外，极化熵 H 的结果在三类目标中 MC 结果也相对较低，综合第 8 章研究，这是由于海水具有复杂的散射机制从而表现较高的熵值，进而造成海水和油膜之间的熵值相对差异较小。

基于研究区域 2 数据对比分析了 8 个极化参数在油膜、自然现象暗区域和海水之间的 MC 测度，由结果可知，$H(1-A_{12})$ 结果在目标之间的 MC 对比度均为最高，这是由于 $H(1-A_{12})$ 在海杂波抑制能力较强，海水的特征强度值远小于油膜目标而使得相对差值较大。因此在三类目标之间的 MC 对比值均明显高于其他特征，尤其在油膜和海水对比中超过了 0.8，其次 A_{12} 和 ρ_co 表现较好，F 表现整体居中，但是 t 和 PR 表现相对较差。这说明散射机制类型的参数表现较优，而散射能量型参数的油水目标之间相对差异低于其他类型的参量。

基于研究区域 3 数据对比分析了 8 个极化参数在不同种类油膜之间的 MC 测度，由结果可知，$H(1-A_{12})$ 在不同油膜与海水之间以及不同油膜目标之间均表现出绝对的优势，测度值明显高于其他特征参数，H 和 F 参数结果表现次之，此外，通道之间相关性类型参数表现整体居中，但 r_co 在油膜之间结果较差，PR 和 t 整体表现居后，明显低于其他参数。与前两个区域的结果类似，散射机制类型参数整体表现较优，但是散射能量型参数整体低于其他类型的特征参数。

为了进一步验证提出参数的普适性，选取 L 波段机载全极化 SAR 数据进行对比分析，由于墨西哥湾“深水地平线”溢油量巨大，油膜在海面漂浮时间较长且在数据获取时船舶正在油膜区域喷洒分散剂，因此呈现复杂的特性（刘朋，2012；Leifer et al.，2012；Latini，2016）。本研究区域中的厚油膜和薄油膜仅为本研究中的相对量，而不与其他溢油影像做对比。

研究区域 4 对比分析了 8 个极化参数在油膜相对厚度信息之间的 MC 测度，由结果可知，$H(1-A_{12})$ 在墨西哥湾事故中的不同油膜与海水之间均表现较优，但是在薄油膜和海水之间表现略低，这是由于在 $H(1-A_{12})$ 中薄油膜与海水之间差异较小，区分能力较弱，此外，PR、H 和 ρ_co 表现次之，而散射能量型参数 t 在目标识别测度中表现较差。

总体而言，$H(1-A_{12})$ 在不同油膜目标的区分和识别中呈现明显优势，在绝大多数条件下均优于其他特征参数，A_{12}和 H 参数也具有较好的区分能力，而散射能量型参数表现相对较差。

9.4.2　特征参数对不同油膜检测的 J-M 距离测度结果

为进一步探究本书提出参数对各类油膜目标的类间可分性能力，本书选择 J-M 距离测度作为类间可分性的衡量指标对不同溢油场景下油膜的区分能力进行综合评估。依据 J-M 距离测度的定义，极化特征参数在不同油膜目标之间的 J-M 距离测度越接近 2 则表明目标在该极化特征中的区分度越高，反之亦然。

基于研究区域 1 数据对比分析 8 个极化参数在油膜相对厚度信息之间的 J-M 距离测度，由结果可知，$H(1-A_{12})$ 基本能够达到最优或者接近最优的测度结果，H 在各类目标之间的分离度均达到较好结果，此外 A_{12}和相关系数类型参数也表现较好，但是 PR 测度整体呈现较低的分离能力，整体结果与 MC 测度结果相类似。

基于研究区域 2 数据对比分析 8 个极化参数在油膜、自然现象暗区域和海水之间的 J-M 距离测度，由结果可知，$H(1-A_{12})$ 在不同目标之间的分离度整体呈现最优结果，但是在大气锋和海水的分离度衡量中表现居中。这是由于参数能够突显出油膜目标，但是对海水及自然现象的虚警目标具有较好的抑制作用，从而使其分离度较低。A_{12}和 H 在整体结果中也表现了较好的结果，而 PR 和 t 在各类目标中均呈现较低的分离度，这说明散射功率型参数在本研究中的区分能力低于其他类型参数，与 MC 测度的结论相符。

基于研究区域 3 数据对比分析 8 个极化参数在不同种类油膜之间的 J-M 距离测度，由结果可知，在不同种类油膜和海水之间，H 和 $H(1-A_{12})$ 均表现出优于其他测度的结果，其中 $H(1-A_{12})$ 表现出整体稳定的结果，在各目标之间的测度结果中表现最优或者接近最优，但是在植物油膜和海水之间的测度结果略低，说明 $H(1-A_{12})$ 能够有效识别矿物油膜。在不同种类油膜之间，H 整体表现最优结果，$H(1-A_{12})$ 以接近最优参数的相似结果次之，明显优于后续其他参数。但是，PR 和 t 在油膜与海水以及油膜类间均表现低于其他参数的区分能力。

基于研究区域 4 数据对比分析了 8 个极化参数在墨西哥湾溢油事故数据中油膜相对厚度信息之间的 J-M 距离测度，由结果可知，H、$H(1-A_{12})$、r_co 和 PR 均表现出优于其他测度的结果，其中 $H(1-A_{12})$ 与最优参数表现相近，但在薄油膜和海水之间的测度结果中，r_co 和 PR 表现最优，明显高于 H 等其他参数，这是由于在 H、$H(1-A_{12})$ 等参数中均出现大片油膜与海水呈现类似的现象，与前期学者结论类似（刘朋，2012），但是$H(1-A_{12})$仍然优于其他 5 个特征参数，如图 9.12 所示。

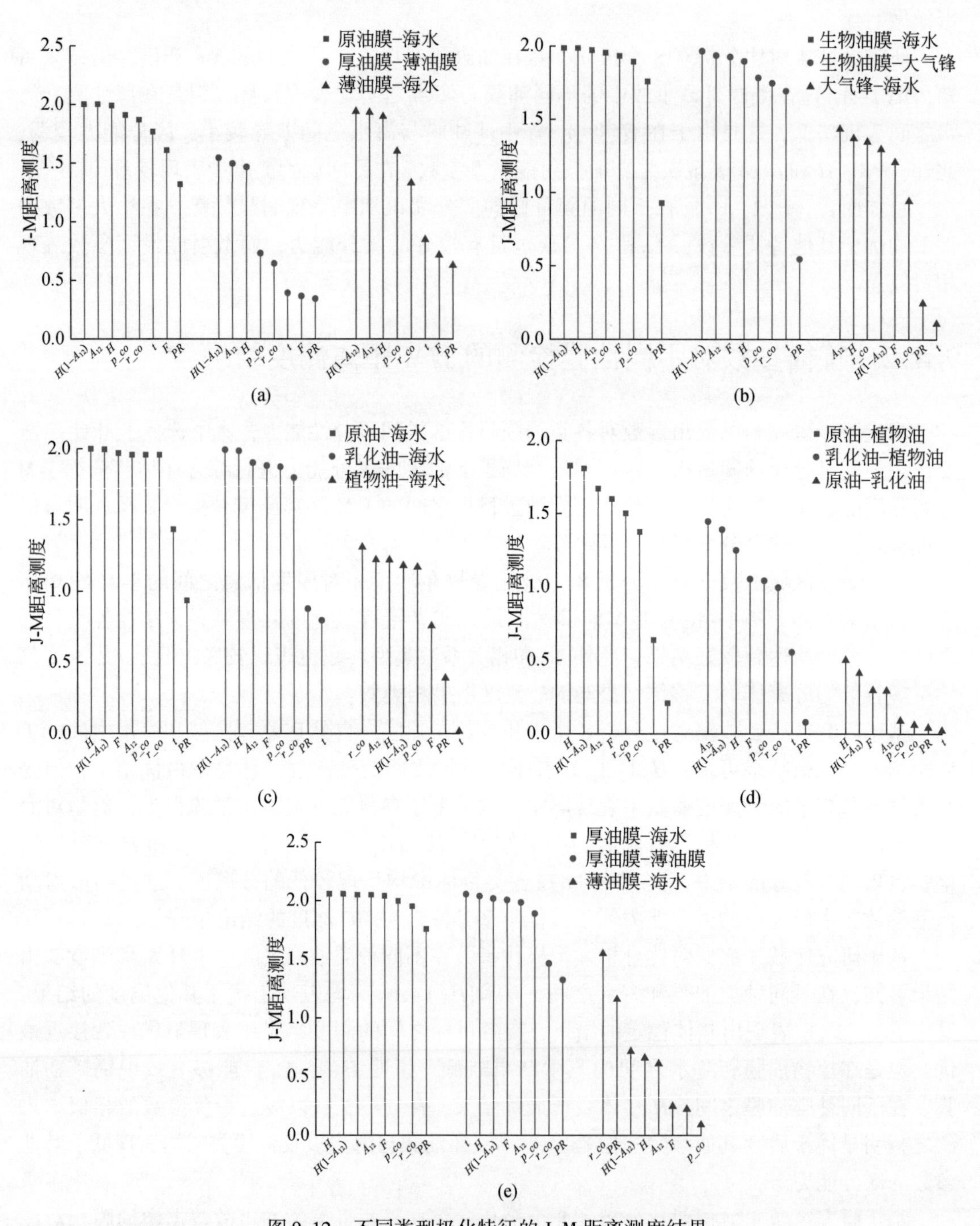

图 9.12　不同类型极化特征的 J-M 距离测度结果

（a）油膜相对厚度；（b）油膜与自然现象暗区；（c）不同种类油膜与海水；（d）不同种类油膜之间；（e）油膜相对厚度（机载数据）

9.4.3　特征参数对不同油膜检测的分类结果及重要性评估

基于研究区 1 的 8 个极化参数作为输入变量的 RF 分类结果及重要性排序如图 9.13 和表 9.2 所示，由可视化分类结果可知油膜和海水整体分类结果较好，平均精度（AA）83.18%，Kappa 系数 0.76，但是一部分海水样本被误分为薄油膜，因此造成了薄油膜具有较高的生产者精度，而使用者精度较低。输入特征参数的重要性排序位于前三位的极化特征 $H(1-A_{12})$，H 和 A_{12} 的重要性评分分别为 22.3、19.4 和 17.9，明显高于后续特征。相关性类型参数 ρ_co 和 r_co 对分类结果贡献能力居中，而功率型特征参数 PR 和 t 则贡献度较低，分别为 1.5 和 1.1，说明功率型特征对本研究区域内不同厚度油膜的识别贡献度较小。此外，需要说明的是 $H(1-A_{12})$ 参数虽为组合参数，但其定义和组成均为散射机制类型 H 和 A_{12}，因此说明散射机制类型的参数对本研究区域内油膜相对厚度信息的分类贡献度最高。

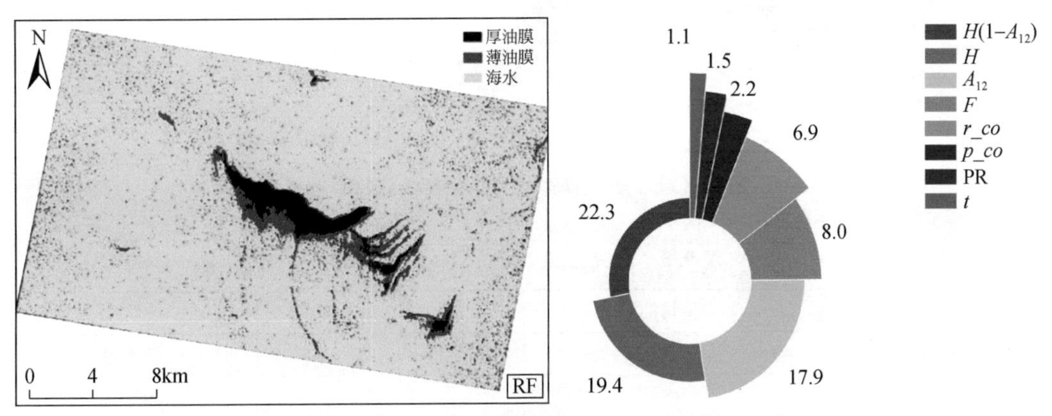

图 9.13　研究区域 1 随机森林分类结果及极化特征重要性排序

表 9.2　研究区域 1 随机森林分类精度

精度	厚油膜	薄油膜	海水
生产者精度（PA）/%	97.45	82.77	98.18
用户精度（UA）/%	95.53	25.48	99.98
平均精度（AA）/%	83.18		
Kappa 系数	0.76		

基于研究区 2 的 8 个极化参数作为输入变量的 RF 分类结果及重要性排序如图 9.14 和表 9.3 所示，生物油膜和自然现象暗区与均呈现较好的分类结果，Kappa 系数为 0.9094，平均精度为 90.3%，但是油膜的边界区域被误分为大气锋区域，这是由于油膜边界对海水的阻尼效果较低，与大气锋引起的海表面散射特性相类似。海水分类效果好，海表面不同程度的杂波也得到好的抑制。本书重点关注特征参数对分类的总体贡献，四种特征整体贡献度呈现明显的等级梯队划分，位于前两位的极化特征 $H(1-A_{12})$ 和 H 明显高于后续特

征，其中 $H(1-A_{12})$ 重要性得分最高，这说明散射机制类型的特征在油膜与自然现象引起的暗区域的区分和检测中贡献度最高，位于第一等级梯队，F、A_{12} 和 r_co 位于第二等级梯队，而排序最后三位的特征 t、ρ_co、PR 明显低于前面的特征，说明功率型特征对本研究区域中油膜与自然现象暗区域的分类结果贡献度较小。

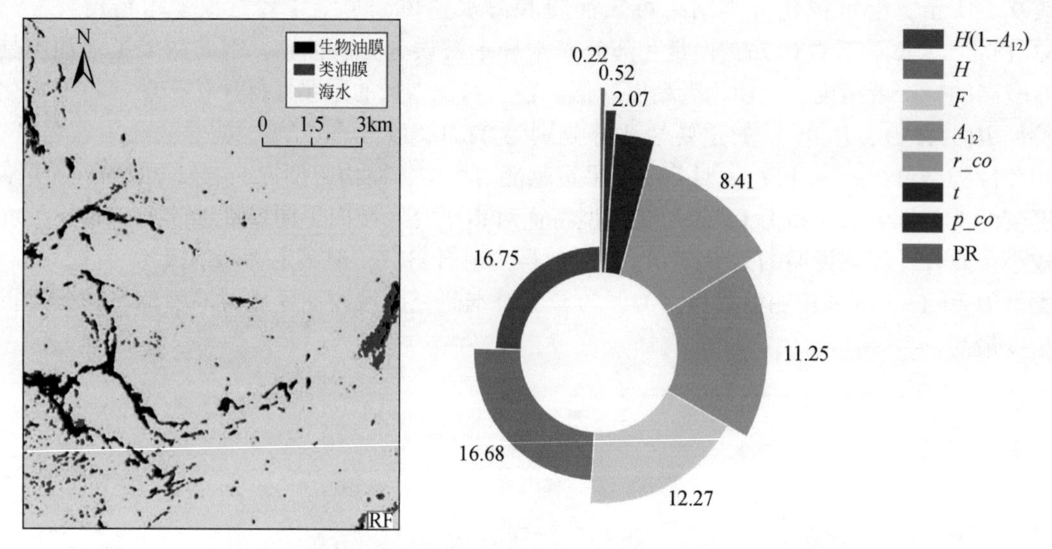

图 9.14 研究区域 2 随机森林分类结果及极化特征重要性排序

表 9.3 研究区域 2 随机森林分类精度

精度	生物油膜	大气锋	海水
生产者精度（PA）/%	83.93	89.92	99.69
用户精度（UA）/%	95.29	73.44	99.74
平均精度（AA）/%	90.3		
Kappa 系数	0.9094		

基于研究区 3 的 8 个极化参数作为输入变量的 RF 分类结果及重要性排序如图 9.15 和

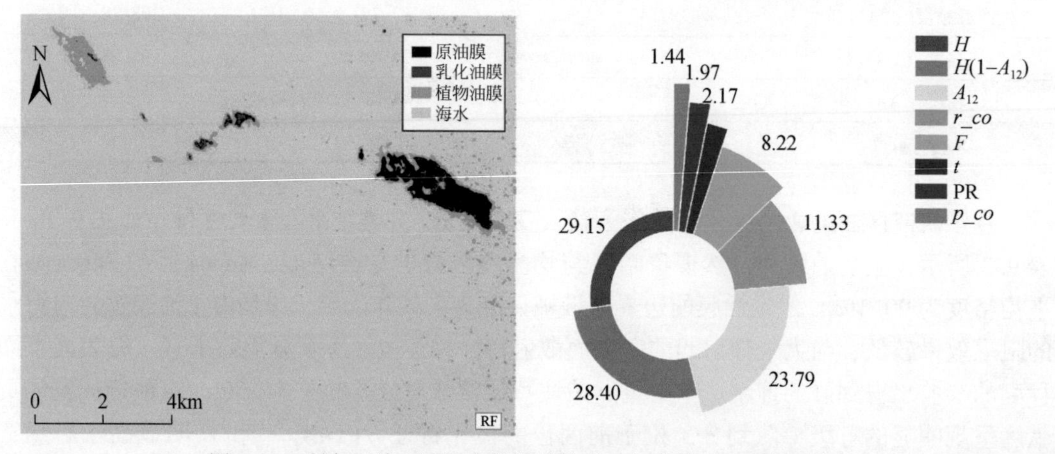

图 9.15 研究区域 3 随机森林分类结果及极化特征重要性排序

表9.4所示，由分类结果可知，不同种类油膜整体分类结果较优，平均精度为85.37%，Kappa系数0.89，所有油膜均被很好地提取和分类，但在原油和乳化油边缘和内部一些局部空洞区域的薄油膜被误分为植物油膜，这是由于原油和乳化油边缘区域的油膜收到风化作用形成了较薄的油层，在散射特性上与植物油膜类似，此外，乳化油中局部较厚的油膜也被分类为原油，类似的现象和结论在前人的研究中出现（Skrunes et al.，2014；Tong et al.，2019）。重要性排序位于前三位的极化特征为 H，$H(1-A_{12})$ 和 A_{12}，明显高于后续特征参数，重要性得分分别为29.15、28.4和23.79，$H(1-A_{12})$ 达到与最优参数接近的贡献度，而功率型特征则贡献度较低。

表9.4　研究区域3随机森林分类精度

精度	原油	乳化油	植物油	海水
生产者精度（PA）/%	91.3	63.46	94.81	98.66
用户精度（UA）/%	90.77	67.44	78.54	98.04
平均精度（AA）/%	85.37			
Kappa系数	0.89			

基于研究区4的8个极化参数作为输入变量的RF分类结果及重要性排序如图9.16和表9.5所示，由分类结果可知，油膜整体被很好地提取和分类，平均精度为83.58%，Kappa系数为0.73，但在区分厚油膜和薄油膜时，多数参数在左侧大片油膜上未能有效检测出厚油膜特性因此最终对分类结果的投票结果归类为薄油膜，两片油膜区域上主要呈现为薄油膜特性，仅有两块片状区域为厚油膜，结合MC测度和J-M距离测度结果可知，除了 r_co 和PR在薄油膜和海水具有较好分离度，其他参数均较低，这是由于在 H、$H(1-A_{12})$ 和 F 等参数中，仅能检测出部分溢油区域，而部分油膜区域因为与海水具有类似散射特性而未能检测，类似的现象和结论在前人基于墨西哥湾UAVSAR溢油数据的研究中出现（刘朋，2012；Minchew et al.，2012；Li et al.，2014；Migliaccio and Nunziata，2014）。针对这一现象，前人的研究做出了多种可能的解释，一方面由于该区域表面活性剂表现的“非常规”的复杂特性，包括由新的溢油、风化的油形成的不同厚度油层，以及受附近船舶的分散剂喷洒作业影响；另一方面由于油膜层的多散射机制和COBE效应（coherent opposition backscatter effect）可能引起海水表面产生了附加的散射体，因此造成该区域油膜的复杂性而使其呈现偏向于类似无油海域的散射机制，在散射特性上与海水表面类似（Ramseur，2010；刘朋，2012；Minchew et al.，2012；Li et al.，2014；Migliaccio and Nunziata，2014）。基于此分类结果的重要性排序结果可知，位于前三位的极化特征为 r_co，PR和 $H(1-A_{12})$，重要性得分分别为35.4、12.3和8.6，由于 r_co 和PR在薄油膜和海水之间的分离度贡献较高，因此在最终的贡献度上呈现优势，$H(1-A_{12})$ 虽然明显低于前两位，但是在其他6个特征参数中仍然最优，说明即便在复杂的场景中仍然具有较好的鲁棒性。此外，本研究结果也说明了在不同的复杂性场景下的溢油检测研究中，单一类型的指标并不能达到获取全面信息的能力，需要结合多种类型参数进行统筹分析进而实现相辅相成的作用，也更进一步说明本章关于拓展极化特征研究对溢油检测的重要性。

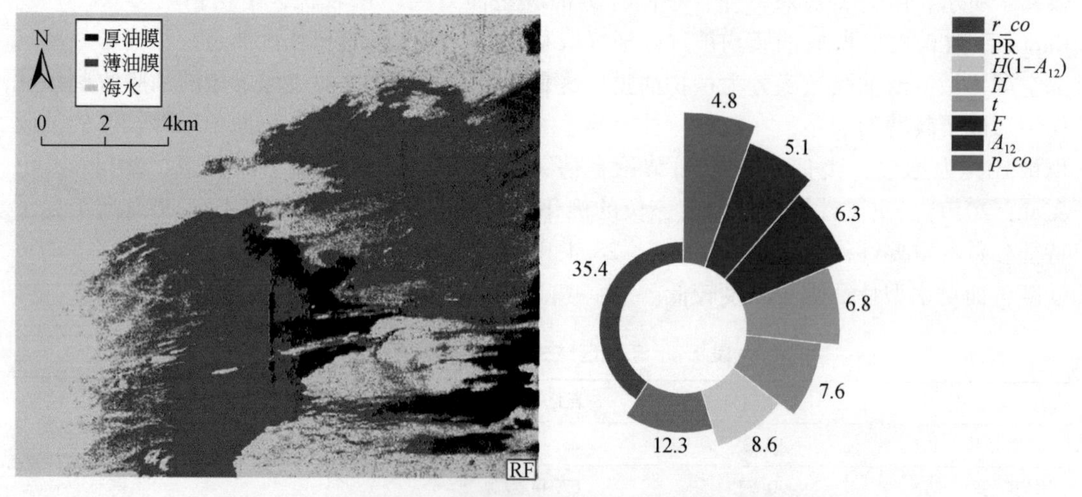

图 9.16　研究区域 4 随机森林分类结果及极化特征重要性排序

表 9.5　研究区域 4 随机森林分类精度

精度	厚油膜	薄油膜	海水
生产者精度（PA）/%	70.21	80.18	98.18
用户精度（UA）/%	98.47	72.89	81.59
平均精度（AA）/%	83.58		
Kappa 系数	0.73		

综合不同类型参数在不同油膜目标之间的检测能力测度结果，包括油膜相对厚度信息、油膜与非油膜暗区以及不同种类油膜，在 MC 测度中，$H(1-A_{12})$ 整体表现最优，明显高于其他类型参数，充分说明能够在有效抑制海水杂波信号的基础上提高油膜目标信号；在 JM 测度中，$H(1-A_{12})$ 在绝大多数情况下均表现最优或接近最优的结果。在不同油膜目标分类结果的贡献测度中，$H(1-A_{12})$ 的重要性得分最高或者接近最高得分，即便在具有复杂散射机制的油膜条件下，仍然名列前茅，此外，H、A_{12}和 r_co 均呈现较好的结果，而散射能量型参数表现相对较差。

9.5　小　　结

本章提出了基于极化熵 H 和改进各向异性 A_{12}的组合极化特征集合 H_A_{12}，包括 $H\,A_{12}$、$H(1-A_{12})$、$A_{12}\,(1-H)$、$(1-H)\,(1-A_{12})$，并基于溢油检测的散射机理分析指出 $H(1-A_{12})$ 更适用于溢油检测的应用需求。通过对比油膜相对厚度信息在改进组合 H_A_{12} 和传统组合 H_A 下油-水分离度和目标样本重叠面积占比结果评估优势特征，结果表明 H_A_{12}集合可作为溢油检测应用中的 H_A 集合参数的替代方案，更进一步证明了 $H(1-A_{12})$ 在两组参数中具有最优溢油检测能力。此外，定性和定量的对比 $H(1-A_{12})$ 和其他四种类型极化特征在不同场景下的溢油检测能力，结果显示了 $H(1-A_{12})$ 相对于其他类型特征参数的优势和鲁棒性，有效拓展了溢油检测应用的极化特征空间。

参考文献

李仲森，2013. 极化雷达成像基础与应用．北京：电子工业出版社．

刘朋，2012. SAR 海面溢油检测与识别方法研究．青岛：中国海洋大学．

童绳武，2019. 利用自相似性参数和随机森林的极化 SAR 海面溢油检测的研究．武汉：中国地质大学．

王敬哲，2019. 内陆干旱区尾闾湖湿地识别及其景观结构动态变化．乌鲁木齐：新疆大学．

Breiman L，2001. Random Forests. Machine Learning，45（1）：5-32.

Buono A，Nunziata F，Migliaccio M，et al.，2016. Polarimetric analysis of compact- polarimetry SAR architectures for sea oil slick observation. IEEE Transactions on Geoscience and Remote Sensing，54（10）：5862-5874.

Cai Y，Zou Y，Liang C，et al.，2016. Research on polarization of oil spill and detection. Acta Oceanologica Sinica，35（3）：84-89.

Cloude S R，Pottier E，1997. An entropy based classification scheme for land applications of polarimetric SAR. IEEETransactions on Geoscience and Remote Sensing，35（1）：68-78.

Dabboor M，Howell S E L，Shokr M，et al.，2014. The Jeffries-Matusita distance for the case of complex Wishart distribution as a separability criterion for fully polarimetric SAR data. Journal of Remote Sensing，35（19）：6859-6873.

Espeseth M M，Skrunes S，Jones C E，et al.，2017. Analysis of evolving oil spills in full- polarimetric and hybrid-polarity SAR. IEEE Transactions on Geoscience and Remote Sensing，55（7）：4190-4210.

Guo H，Wu D，An J，2017. Discrimination of oil slicks and lookalikes in polarimetric SAR images using CNN. Sensors，17（8）：1837.

Latini D，Del Frate F，Jones C E，2016. Multi- frequency and polarimetric quantitative analysis of the Gulf of Mexico oil spill event comparing different SAR systems. Remote Sensing of Environment，183：26-42.

Leifer I，Lehr W J，Simecek-Beatty D，et al.，2012. State of the art satellite and airborne marine oil spill remote sensing：application to the BP Deepwater Horizon oil spill. Remote Sensing of Environment，124：185-209.

Li G，Li Y，Liu B，et al.，2019. Marine oil slick detection based on multi-polarimetric features matching method using polarimetric synthetic aperture radar data. Sensors，19（23）：5176.

Li H，Perrie W，He Y，et al.，2014. Analysis of the polarimetric SAR scattering properties of oil- covered waters. IEEE Journal of Selected Topics in Applied Earth Observations and Remote Sensing，8（8）：3751-3759.

Marina M，Olga L，2016. Satellite survey of inner seas：oil pollution in the Black and Caspian Seas. Remote Sensing，8（10）：875.

Migliaccio M，Nunziata F，2014. On the exploitation of polarimetric SAR data to map damping properties of the Deepwater Horizon oil spill. International Journal of Remote Sensing，35（10）：3499-3519.

Migliaccio M，Nunziata F，Buono A，2015. SAR polarimetry for sea oil slick observation. International Journal of Remote Sensing，36（12）：3243-3273.

Minchew B，Jones C E，Holt B，2012. Polarimetric analysis of backscatter from the Deepwater Horizon oil spill using L- Band synthetic aperture radar. IEEE Transactions on Geoscience and Remote Sensing，50（10）：3812-3830.

Nunziata F，Buono A，Migliaccio M，2018. COSMO- SkyMed Synthetic Aperture Radar data to observe the Deepwater Horizon oil spill. Sustainability，10（10）：3599.

Nunziata F, Migliaccio M, Gambardella A, 2011. Pedestal height for sea oil slick observation. Iet Radar Sonar and Navigation, 5 (2): 103-110.

Padma S, Sanjeevi S, 2014. Jeffries matusita based mixed- measure for improved spectral matching in hyperspectral image analysis. International Journal of Applied Earth Observation and Geoinformation, 32: 138-151.

Peli E, 1990. Contrast in complex images. Journal of the Optical Society of America. A, Optics and image science, 7 (10): 2032-2040.

Ramseur J L, 2010. Deepwater Horizon oil spill: the fate of the oil. Washington, DC: Congressional Research Service, Library of Congress.

Schuler D, Lee J S, 2006. Mapping ocean surface features using biogenic slick-fields and SAR polarimetric decomposition techniques. IEE Proceedings Radar Sonar and Navigation, 153 (3): 260-270.

Singha S, Ressel R, 2016. Offshore platform sourced pollution monitoring using space-borne fully polarimetric C and X band synthetic aperture radar. Marine Pollution Bulletin, 112 (1): 327-340.

Skrunes S, Brekke C, Eltoft T, 2014. Characterization of marine surface slicks by Radarsat-2 multipolarization features. IEEE Transactions on Geoscience and Remote Sensing, 52 (9): 5302-5319.

Skrunes S, Brekke C, Jones C E, et al., 2016. A multisensor comparison of experimental oil spills in polarimetric SAR for high wind conditions. IEEE Journal of Selected Topics in Applied Earth Observations and Remote Sensing, 9 (11): 4948-4961.

Skrunes S, Brekke C, Jones C E, et al., 2018. Effect of wind direction and incidence angle on polarimetric SAR observations of slicked and unslicked sea surfaces. Remote Sensing of Environment, 213: 73-91.

Song D, Ding Y, Li X, et al., 2017. Ocean oil spill classification with RADARSAT-2 SAR based on an optimized wavelet neural network. Remote Sensing, 9 (8): 799.

Tian W, Shao Y, Yuan J, et al., 2010. An experiment for oil spill recognition using RADARSAT-2 image. 2010 IEEE International Geoscience and Remote Sensing Symposium, Honolulu, USA, 2761-2764.

Tong S, Liu X, Chen Q, et al., 2019. Multi-feature based ocean oil spill detection for polarimetric SAR data using random forest and the self-similarity parameter. Remote Sensing, 11 (4): 451.

Wang W, Fei L, Peng W, et al., 2010. Oil spill detection from polarimetric SAR image. IEEE 10th International Conference on Signal Process Proceedings. Beijing, China, 832-835.

Zhang B, Perrie W, Li X, et al., 2011. Mapping sea surface oil slicks using RADARSAT-2 quad-polarization SAR image. Geophysical Research Letters, 38 (10): 602.

Zou Y, Shi L, Zhang S, et al., 2016. Oil spill detection by a support vector machine based on polarization decomposition characteristics. Acta Oceanologica Sinica, 35 (9): 86-90.